Bentley BIM 书系——基于全生命周期的解决方案

三维布筋在BIM中的应用

——ProStructures钢筋混凝土模块应用指南

王开乐⊙著 李薇⊙主审

中交水运规划设计院有限公司
广州君和信息技术有限公司
常州九曜信息技术有限公司
北京三维泰克科技有限公司
联合策划

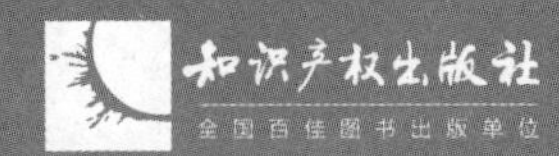

知识产权出版社
全国百佳图书出版单位

图书在版编目（CIP）数据

三维布筋在 BIM 中的应用：ProStructures 钢筋混凝土模块应用指南/王开乐著. —北京：知识产权出版社，2016.7

（Bentley BIM 书系：基于全生命周期的解决方案）

ISBN 978-7-5130-4164-5

Ⅰ.①三… Ⅱ.①王… Ⅲ.①建筑设计—计算机辅助设计—应用软件—指南 Ⅳ.①TU201.4-62

中国版本图书馆 CIP 数据核字（2016）第 086017 号

责任编辑：张　冰　　　**责任校对：**董志英

封面设计：刘　伟　　　**责任出版：**刘译文

Bentley BIM 书系——基于全生命周期的解决方案

三维布筋在 BIM 中的应用

——ProStructures 钢筋混凝土模块应用指南

王开乐　著　　李　薇　主审

中交水运规划设计院有限公司　广州君和信息技术有限公司
常州九曜信息技术有限公司　北京三维泰克科技有限公司　联合策划

出版发行：知识产权出版社有限责任公司　　**网　址：**http://www.ipph.cn

社　址：北京市海淀区西外太平庄 55 号　　**邮　编：**100081

责编电话：010-82000860 转 8024　　**责编邮箱：**zhangbing@cnipr.com

发行电话：010-82000860 转 8101/8102　　**发行传真：**010-82000893/82005070/82000270

印　刷：北京科信印刷有限公司　　**经　销：**各大网上书店、新华书店及相关专业书店

开　本：787mm×1092mm　1/16　　**印　张：**17

版　次：2016 年 7 月第 1 版　　**印　次：**2016 年 7 月第 1 次印刷

字　数：277 千字　　**定　价：**68.00 元

ISBN 978-7-5130-4164-5

序

首次听到“BIM”一词，那还是在2014年的时候，当时对它既感觉十分陌生又很新鲜，在遍搜各大书店欲恶补知识之时，发现介绍BIM方面的书籍寥寥无几，偶有发现，也以民用建筑者居多。本书的出版，弥补了基础设施领域BIM软件书籍的缺乏，也是本人甚感幸运之事。

自从BIM概念在中国兴起之后，随着时间的发展和实际工程的需要，钢筋混凝土结构深化设计也成为基础设施全生命周期中不可或缺的一环。合理的结构深化设计不但能够预判、解决施工过程中存在的问题，而且能够严格控制工程造价，提高投资回报率。

Bentley公司于1984年创立于美国费城，是一家顶尖的基础设施全生命周期解决方案提供商，致力于改进建筑、道路、工厂、公共设施和通信网络等永久资产的创造与运作过程，使上述行业的参与者，都可以从Bentley公司的全生命周期解决方案中获益。

ProStructures是Bentley公司出品的核心结构深化设计软件，包含了钢筋混凝土深化设计和钢结构深化设计两个模块。这两个模块高度融合，并且能够轻松处理各种异形复杂结构建模、材料统计和出图。同时，ProStructures建立的信息模型能够完全融入Bentley的全生命周期解决方案，真正实现了BIM信息模型中的“信息”在项目不同阶段的自由交互与传递。

自从ProStructures进入中国市场以后，本人很高兴看到这个软件在各个行业，特别是在交通、核电、工厂等行业广泛应用，并且发挥出愈来愈重要且不可替代的作用。因此，特别向读者推荐本书。希望读者能够认识、了解ProStructures，提高工作效率，创造更大的社会效益。

芦志强

中交水运规划设计院有限公司

前　言

不知不觉，我来到 Bentley 公司已三年有余。这三年是专注于钢结构和钢筋混凝土结构深化设计在 BIM 全生命周期应用的三年。在这三年中，随着 BIM 行业的发展，钢结构深化设计和钢筋混凝土结构深化设计逐渐成为各个用户重点考虑的关键因素。

ProStructures 基于 Bentley 强大的三维平台 MicroStation，不仅能够处理钢筋混凝土结构中各种各样异形结构的建模与布筋，同时，基于统一的数据格式，又能够确保深化的信息模型在全生命周期不同阶段的信息交换。

随着 ProStructures 这款软件在中国市场应用的不断扩展，我也萌生了写一本“ProStructures 使用手册”的想法。虽然工作很忙，但还是利用业余时间把它写完。

按照我最初的规划，这是一个关于 ProStructures 的系列，从钢筋混凝土结构到钢结构，从软件的应用到高级设置，计划编写三本：

- ProStructures 使用手册之 ProConcrete；
- ProStructures 使用手册之 ProSteel；
- ProStructures 使用手册之管理员高级定制。

如果时间允许，我会一直写下去，与大家共享。

本书从规划到定稿再到出版，得到了许多人的热心帮助。首先要感谢 Bentley 公司高级总监俞兴扬先生和我的老板赵顺耐先生，正是他们的鼓励和帮助，才让我有勇气去完成这本书的写作。

在此，我还要感谢常州九曜信息技术有限公司创始人和执行董事戴辉先生及中交水运规划设计院有限公司李薇女士，感谢他们对书稿的认真校对和热心帮助。

在我刚开始写这本书的时候，一个小生命开始孕育。于是有了写一点东西送给她做见面礼的想法。3 月 11 日，我的女儿王简洵出生了，这本书稿也完成了。所以，把我人生的第一本书，送给我的女儿。

王开乐

2016 年 3 月

作者的话

• 由于软件版本的更新以及翻译的细节问题，本书对有些命令的描述可能与读者实际使用的版本有些差异。这种情况属于软件正常更新，读者只需要对应命令的位置和图标即可。

• 本书涉及的学习文件，读者可以扫描本书封面的作者二维码下载。

• 本书所用的软件是 ProSturctures SS8 英文版，中文版正式发布以后，会及时提供下载链接，请随时关注作者二维码中的信息。

• 由于作者个人水平以及时间仓促等原因，本书中不当之处在所难免，请读者见谅并指正。

王开乐

2016 年 3 月

目 录

1　行业现状

1.1　行业现状分析

在 BIM 概念浪潮中，无论是设计软件还是运维软件，功能都日趋丰富而且强大。但是在施工期前端，当施工单位进行施工准备需要拆解图纸的时候，却没有优秀的软件支撑。特别是对于钢筋混凝土结构，市场上很难找到一款能够自动生成钢筋表的实用软件。因此，每一个施工单位都需要大量的技术员或者工程师来从事这项工作，既费时又费力，而且效果不理想。在施工现场，因钢筋加工错误而造成的材料损失，甚至是工期损失，也都难以计算。同时，钢筋反复加工，也对钢筋的力学特性产生不良的影响，使工程质量暗藏潜在的风险。

市场上虽然有不错的钢结构拆图软件，但是这些软件都是独立使用的，无法与现在流行的 BIM 融合在一起，施工单位能做的事情往往就是从设计单位拿到二维图纸，然后再根据图纸翻模，最后才能生成构件的布置图和加工图，效率很低。

因此，除了 ProStructures，目前市场上并没有一款合适的详图软件能够满足上述功能要求。

1.2　ProStructures 的优势

针对上述需求，Bentley 公司本着为可持续基础设施服务的态度，推出 ProStructures 软件。ProStructures 能够满足施工的需求，无论是对于钢结构还是对于钢筋混凝土结构，都具有很好的表现。

同时，ProStructures 在 Bentley BIM 解决方案中占有重要的定位。该软件定位在设计的后端，施工的前端，专门用来做详图设计，主要供施工单位进行详图拆解，也可供设计单位进行结构的建模和特殊形体的钢筋布置。

此外，基于 Bentley 强大的平台和管理系统，ProStructures 可以通过 ISM 的中间软件将上游软件中的模型导入，然后进行钢筋布置或者节点布置。避免二次建模，为使用单位节省了大量的时间和人工。

2 ProStructures 基础

2.1 新建文件

2.1.1 种子文件

众所周知，在 Microsoft 操作系统架构下面，新建一个文件，需要考虑三个问题：①文件名称；②文件存放位置；③加载文件的模板文件。其中，加载文件的模板文件大部分用户不太会注意，这主要有两个方面的原因：第一，双击一个 Microsoft 的应用（以 Microsoft Office Word 为例），系统会直接调用一个最基本的模板；第二，系统内置的模板并没有太多严格的区别，换句话说，仅仅写一篇文档，是不需要太多模板区分的。

但是，在工程行业却不是这样的，每一个工程会存在各种各样的标准、规范甚至是单位。所以，在 Bentley 体系的架构下面，新建一个文件需要加载不同的模板，我们将模板文件称为种子文件。

2.1.2 新建文件的步骤

1. 启动软件

在 Microsoft Windows 7 操作系统下，由于管理员和非管理员的一些功能并不相同，所以启动软件的时候，建议先选中图标，然后单击鼠标右键，最后选择“以管理员身份运行”。

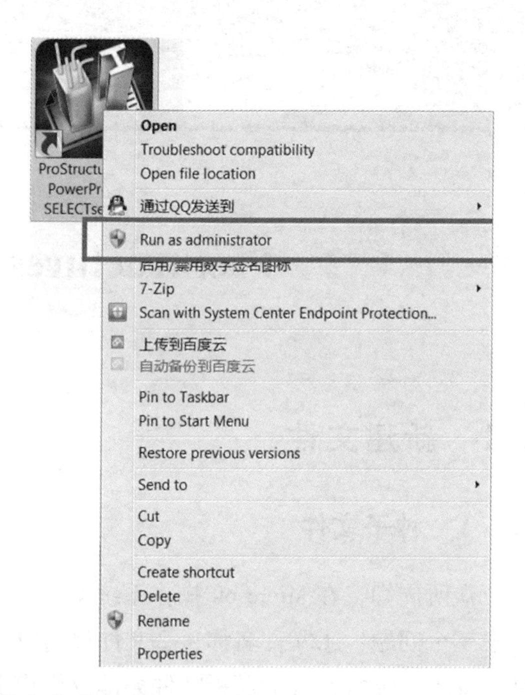

2. 选择新建文件按钮

启动软件以后，会弹出如下对话框。在这个对话框中，有四个重要图标。

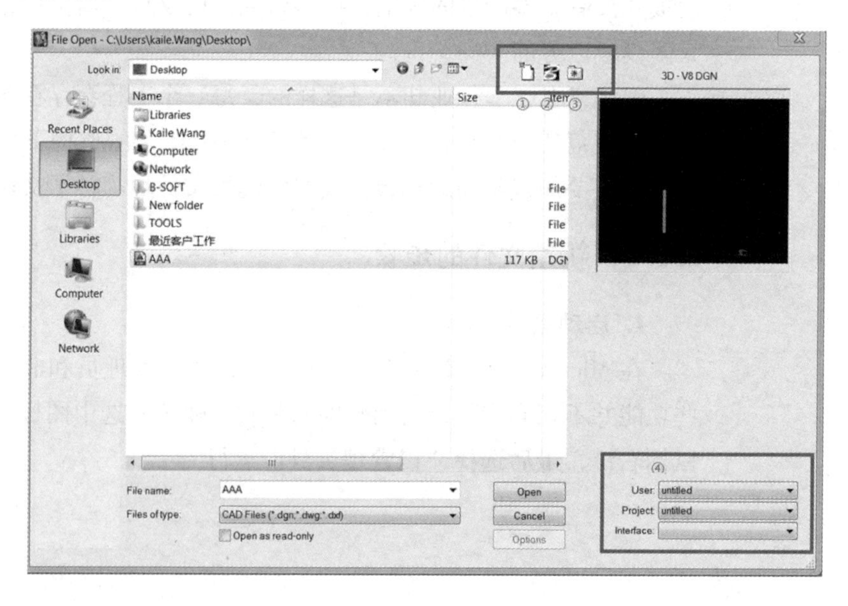

（1）新建文件按钮图标：单击该图标，可以按照用户需求新建一个文件。

（2）历史文件浏览：单击该图标，可以迅速打开用户以前打开过的文件。

（3）历史文件夹浏览：单击该图标，可以迅速打开用户以前打开过的文件夹。

（4）WorkSpace 选项：该选项在 ProStructures 中不是太重要，按照上图选择或者选择默认状态都可以。

3. 新建文件对话框

单击新建图标按钮，而后新建文件保存区域，再填写新建文件名称。

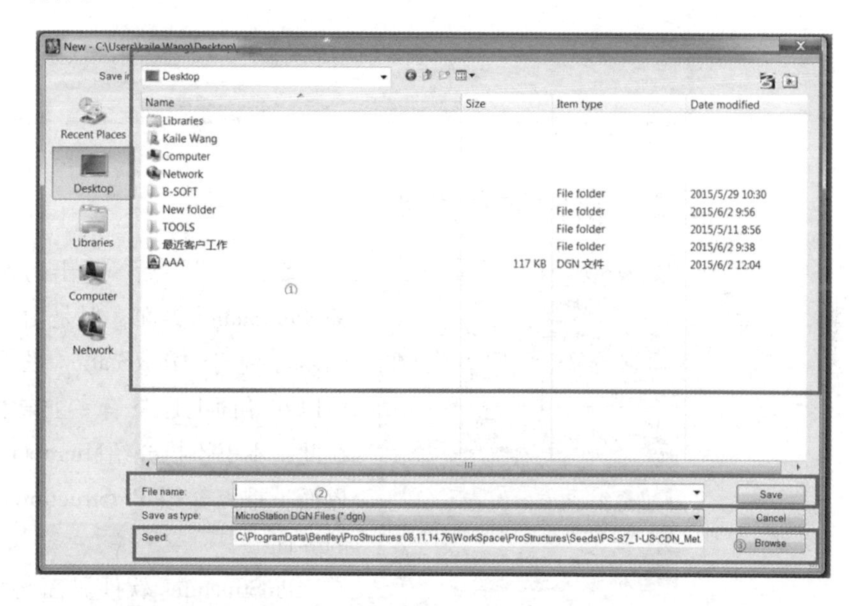

4. 选择种子文件

首先，单击上图中的“Browse”选项，弹出如下图所示对话框。该对话框中显示的就是软件自带的种子文件。

【提示】用户只需要分清楚“Met”和“Imp”即可。“Met”是公制单位，“Imp”是英制单位。用户只需要根据工程的实际情况做出选择即可。

然后，单击“Open”按钮。

【提示】在此，“Open”不是打开而是加载这个文件，这个区别需要理解。

最后，单击新建文件对话框中的“Save”即完成种子文件选择。

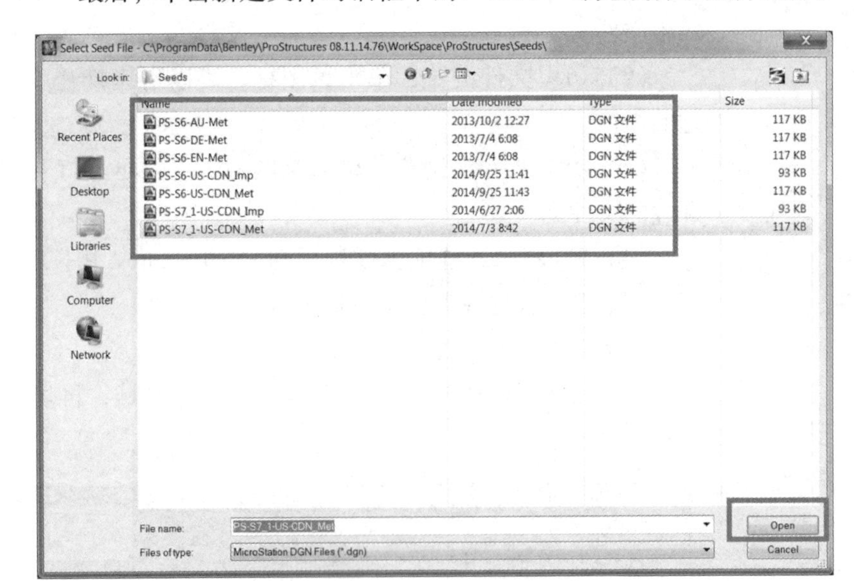

2.2 软件界面介绍

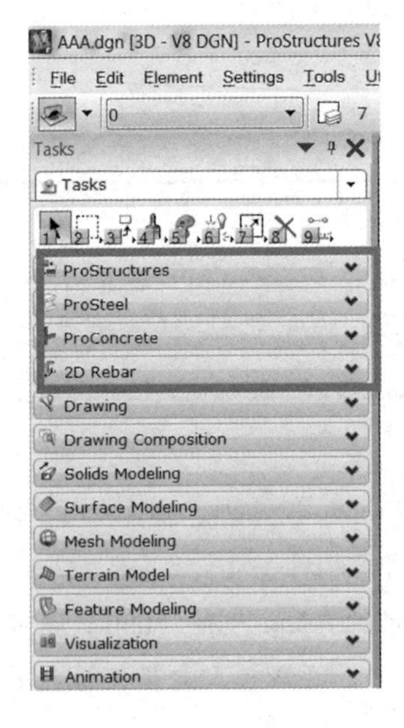

软件启动以后，弹出的界面是标准的MicroStation界面，但是由于 ProStructures 是基于 MicroStation 的专业软件，所以在界面上还具有专业软件的特点。在此，本书不再介绍MicroStation 的通用界面，重点介绍 ProStructures 软件独有的界面。

ProStructures 软件界面与MicroStation 软件界面的区别主要有以下两个方面：

（1）软件界面左侧增加“ProStructures”“ProSteel”“ProConcrete”“2D Rebar”四个工具条。

（2）在 MicroStation 下拉菜单最右侧增加“ProStructures”下拉菜单。

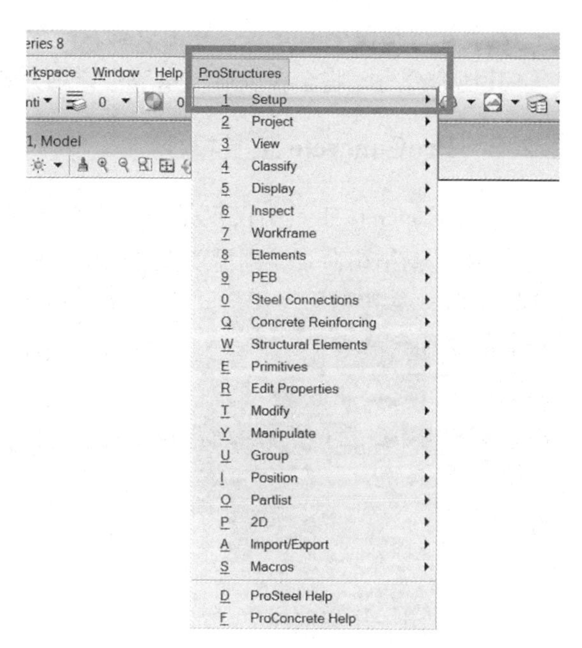

【提示】这个下拉菜单包含了 ProStructures 软件中的所有命令，但是由于这个下拉菜单只有文字而没有图标，并且菜单层级过多，用户操作起来效率不高，所以不建议用户使用这个下拉菜单，而是要使用软件界面左侧的工具框。

2.2.1 ProStructures 工具

单击“ProStructures”工具条，会弹出如图所示工具。

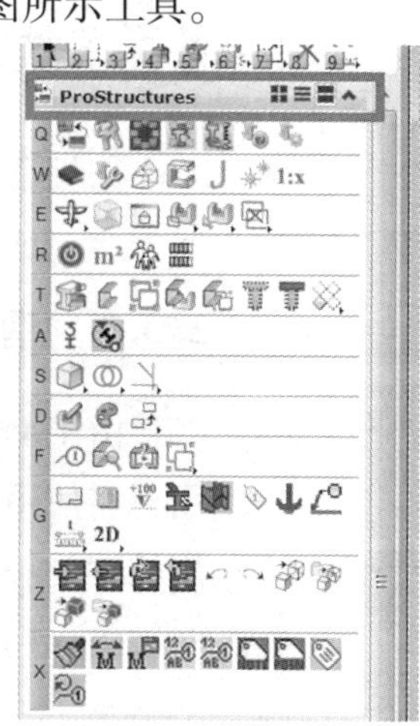

【提示】在“ProStructures”里面放置的是工程上（钢结构和钢筋混凝土结构）共同的命令。

Q 行：主要是软件的授权及使用国家和地区的设置等。

W 行：包括项目管理、软件设置、轴网、自定义截面、Block Center 应用。

E 行：是 ProStructures 视图的工具条。

T 行：是 ProStructures 专业的显示、隐藏命令。

D 行：包括构件编辑等。

F 行：包括编号及过滤选择等。

Z 行：包括模型的导入、导出设置及命令。

其他命令行，将会在以后的章节中详细介绍。

2.2.2 ProConcrete 工具框

在 ProConcrete 工具中仅仅是钢筋混凝土结构所需要的命令的集合。如果是钢结构命令，则需要在 ProSteel 命令框中查找与使用。

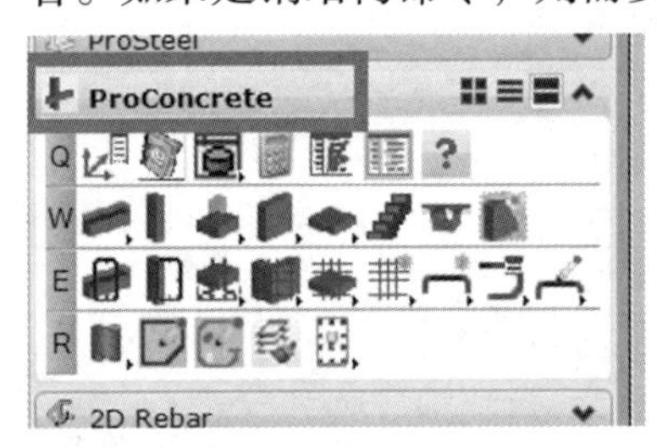

Q 行：包括钢筋规范设置、钢筋混凝土结构生成数据库等。

W 行：用于混凝土结构建模，包括墙、梁、板、柱及异形体结构的建模。

E 行：用于钢筋建模，以及钢筋的修改、编辑等命令。

R 行：用于控制钢筋显示的命令。

2.2.3 2D Rebar 工具框

2D Rebar 工具框中的命令是在钢筋混凝土模型切图生成图纸或者图块以后，对钢筋标注的工具和标注的一些设置。

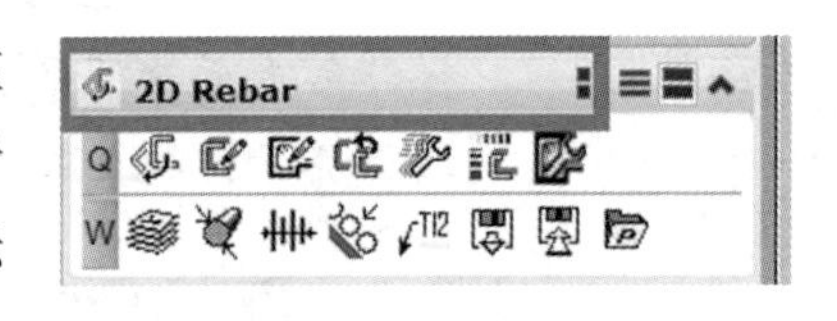

2.3 基本设置

在正式使用软件之前，用户需要做一些基本设置，以满足使用的需求。

2.3.1 钢筋规范设置

由于 ProStructures 软件中内置了全球各个主要国家的规范，所以用户在使用之前需要将钢筋规范设置为中国钢筋等级或者其他正在使用的钢筋等级。

第 1 步：单击钢筋规范设置命令按钮，如下图所示。

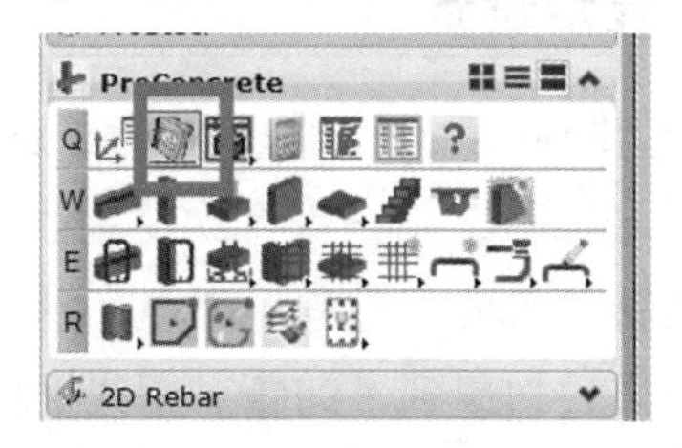

第 2 步：在弹出的钢筋规范设置界面，选择中国钢筋规范（即 GB 50010—2010）。

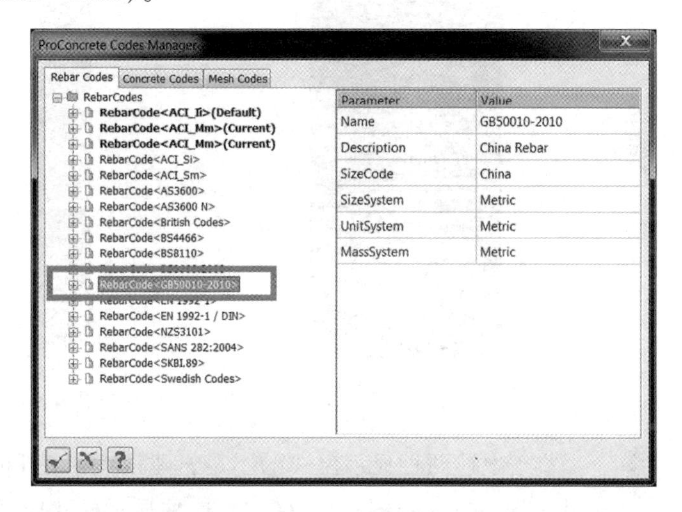

第 3 步：选中中国钢筋规范，长按鼠标右键，将此钢筋规范设置为当前（“Set As Default”）和默认（“Set As Current”）。

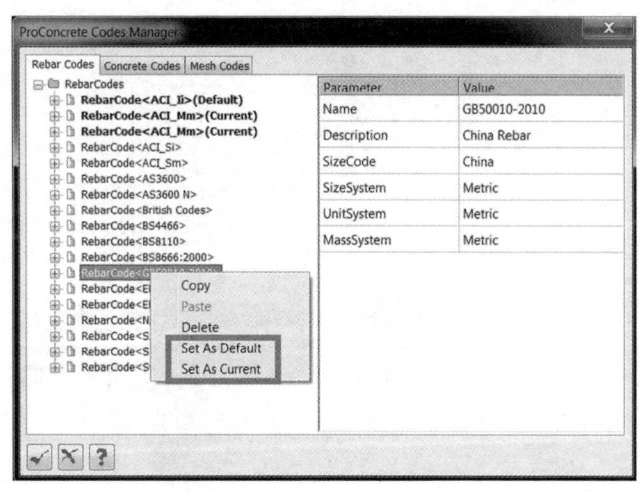

至此，钢筋规范即设置好，并且可以正常使用了。

2.3.2 显示设置

在使用 Bentley 其他软件时，例如 MicroStation 或者 AECOsim Building Designer，用户都喜欢使用线框模式或者体着色模式，而且在使用这两种显示模式过程中屡试不爽，但是在 ProStructures 中使用这两种显示模式却遇到了问题。用线框模式显示会使线条特别多，不利于观察，而用体着色模式却又看不见混凝土内部的钢筋。

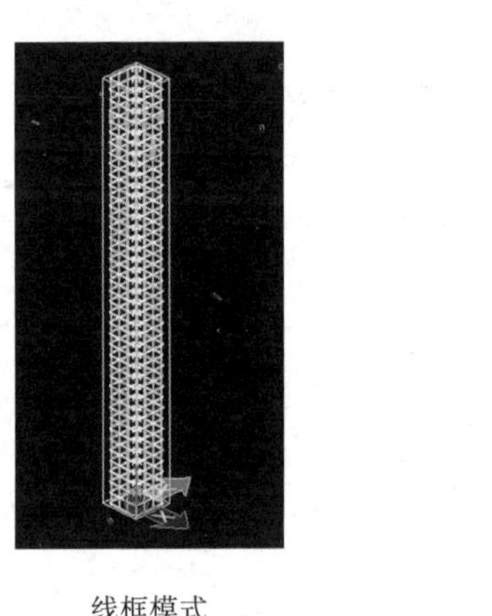

线框模式

体着色模式

鉴于上述两种显示模式的不足，建议大家在 ProStructures 中使用透明（Trasparent/Default）模式，这种显示模式能很好地弥补上述两种显示模式的不足。

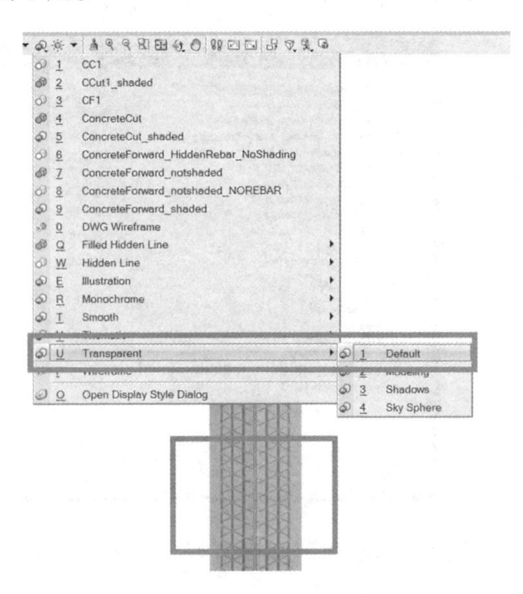

2.3.3 捕捉设置

在 ProStructures 中，软件默认的捕捉方式是结构捕捉，这种捕捉方式只能够捕捉构件的等分点和表面的中点，无法随意捕捉构件上的点。因此，使用时需要修改结构捕捉设置。

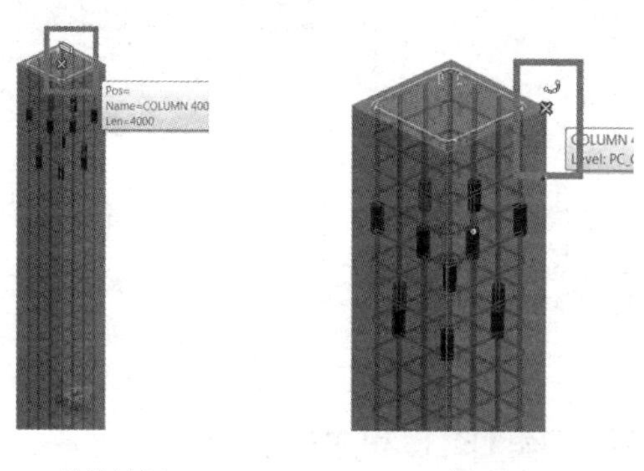

结构捕捉　　　　常规捕捉

第 1 步：单击“设置”命令按钮，如下图所示。

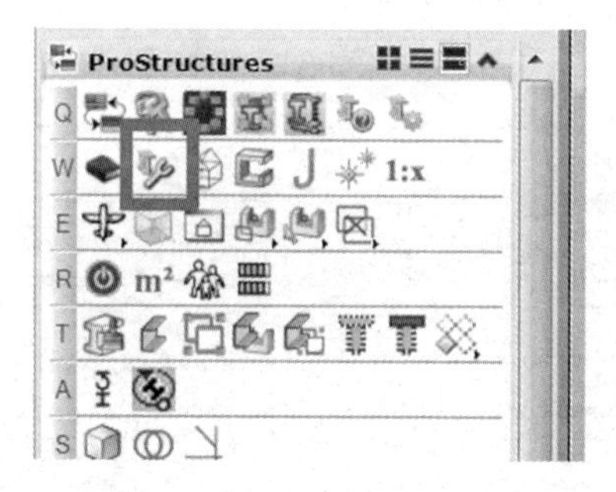

第 2 步：在“捕捉”选项卡中找到捕捉设置。

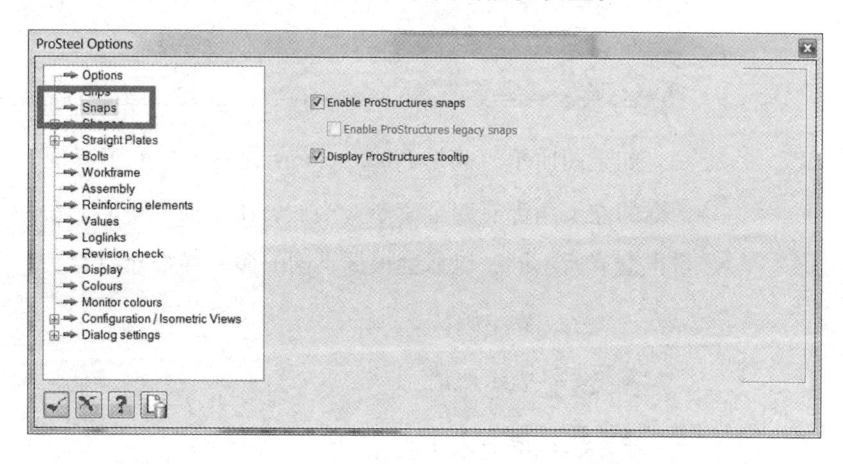

第 3 步：将右侧选项旁的“√”去掉，单击确定即可。

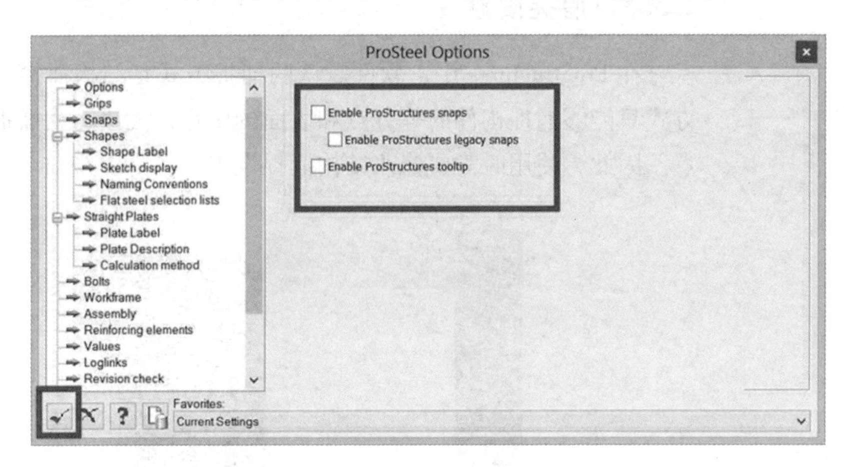

2.4 操作工具框介绍

ProStructures 是基于 MicroStation 的专业软件，所以软件也有自己的对话框来控制操作。

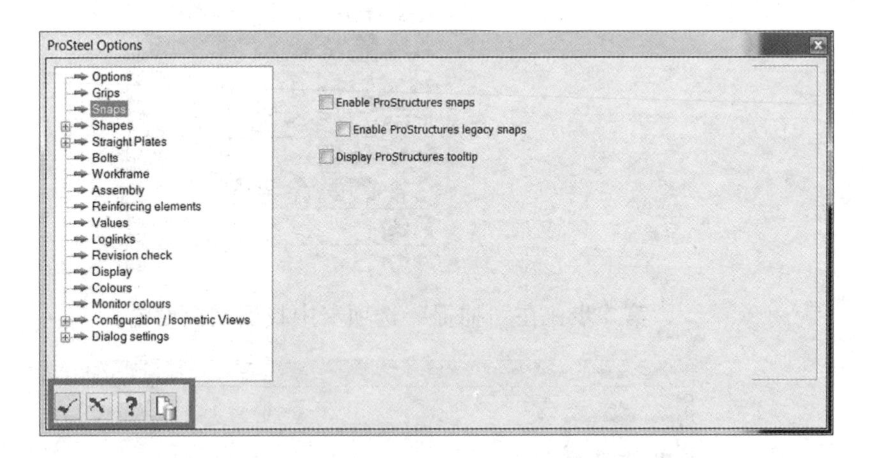

如上图所示，这是 ProStructures 的一个标准工具框，在每一个对话框的左下角都有四个命令（当然，由于命令不同，命令的种类和数量也会有所不同，以后会根据不同的命令详细介绍）。

- ✓：表示确认。
- ✗：表示取消。
- ?：帮助文件。

- ：模板。

【提示】模板在 ProStructures 中极其重要，它的作用是将用户的每一个选项卡的设计参数都保存下来，在以后的使用过程中可以直接双击调用。

3　三维空间视图转换

虽然，MicroStation 是世界上为数不多的可以真正在三维空间中定位并且绘制构件的软件，而且 MicroStation 软件也自带了真正的三维视图，包括轴测图、顶视图、前视图、右视图等。但是，ProStructures 作为专业软件，提供了最专业的视图转换工具。

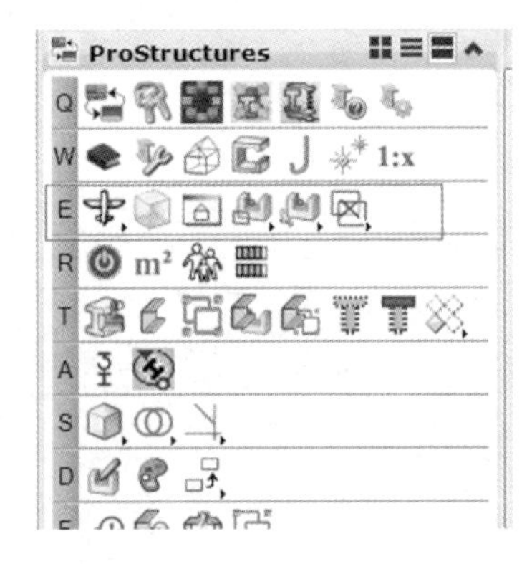

在 ProStructures 中有一组专门调整视图的工具，如右图所示。

3.1　构件视图与构件坐标系

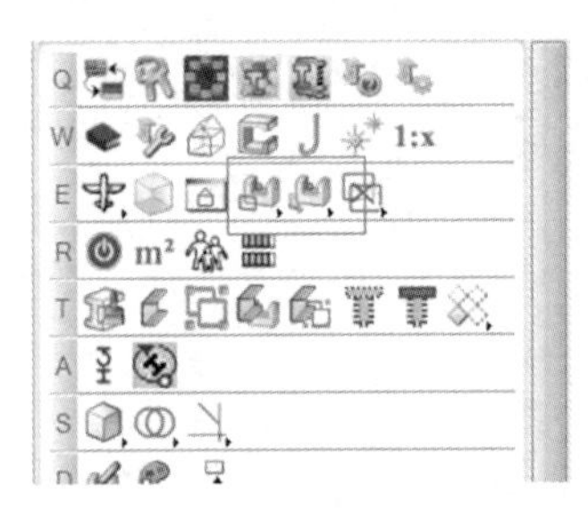

在 ProStructures 中可以迅速调整构件的局部坐标系（简称 ACS），而不再需要 MicroStation 中 RA、WA、GA 一组快捷键及一系列的命令来操作。在专业软件中，使用 ACS 的调整工具可以快速完成局部坐标系的调整。

在此有两组命令可供使用：一组仅仅用于调整 ACS；另一组在调整 ACS 的同时，会旋转视图。

3.1.1　Object ACS

1. 命令介绍

“Object ACS”这组命令仅仅用来调整构件的 ACS，不会选注三视图。

（1）：按照构件中心旋转 ACS。使用这个命令后选择构件，系统会自动找到构件上用户所选择的这个点的平面，并自动找到构件上这个平面的中心。然后以这个中心为基点旋转 ACS。

（2）：按照点旋转 ACS。使用这个命令后选择构件，系统会以用户选择的点为基点旋转 ACS。

2. 操作步骤

第 1 步： 调整视图的显示样式为 WireFrame。

第 2 步： 选取命令，选择构件。

【提示】 选择构件后，系统会在选择的点上（或者这个平面的中心）出现六个箭头。这六个箭头分别表示 Z 轴线的六个方向。

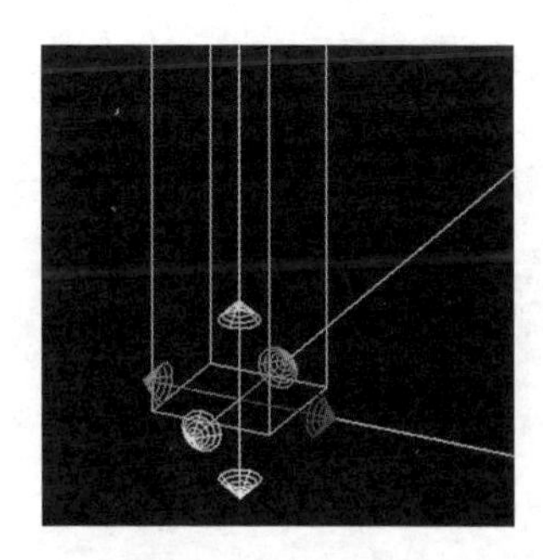

第 3 步： 根据右手定则判定 X、Y 轴线的方向，并且选择六个箭头中的其中一个。所选择的箭头方向就是将来要旋转平面的 Z 轴线方向。

第 4 步： 单击箭头后完成 ACS 的旋转。

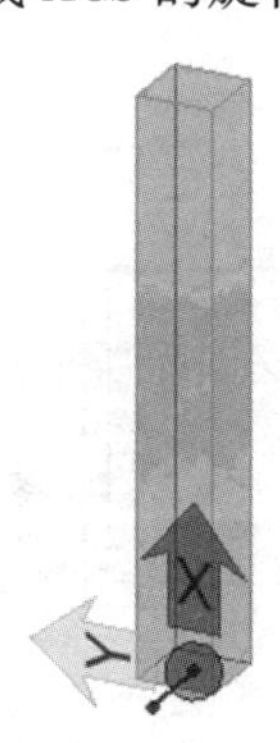

3.1.2 Object View

“Object View”命令的操作方式和原理与“Object ACS”的完全相同，二者的区别仅在于效果。“Object View”命令在选择 ACS 的同时会将视图进行旋转。

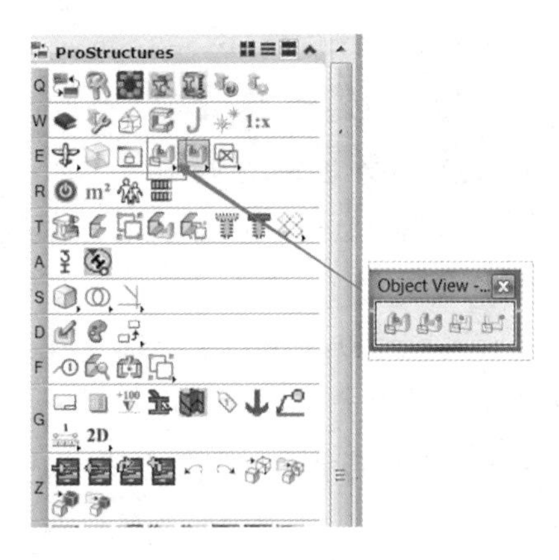

下面两幅图是旋转前后的效果。

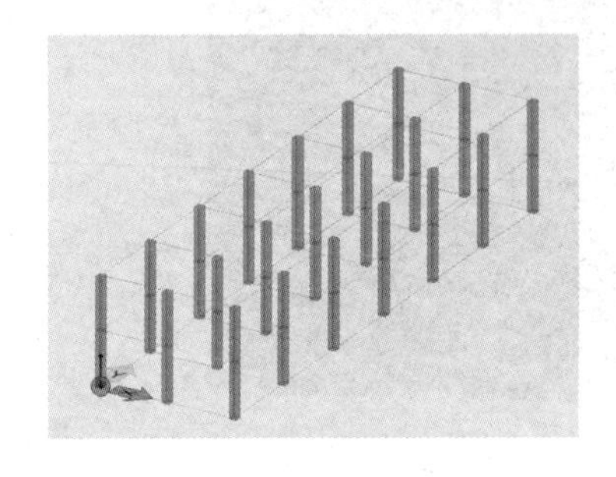

旋转前

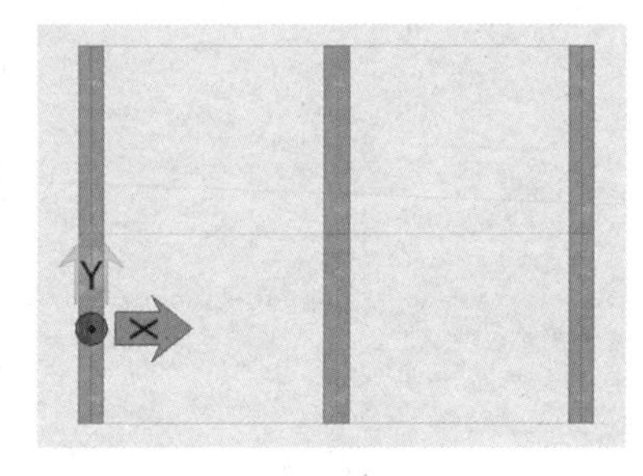

旋转后

3.2 全局轴测图

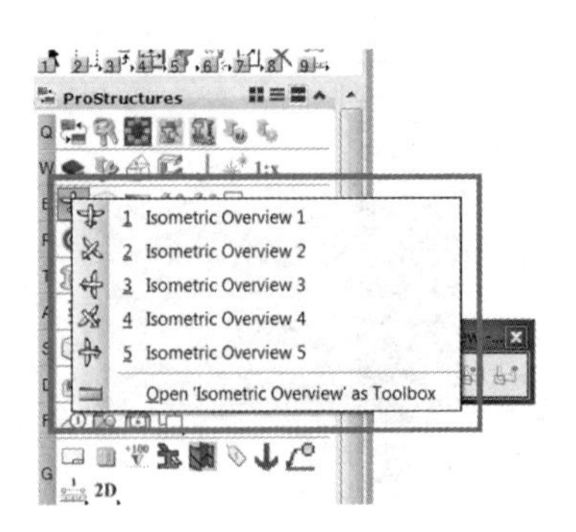

当视图发生旋转，ProStructures 提供了专门令视图回到轴侧图状态的命令。

软件提供了五个全局轴测图的命令来调整不同的视图方向，如左图所示。用户只需要单击五个图标中的任何一个，系统就会以世界坐标系起点和另外一个点的连线的方向旋转视图。

上图中的五个“小飞机”就代表五个不同的轴侧视图。这五个视图具体指向哪个方向，用户可以通过自定义第二个点的坐标来确定。

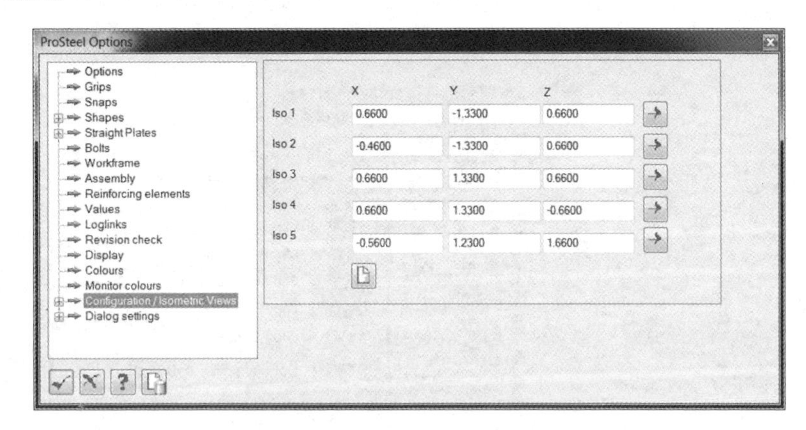

【提示】用户可按上图调整第二个点的坐标位置。因为第一个点系统是以世界坐标系的原点（GCS）进行调整的，在此不必自行调整。

3.3 顶视图

顶视图用于显示用户坐标系的XY平面视图，视图方向沿Z轴负向，同时切平面功能关闭。

【提示】请注意区别本命令和轴网视图中的顶视图的不同。与视图工具栏中 View Ratation/Top View 不同，ProStructures 工具栏中的 Top View 会显示用户完成旋转 ACS 后的顶视图，而视图工具栏中的 Top View 则显示世界坐标系的顶视图。

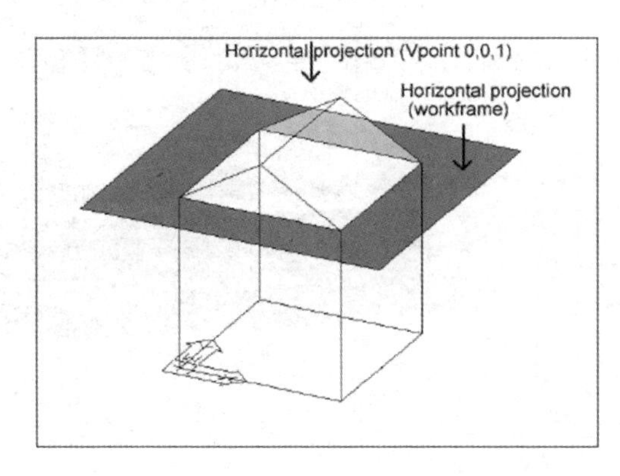

3.4 切平面

在 3D 空间中建模，当模型比较复杂时，前后构件在显示上会互相重叠，很容易使模型窗口中的显示不清晰，这就需要转换到平面视图中工作。在平面视图中显示哪些物体则由切平面功能来控制。

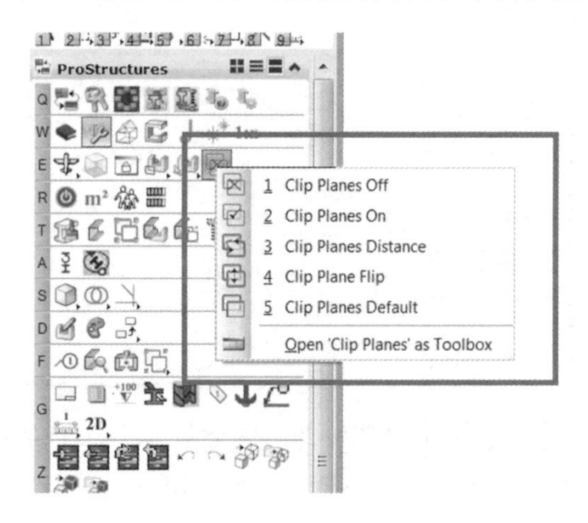

3.4.1 切平面原理

切平面是假想的一个平面，它与当前 ACS 平面平行，距离为切平面距离。当“切平面”激活时，只有当前平面视图前、后切平面之间的物体可见。

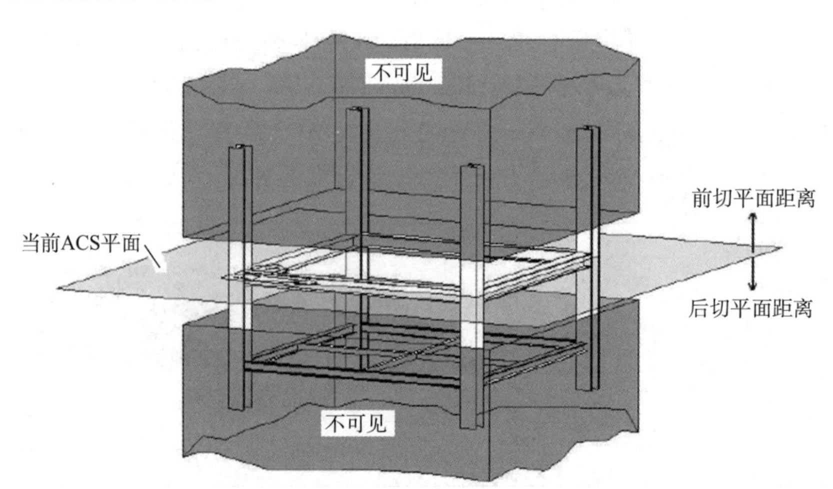

下面一组图片所展示的示例有助于理解切平面的含义。

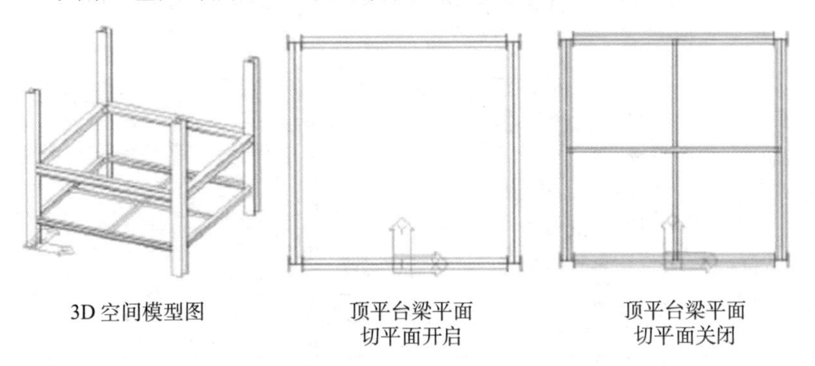

3D空间模型图　　顶平台梁平面切平面开启　　顶平台梁平面切平面关闭

3.4.2　切平面工具介绍

（1）：切平面关闭，不使用切平面效果，在平面视图中可以看到模型中的所有物体。在平面视图状态下使用该命令，关闭该平面视图的切平面，不影响其他平面视图。

（2）：切平面开启，使用切平面效果。

（3）：切平面距离，用于输入切平面距离。先输入后切距，再输入前切距。当输入0时，无切平面。当转换到标准视图时，这些值将被覆盖。

（4）：切平面转换，用于开启、关闭切平面之间的转换。

3.5　选择视图

“选择视图”命令用来管理由轴网自动创建的视图，用户也可以通过它手工添加自定义视图。当通过“选择视图”将某个视图切换到当前的预览窗口时，通常都是正交布置该视图的，且自动将ACS坐标系与视图对齐。此外，还可以通过它仅将ACS坐标系对齐到所选的视图平面，而模型仍以轴测图模式显示。

当要打开视图清单中的某个视图时（即将该视图切换到当前的预览窗口），只需在视图清单中双击视图名称即可，打开视图时，切平面自动开启，这就意味着只有处于切平面范围的对象才会在这个视图部显示，视图的切平面值是通过轴网对话框“视口”页里的“切平面距离”来设置的。

3.5.1 命令介绍

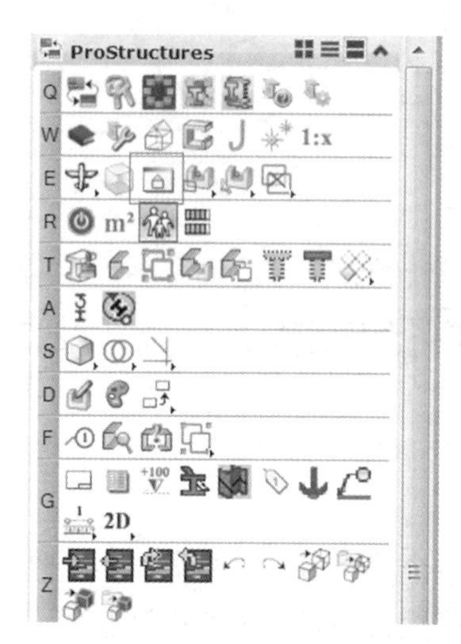

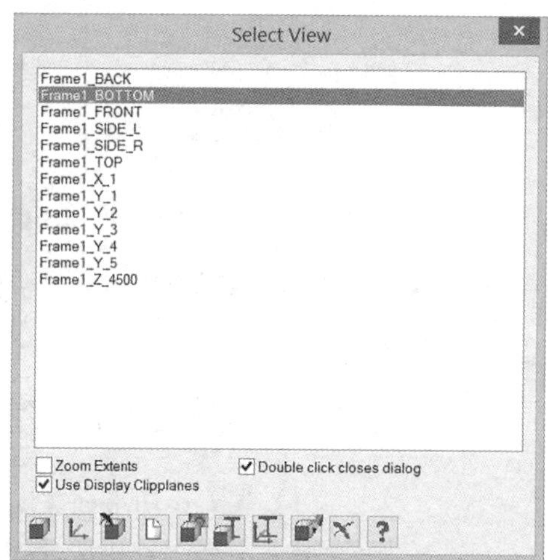

（1）“Zoom Extents”：用于设置动态视口缩放。

（2）“Double click closes dialog”：用于设置双击关闭对话框。

（3）“Use Display Clipplanes”：用于使用显示剪切平面。

（4）：用于根据所选视图框设置当前视图按钮，将所选择的视图作为当前视图正交预览，同时将 ACS 坐标系对齐到当前视图。

（5）：用于根据所选视图框设置当前 ACS 按钮，仅将 ACS 坐标系对齐到所选择的视图框，而不作为当前视图预览。

（6）：用于删除当前视图框，在“选择视图”清单中选择用户想要删除的视图，然后单击该按钮即可将该视图删除。

（7）：用于建立新的视图框，用户可以在模型的任何位置创建新的视图，首先将 ACS 坐标系对齐到想要创建的位置，然后单击该按钮并按照系统的提示操作即可实现。

（8）：用于编辑所选的视图框，选中一个视图后单击该按钮会弹出“视图框属性”对话框，在该对话框中可以编辑、修改视图框。例如，通过“数据”页，可修改该视图框的名称。

3.5.2 新建视图

第 1 步：单击“新建视图”按钮。

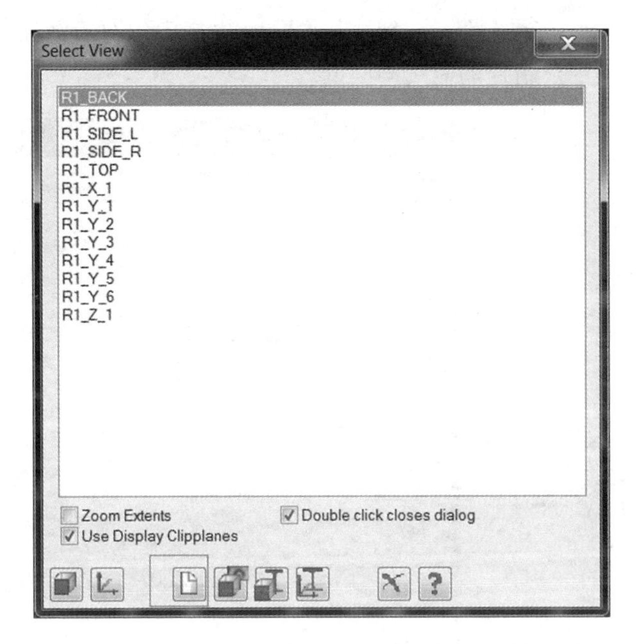

第 2 步：在弹出的对话框中填写要新建视图的名称，然后单击“确定”。

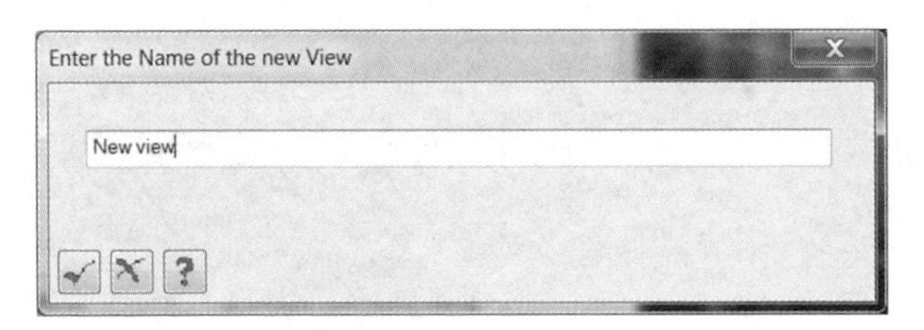

第 3 步：在模型中确定视图的位置。

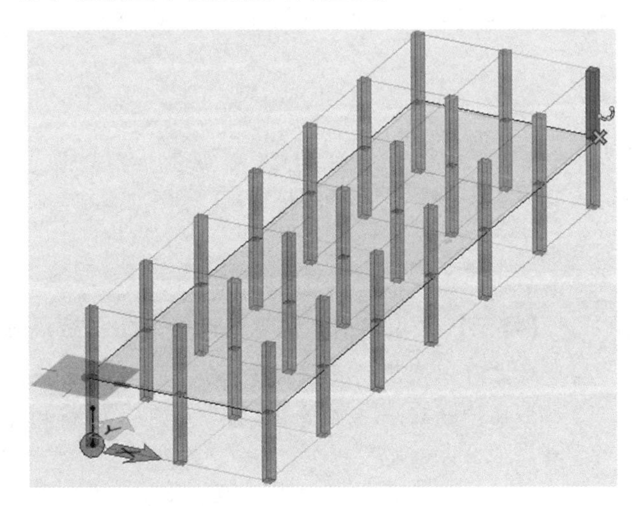

第 4 步：回到 Select View 界面中，双击新建的视图就可以跳转到用户新建的应用平面上。

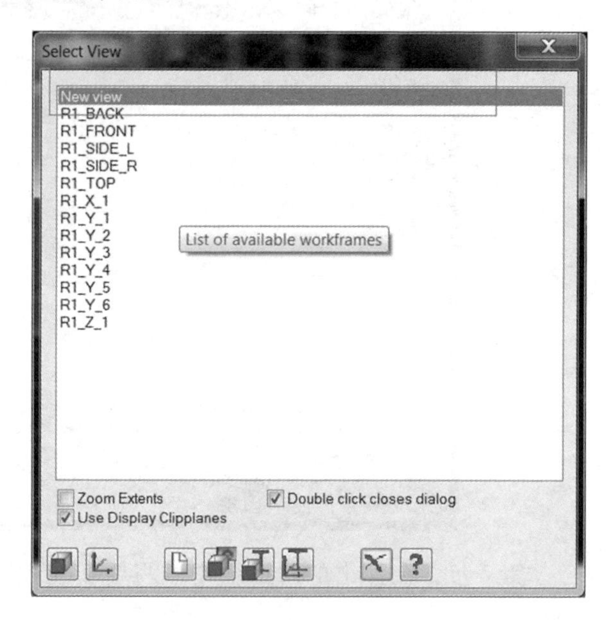

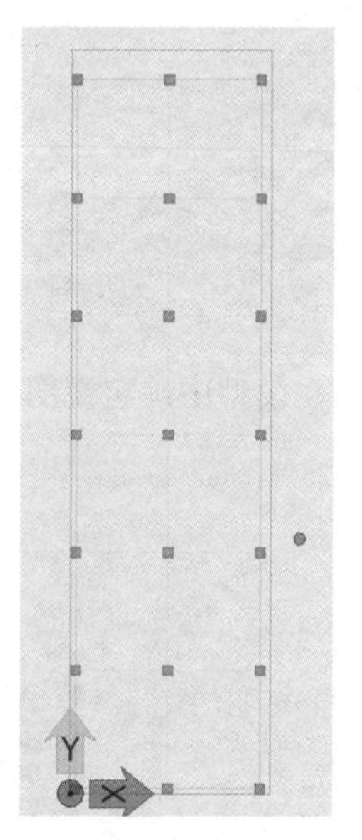

【提示】在本例中，需要注意新建的平面必须与当前的 ACS 的方向一致才可以实现。如果 ACS 的方向与新建视图的方向不一致，那么必须通过旋转 ACS 的命令，将 ACS 旋转到相应的平面上才可新建视图。

4　显示管理构件

本章重点介绍构件的隐藏、显示及显示类三大类工具。

4.1　隐　藏

使用“隐藏”命令可以隐藏单个零件或整组零件，零件隐藏后不可见，也不能被选取。该命令可以让用户隐藏指定的零件，或者隐藏其他零件而仅显示指定的零件，从而使三维模型更加清晰。

在 ProStructures 中有一组专门的工具来控制构件的显示与隐藏，如下图所示。

（1）：隐藏构件。使用“隐藏构件”命令，可以将选中的构件隐藏。

（2）：隐藏组。使用“隐藏组”命令，可以将选中构件所在的组全部隐藏。该命令在钢筋混凝土结构中使用不多，但是在钢结构中使用很多。因为钢结构节点与主构件的联系默认是成组的。

（3）：隔离构件。使用“隔离构件”命令，只会显示选中的构件，而其他构件会被隐藏。

（4）：隔离组。使用“隔离组”命令，只会显示选中的组构件。其他构件都会被隐藏。这个命令在钢筋混凝土结构中使用不多，但是在钢结构中使用很多。因为钢结构节点与主构件的联系默认是成组的。

（5）：隐藏平面。使用“隐藏平面”命令，系统会将构件所在的平面隐藏。

（6）：隔离平面。使用“隔离平面”命令，系统会将构件所在的平面隔离显示，不在这个平面上的构件则会被隐藏。

4.2 显　示

构件被隐藏以后，都可以通过“显示”命令按钮来恢复显示。

4.3 显示类

单击“显示类”按钮，用户可以将同一层上的实体指定到不同的显示类中。显示类中所有零件可以同时显示或隐藏，比“隐藏”命令方便得多。例如，可以将模型中的柱、梁等构件分别指定到不同的类中，使模型显示更加简洁和清晰。

每个构件只能存在于一个显示类中，也就是说，如果显示类中的构件被指定到其他显示类中，则该构件从原显示类中被删除。

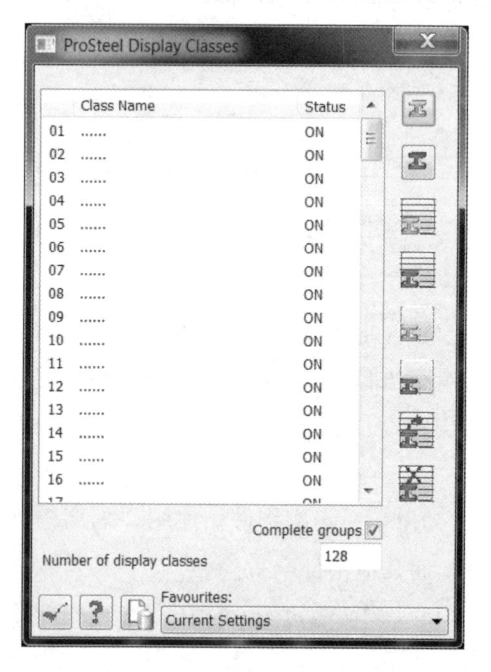

（1）“Class Name”：用于设置类名称显示模型中的显示类名称列表。状况值为“ON”，则该显示类正常显示；状况值为“OFF”，则该显示类隐藏。

【提示】双击显示类后可以修改名称。

（2）“Status”：用于指示当前显示类的开关状态，可以双击状态值进行切换。按住 < CTRL > 键，可以选择多个显示类，按住 < SHIFT > 键可以通过选择开始项和最后项选择多个显示类。

（3）：单击“隐藏零件”按钮，转换到绘图窗口，选择要隐藏的零件。

（4）：单击“显示全部”按钮，显示所有使用“隐藏零件”按钮后隐藏的零件。

（5）：单击“隐藏类”按钮，隐藏“类名称”列表中选择的类中所有的零件，该类状况显示为“OFF”。

（6）：单击“正常显示类”按钮，显示“类名称”列表中选择的类中所有的零件，该类状况显示为“ON”。

（7）：单击“单独显示”按钮，显示“类名称”列表中选择的类中所有的零件，隐藏所有不属于该显示类的零件。

（8）：单击“单独隐藏”按钮，隐藏“类名称”列表中选择的类中所有的零件，显示所有不属于该显示类的零件。

（9）：单击“指定”按钮，指定显示类中包含的零件。首先，在显示类列表中选择一类名称，单击该按钮，转换到绘图窗口，选择该显示类中的零件。

（10）：单击“删除”按钮，删除显示类中包含的零件。首先，在显示类列表中选择一类名称，单击该按钮，转换到绘图窗口，选择要从该显示类中删除的零件。

（11）“Complete groups”（整组）：若选中该选项，在绘图窗口中选择零件时，同时选取该零件所在的组中所有的零件。

4.4 区域类

ProStructures 中的构件被指定为一显示类中零件的同时，也可以被指定为一区域类中的构件。显示类和区域类是相互独立的。与“显示类”类似，每个构件只能存在于一个“区域类”中。模型可以按照结构功能分区或仅平面位置分区分成若干区域类。“区域类”也可以作为详图中心浏览器零件窗口和插入窗口中构件显示顺序的标准，“区域类” 的使用方法参见“显示类”。

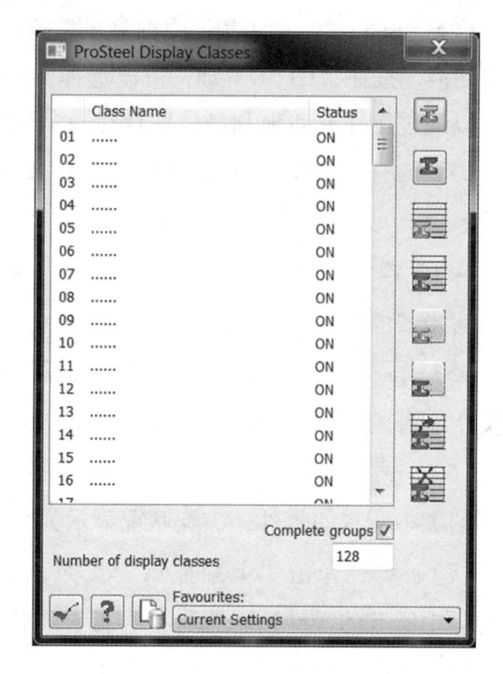

4.5 构件族

构件族（Part Family）是另一种零件分类的形式。构件族中的零件可以在零件编号时自动添加前缀，不同的构件族可以使用不同的颜色显示，同一构件族中的构件还可以使用同一种详图样式。

每个零件只能存在于一个构件族中，也就是说，如果构件族中的构件被指定到其他构件族中，则该构件将被从原构件族中删除。

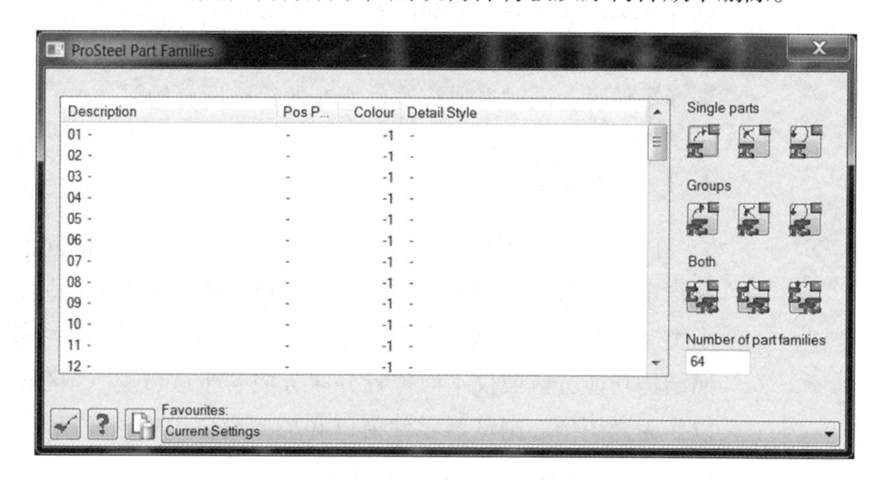

（1）“Description”：用于显示模型中所有的构件族的名称。

（2）“PosPrife”：用于显示模型中所用的编号前缀。

（3）“Colour”：用于显示模型中所有的构件族的颜色。

（4）“Detail Style”：用于显示模型中所有的构件族的详图样式。

（5）“Single parts”：单击其下按钮，选择集是单个构件，族的属性被赋予到所选取的零件构件中。

命令用于将单零件添加到构件族中，命令用于将单零件从构件族中删除，命令用于重新加载。

（6）“Groups”：单击其下按钮，选择集是构件族，族的属性被赋予到所选取的构件的组属性中。

命令用于将组构件添加到族中，命令用于将组构件从族中删除，命令用于重新加载。

（7）“Both”：单击其下按钮，选择集是选中的单个构件和构件所在的族，族的属性被同时赋予到所选择的构件和构件所在的族中。单击“更新”按钮，修改构件的属性后，在软件空白处单击，转换到绘图窗口，选择集按照构件族的新属性更新。否则构件族中构件的属性仍然是构件族所具有的属性。

双击“零件族”，可以对零件族属性进行修改。定义零件族及类属性修改最多可以定义 64 个零件族。在类名称列表中选择一项并双击，打开如下对话框。

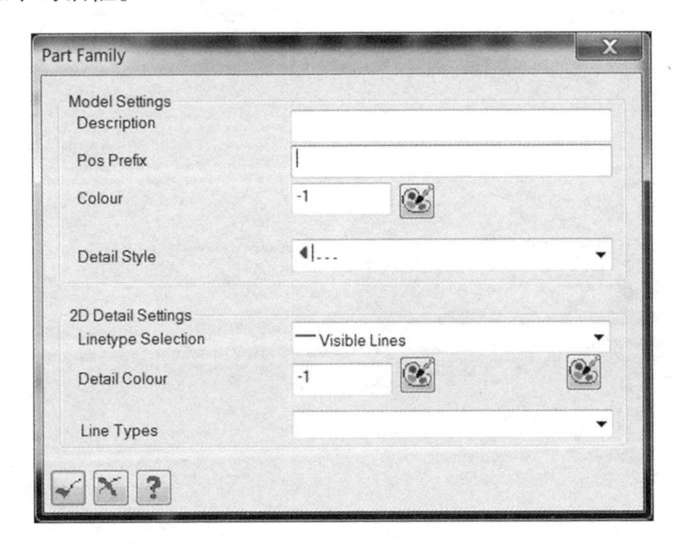

（1）“Description”：用于输入零件族的名称。这一名称将显示在“零件族”对话框的名称列表中，以及族中零件的属性对话框中。

（2）“PosPrefix”：用于输入零件族中零件的编号前缀。

（3）“Colour”：用于指定零件族的颜色。零件族中的零件按指定的颜色显示在绘图窗口中。输入颜色号，或单击“选择”在颜色窗口中指定颜色。

（4）“Detail Style”：用于设置详图样式。输入详图样式名称或单击“选择”在详图样式列表中选择样式。零件族中的零件将按照选定的详图样式生成详图。

【提示】通常在详图中心窗口中指定详图样式。如果在这里指定零件所用的详图样式，在详图中心窗口中不要指定新的详图样式，否则将覆盖掉在此指定的详图样式。

（5）“2D Detail Settings”：用于设置 2D 详图。

（6）“Linetype Selection”：用于线型选择，选择要设置属性的线类型，分为可见线、不可见线和中线。

（7）“Detail Colour”：用于设置详图颜色，选择详图中选择线类型的颜色。

（8）“Line Types”：用于设置线型，选择当前选择线类型的线型。

5　模板、克隆与构件搜索

5.1　模　板

模板是 ProStructures 软件中非常有特色的一个工具，它可以将设计数据保存下来，在需要的时候重复调用，避免工程师多次填写参数，加快建模速度，提高效率。

5.1.1　建立模板

第 1 步：将下图所示对话框中的所有参数都设置好。

第 2 步： 单击“模板”按钮，弹出新的对话框。

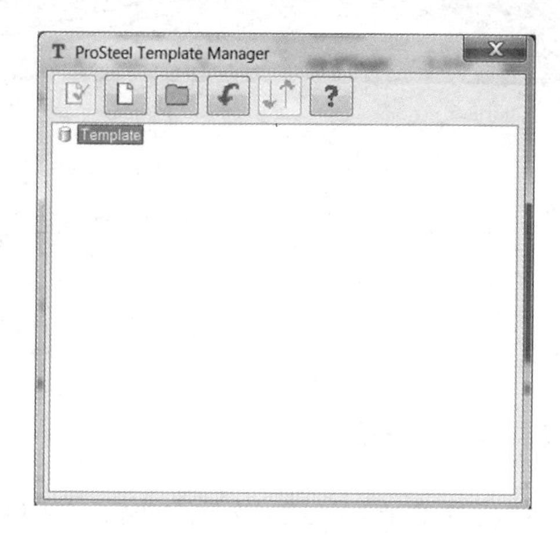

第 3 步： 单击“New Folder”命令按钮，新建模板文件夹。

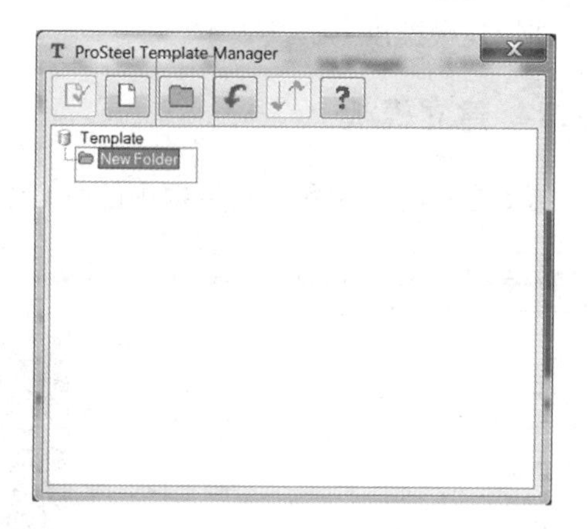

第 4 步： 单击上图中的“New Folder”，再选择“Save Template As”，并输入模板的名称。

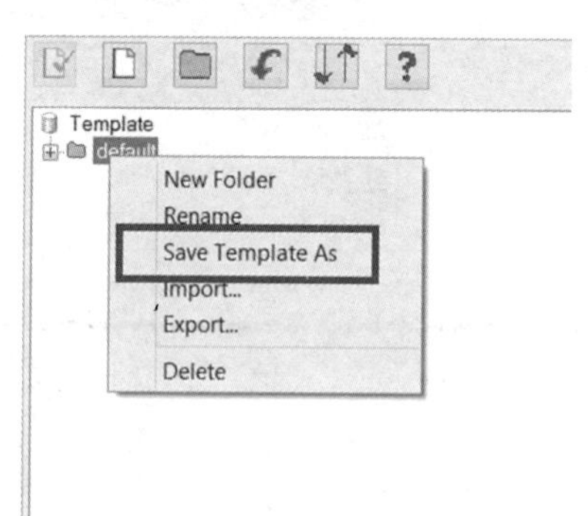

第 5 步：单击“确认”按钮保存。

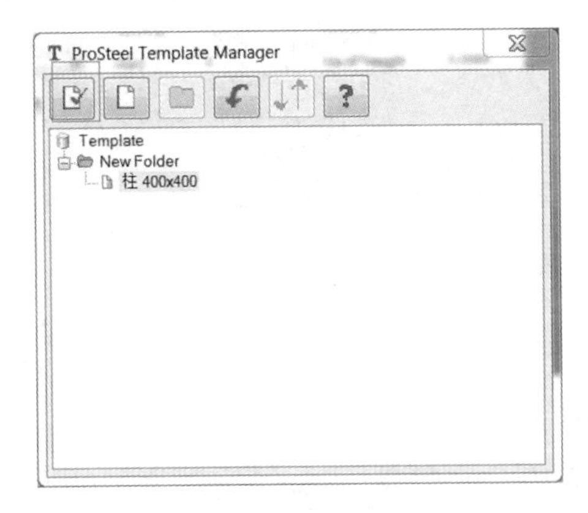

5.1.2　模板使用

第 1 步：单击软件中的任何一个命令，弹出如下对话框。

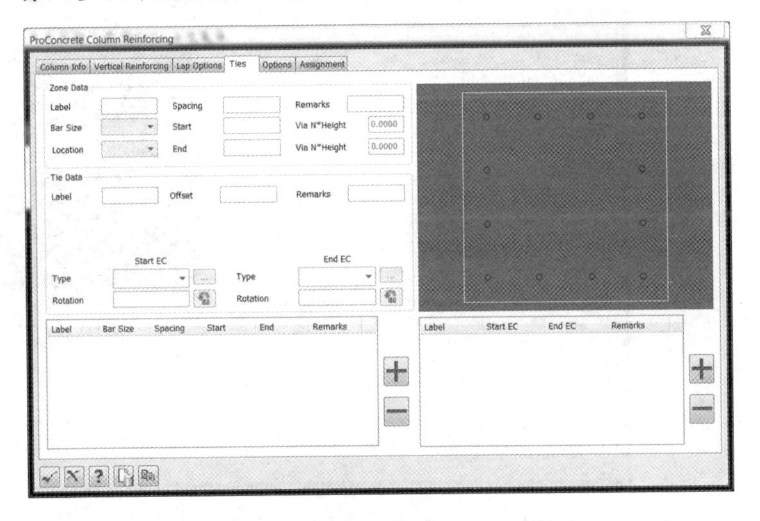

第 2 步：单击“模板”按钮，并且弹出对话框，如下图所示。

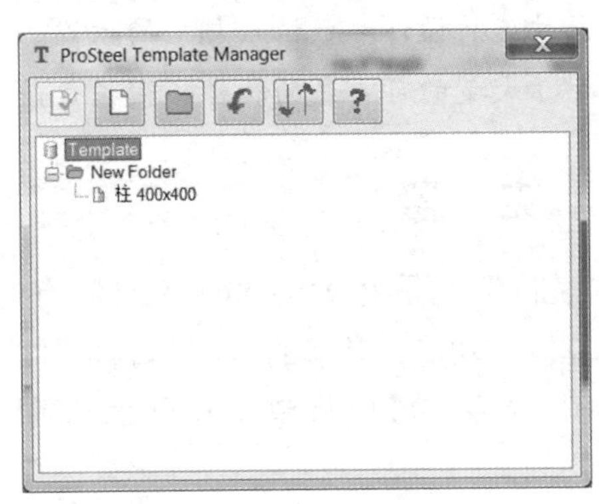

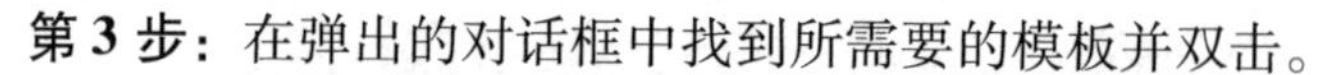

第 3 步：在弹出的对话框中找到所需要的模板并双击。

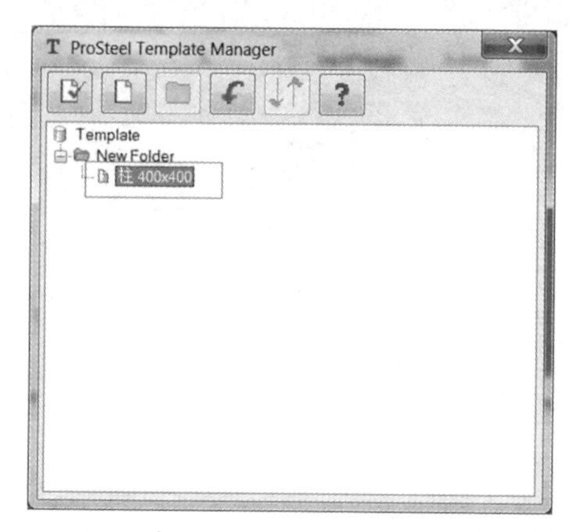

第 4 步：模板使用完毕的结构。

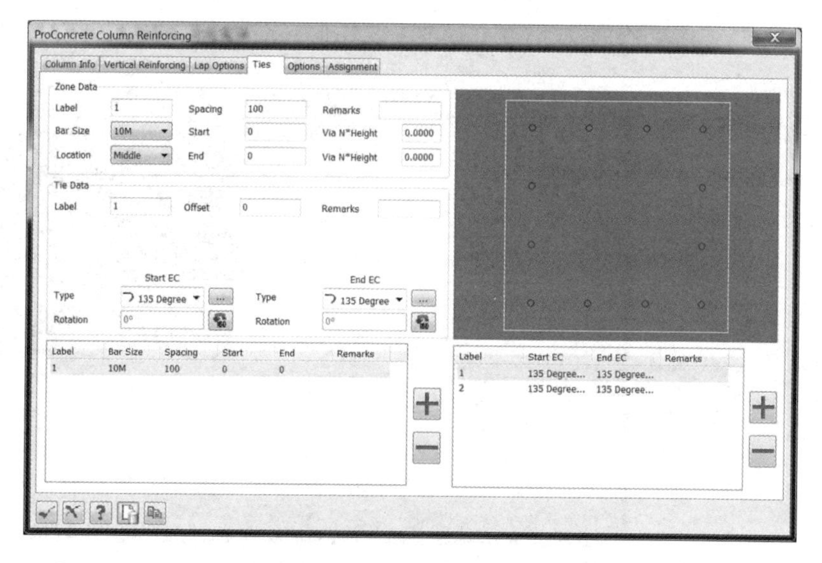

【提示】在一个空白的对话框中，可以通过保存并且调用模板的命令，快速将设计参数填入相应的位置。

对于大量的可重复的构件，模板是最简单的操作方法。

5.2 克 隆

“克隆”也是 ProStructures 软件特有的命令，区别于 MicroStation 的“复制”功能，克隆的范围是以构件为基础的。换句话说，使用“克隆”命令，可以将整个构件的所有参数，都克隆到其他构件上去。

如下图所示，有两个混凝土柱，其配筋信息完全相同，可以将一个柱子的钢筋信息克隆到另外一个柱子上去。

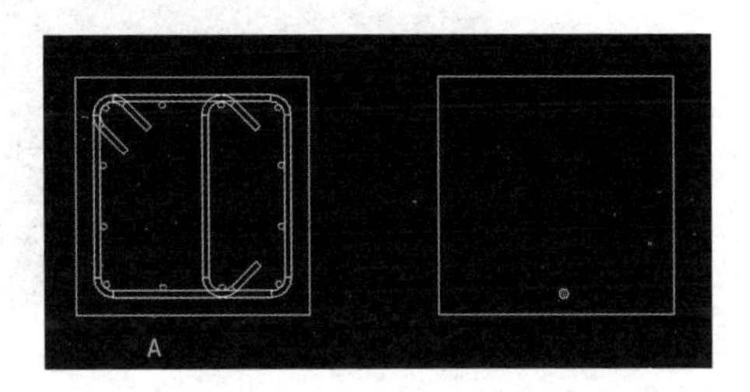

第 1 步：双击柱 A 的钢筋，弹出如下对话框，在对话框中单击“克隆”命令按钮。

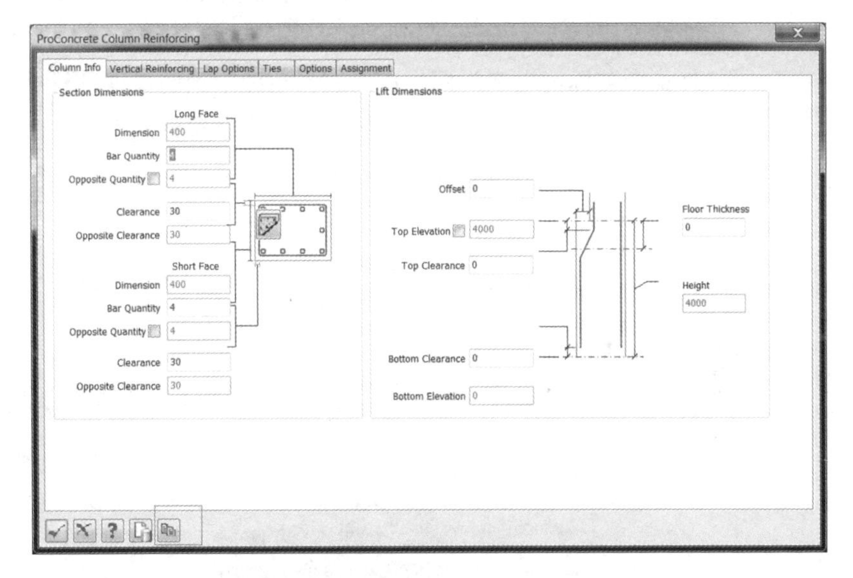

第 2 步：选择需要克隆的构件。

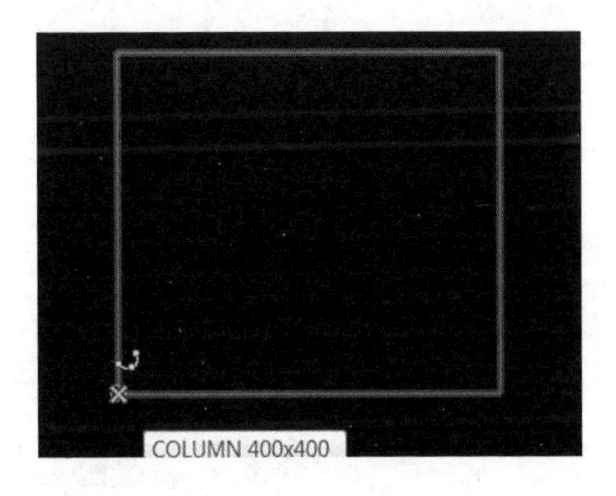

第 3 步：克隆完成，如下图所示。

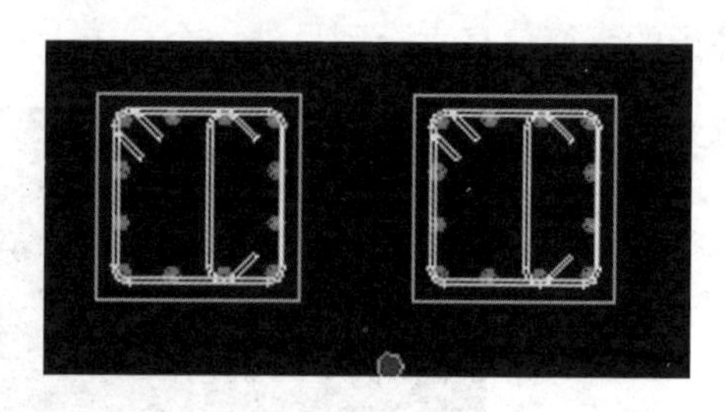

5.3 过滤搜索

在 ProStructures 软件中，有一个非常好用的搜索工具，名为“过滤搜索”。这个工具可以定义多个搜索条件，满足所有条件的零件将会被标记出来。用户可以选择对搜索到的构件进行选中操作、换色显示、动态缩放，或者隐藏所有不满足条件的零件。

同时，这个命令已经被高度整合到软件其他的命令中，在执行其他命令时，也可以使用搜索构件。

5.3.1 命令介绍

1. 命令位置

过滤搜索的命令按钮位于 ProStructures 工具栏下行，如下图所示。

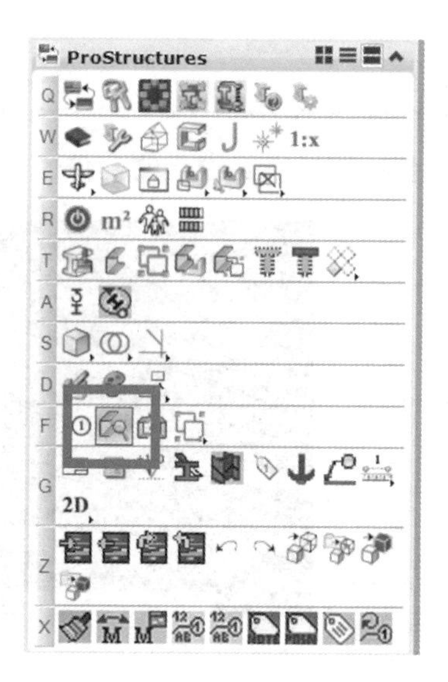

2. 命令介绍

单击过滤搜索命令按钮后弹出如下界面。

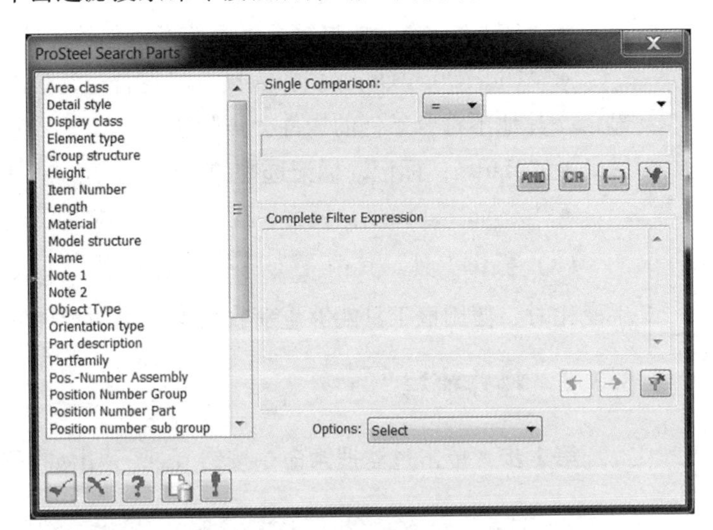

（1）属性列表：显示所有可以标记的属性名称，单击可以选择该属性。

（2）运算符：选择属性名和输入值之间的运算符，如＝、＞、＜、≥、≤等。

（3）属性栏：显示可以选择的属性类型。

（4）运算公式。

- AND：求交集，采用这种计算方法选择出的构件，必须满足多个条件。
- OR：求并集，采用这种计算方法选择出的构件，只需要满足其中的一个条件即可。

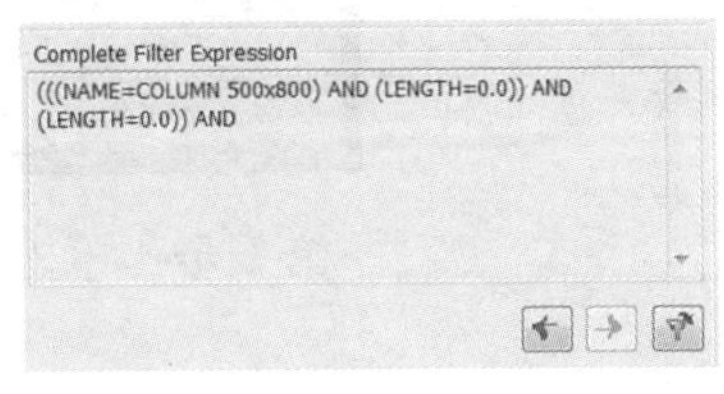

- ：添加计算命令，将计算的命令添加到计算区域。

（5）计算区域：在这个区域会输入过滤选择的条件。

（6）：移除，将过滤条件移除。

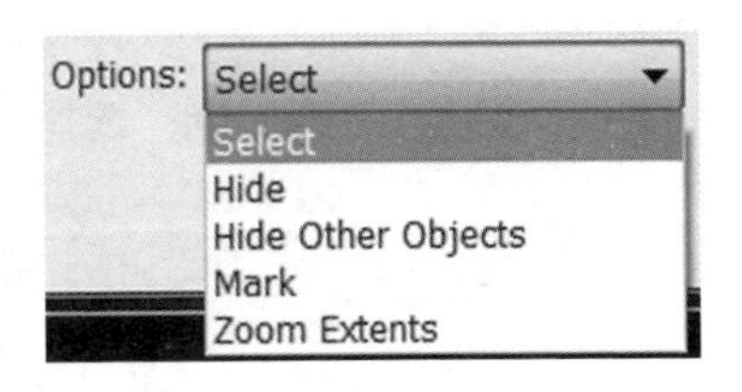

（7）过滤选择以后的操作方法：满足选择条件的构件可以按照操作的

方式进行操作。

- “Select”：选择，将符合过滤选择条件的构件选中。
- “Hide”：隐藏，将符合过滤选择条件的构件隐藏。
- “Hide Other Objects”：隔离，将符合过滤选择条件的构件隔离显示，其他不符合条件的构件会被隐藏。
- “Mark”：标记，标记选中的构件。
- “Zoom Extents”：放大，放大选中的构件。

（8）操作工具。其中 是“扫描模型”工具按钮，当模型发生变化时，使用该工具能够重新收集模型里面构件的信息。

5.3.2 操作流程

第 1 步：单击过滤搜索命令按钮 ，弹出如下对话框。

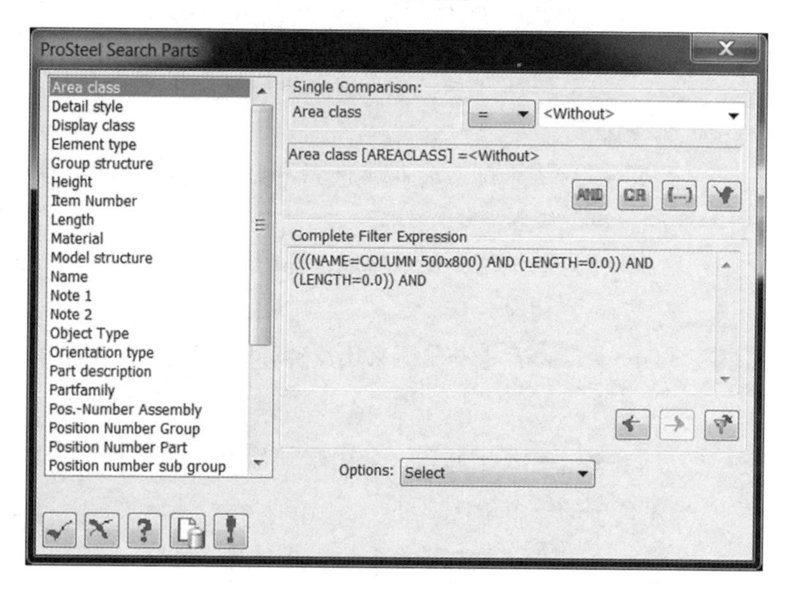

第 2 步：单击“扫描模型”工具按钮。

第 3 步：选择过滤条件（以构件名称为例）。

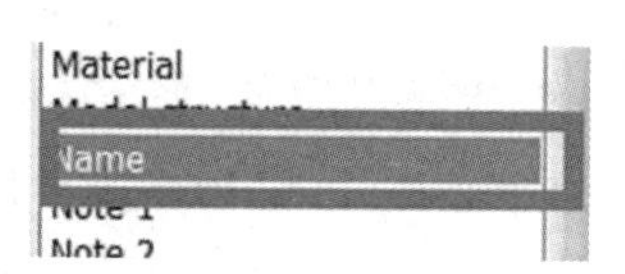

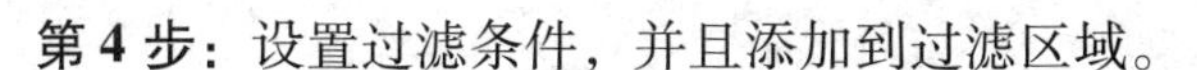

第 4 步：设置过滤条件，并且添加到过滤区域。

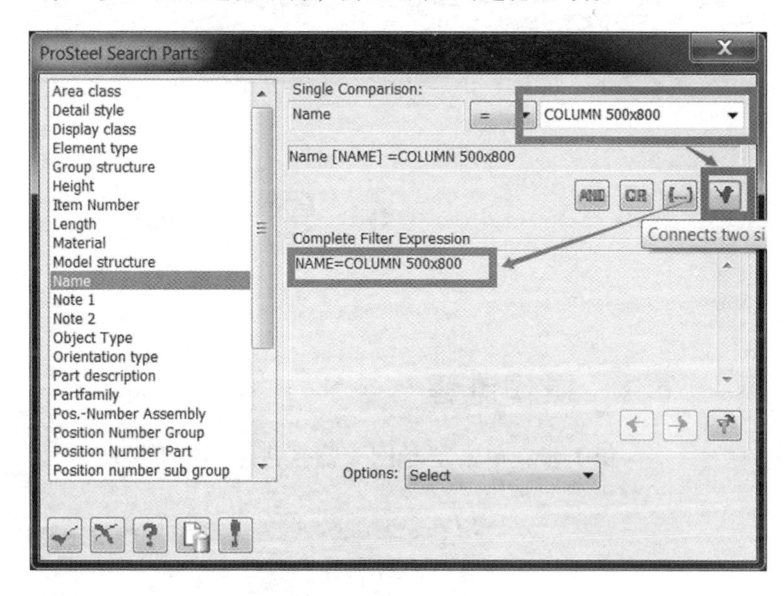

第 5 步：单击“确认”命令按钮即可。

6 轴　　网

6.1　操作流程

第 1 步：单击“轴网”命令按钮，如下图所示。

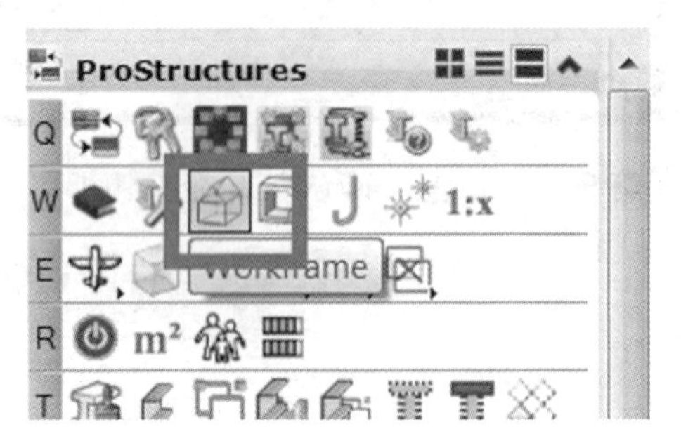

第 2 步：在屏幕上选择轴网的插入点或者单击鼠标右键，系统会将轴网的插入点与当前的 ACS 原点重合。

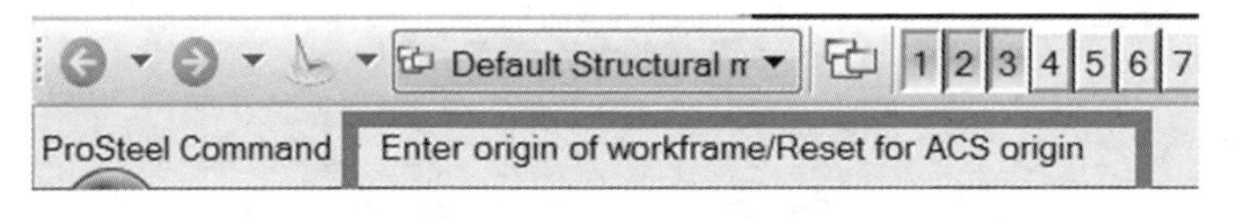

【提示】在 MicroStation 架构下，“Reset”的意思就是单击鼠标右键。

第 3 步：输入轴网的 X 轴线方向或者单击鼠标右键，系统会将轴网的 X 轴线与当前 ACS 的 X 轴线重合。

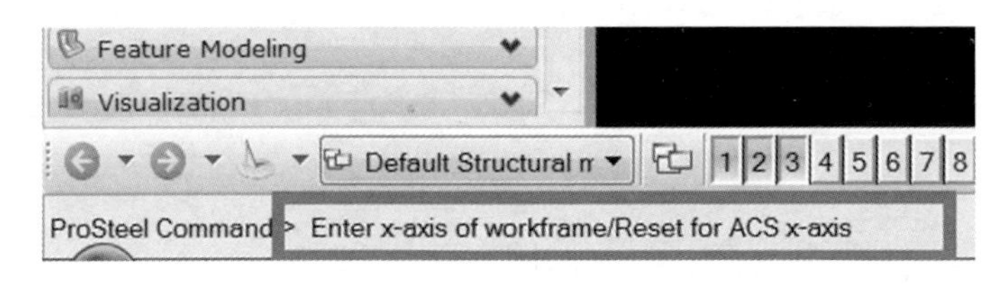

第 4 步：单击“确认”按钮，轴线布置完成。

【提示】第 2 步选择轴网插入点之后，需要敲击 <T> 键调整精确绘图坐标系，使精确绘图坐标系顶平面和 ACS 的坐标系顶平面对齐。这样，才能确保轴网放在合适的平面上。

6.2 轴网操作工具框

6.2.1 “布置”选项卡

6.2.1.1 总体设置

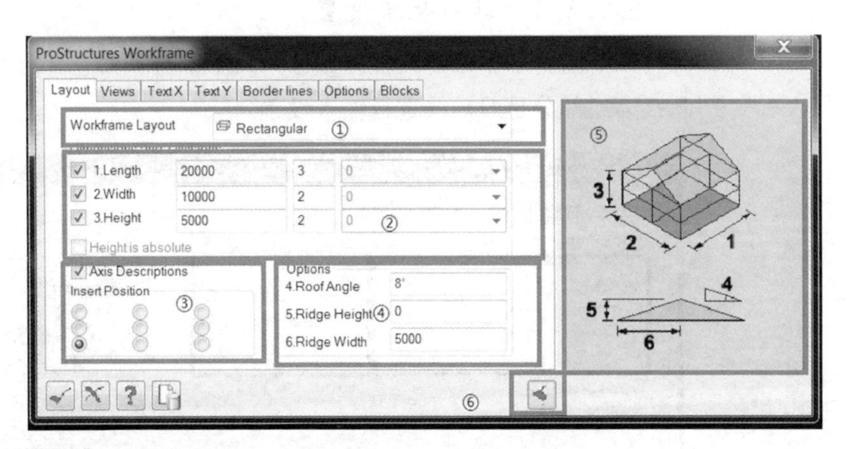

第 1 步：选择要布置轴网的类型，如矩形轴网、棱台形轴网、圆柱形轴网、楔形轴网等。

第 2 步：设置轴网的 X、Y、Z 方向的长度。

第 3 步：选择轴网的插入点。

第 4 步： 坡屋顶轴网的设置。

第 5 步： 参数设置预览。

第 6 步： 插图设置，单击打开或者关闭区域。

6.2.1.2 轴网类型选择

在“轴网类型”选择框中，可以选择不同的轴网类型来布置，例如 Rectangular（矩形轴网）、Cylindrical（圆柱形轴网）、Wedge（楔形轴网）、Pyramid（金字塔形轴网）。所有的参数在对话框的右侧都有提示，所以操作起来还是比较简单的。本书仅以矩形轴网为例进行讲述。

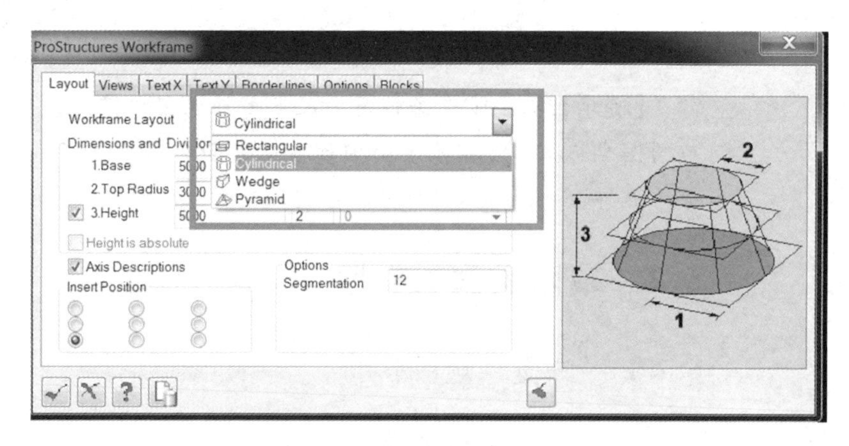

6.2.1.3 轴网长度设置

如下图所示，轴网设置区域分为两个部分：第一部分是总长度控制；第二部分是对轴线进行输入设置。

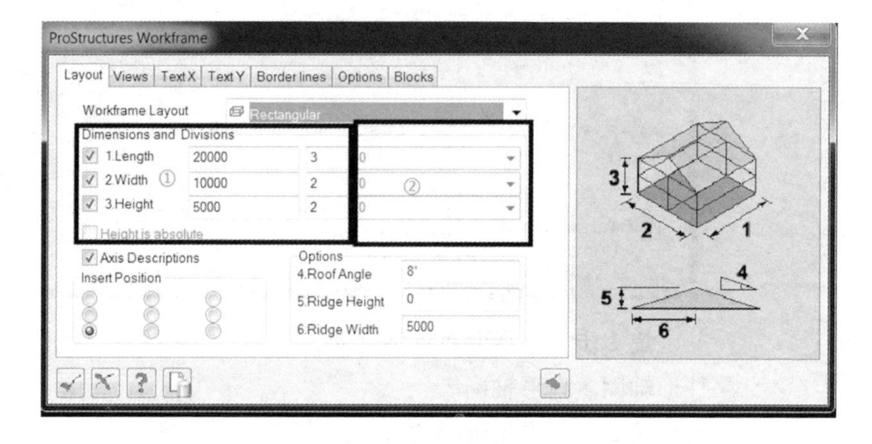

1. 总长度控制

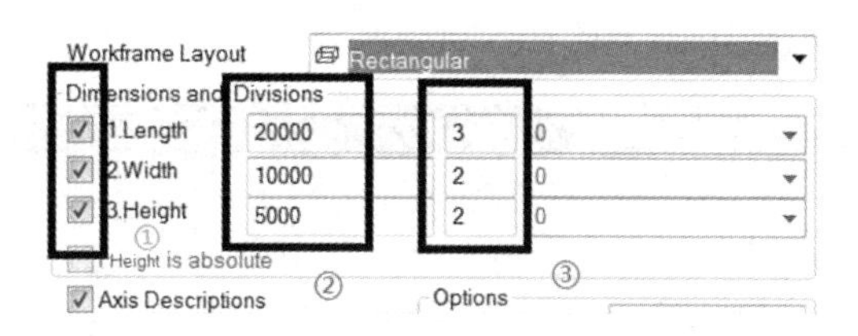

区域①：区域②要起作用，必须在该区域中勾选。

区域②：表示轴网在长度、宽度、高度方向的总长度。

区域③：分别填入轴网在长度、宽度、高度方向轴线总的数目。

【提示】这种轴网的输入方法，只能输入建筑物的总长度，而且，轴线之间的间距只能根据轴网的数目将建筑物的总长度平均分配，无法单个调整。

2. 轴线输入设置

要对轴网进行操作，不要勾选区域①，只在区域②中进行输入。

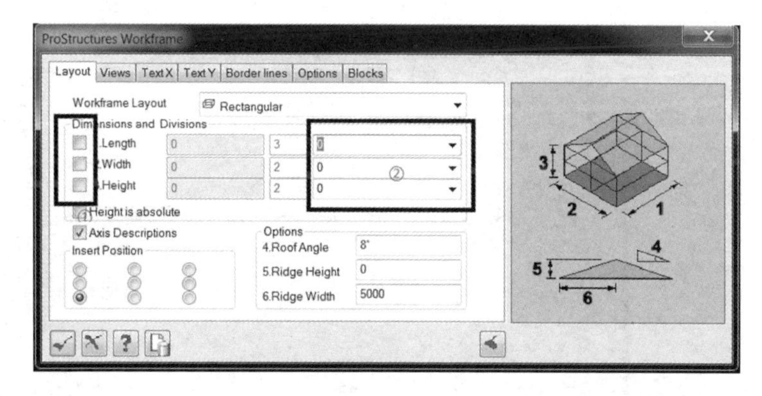

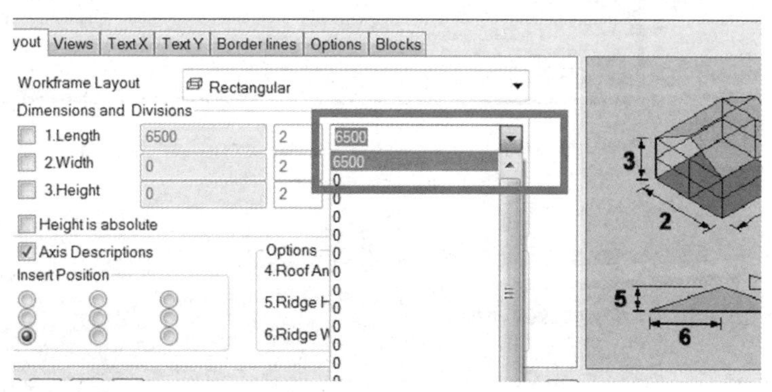

3. 批量输入

在本例中，如果要在长度方向输入5条间距为7500的轴线，一条间距为 6000 的轴线，一条间距为 4500 的轴线，应该首先在长度以外的区域单击鼠标左键。

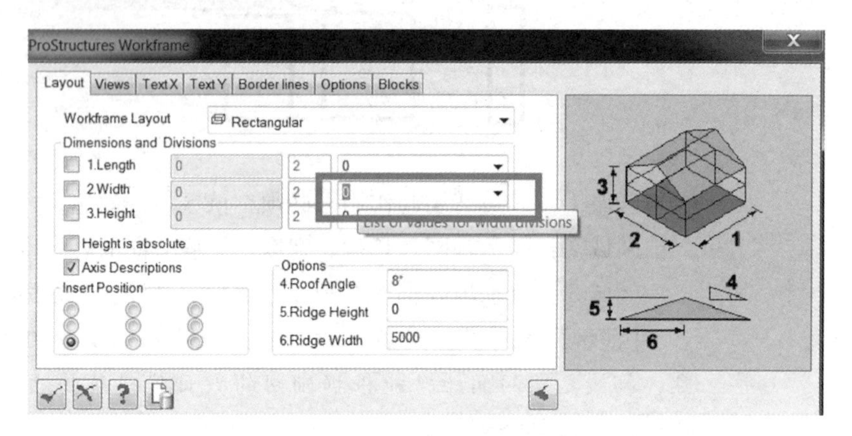

然后，按住 <ALT> 键的同时，在长度位置处单击鼠标右键，会弹出一个输入长度的对话框，如下图所示。

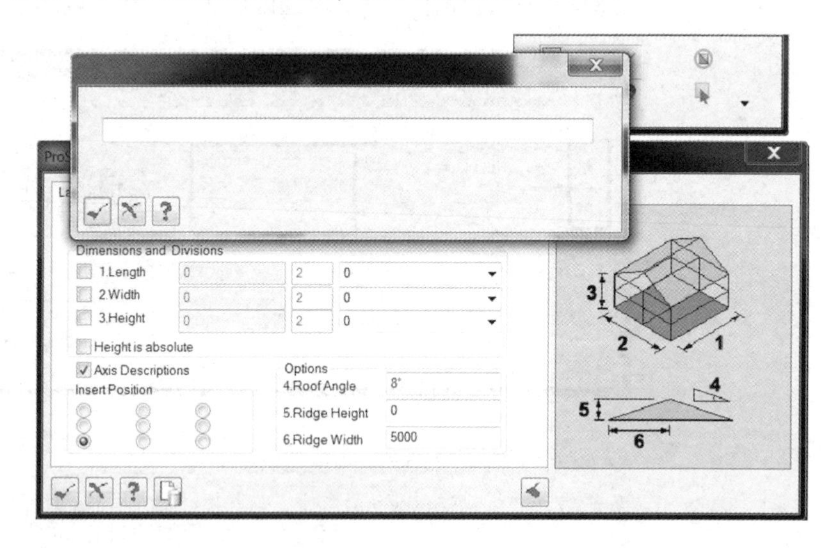

最后，输入“5 * 7500, 6000, 4500”，并单击“确认”按钮完成。

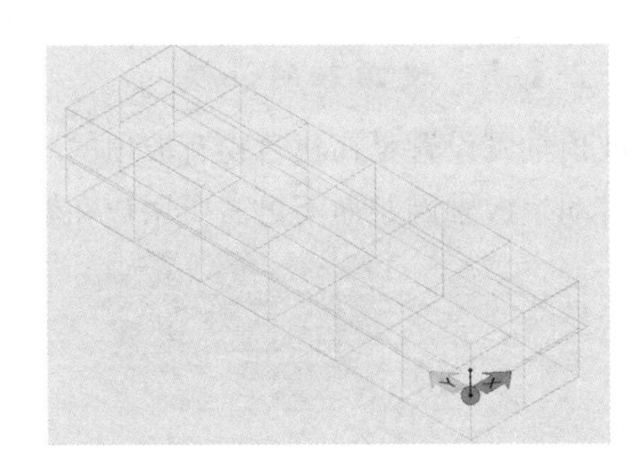

【提示】

（1）如果要输入5条7500的轴线，只能写成“5＊7500”，而不是“7500＊5”。如果输入“7500＊5”则表示7500条轴线，间距是5mm。

（2）不同轴线间隔只能用英文的逗号，而不能用中文的逗号。

4. 高度绝对值

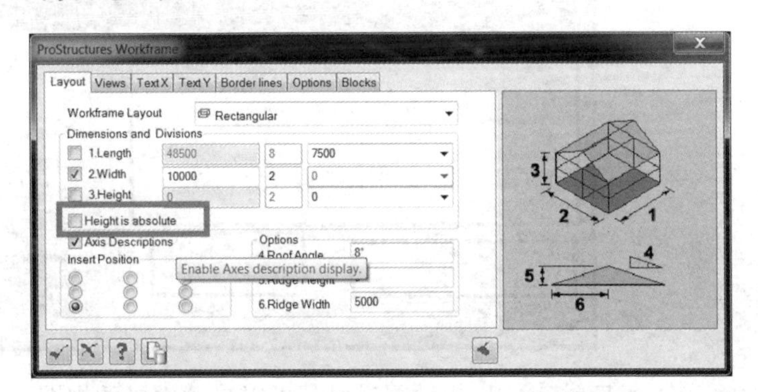

“Height is absolute”（高度绝对值）：如果选择该项，所有的高程都会从正负零开始计算。例如，第一层高度为5m，第二层高度为4m，如果选择该项，那么建筑物的总高度仍为5m；若不选择该项，则建筑物的总高度为9m。

6.2.1.4　轴网插入点

在此，用户可以选择轴网不同的插入点。选择插入的点与在布置轴网时的插入点重合。

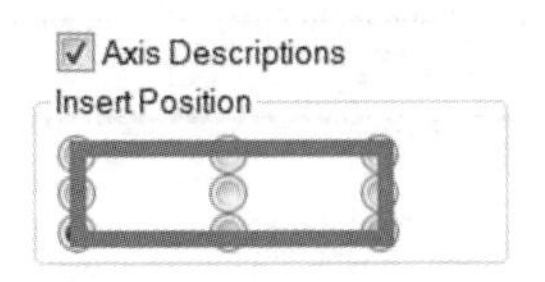

九点插入，表示轴网的9个插入点和轴网的相对位置。

6.2.1.5 坡顶轴网设置

坡顶轴网设置是在建筑物有坡顶的时候，可以直接输入相应的参数，自动生成轴网，而不再需要用户在轴网完成以后进行坡度编辑。

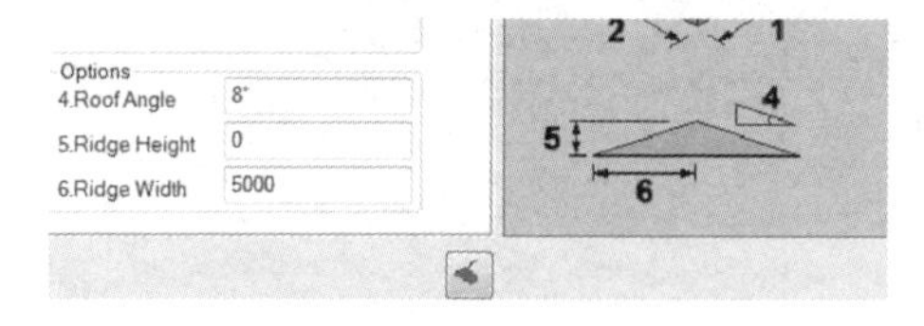

（1）“Roof Angle”：屋顶坡度。

（2）“Ridge Height”：坡屋顶的高度。

（3）“Ridge Width”：坡屋顶定点与屋顶边缘在水平面上的长度。

6.2.2 “视图”选项卡

设置“视图”选项卡，可以直接在轴网上创建视图框。在生成详图时，每个视图框可以生成一张总图图块。

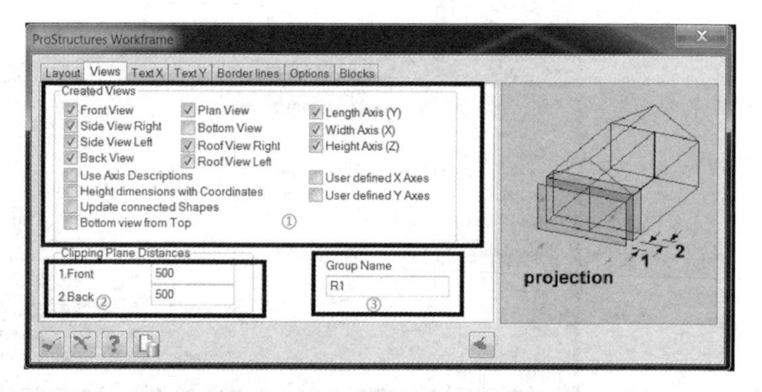

区域①：生成轴网时候，可以自动生成的视图。

区域②：视图的剖切深度。

区域③：视图的名称前缀。

6.2.2.1 生成视图

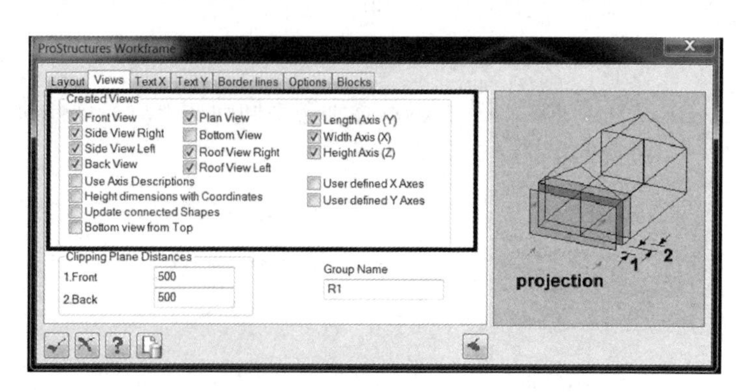

（1）“Front View”：创建轴网的前视图。

（2）“Side View Right”：创建轴网的右视图。

（3）“Side View Left”：创建轴网的左视图。

（4）“Back View”：创建轴网的后视图。

（5）“Plan View”：创建轴网的平面图。

（6）“Bottom View”：创建轴网的底视图。

（7）“Length Axis（Y）”：创建轴网内部沿着 Y 轴线方向的视图。

（8）“Width Axis（X）”：创建轴网内部沿着 X 轴线方向的视图。

（9）“Height Axis（Z）”：创建轴网内部沿着 Z 轴线方向的视图。

（10）“Use Axis Descriptions”：选中时，图框的名称与轴线名称一致。

（11）“Height dimensions with Coordinates”：出图时合并高度方向尺寸。

（12）“Update connected Shapes”：选中时，轴网发生变化，构件的尺寸也会联动发生变化。

6.2.2.2 剖切深度

剖切深度用于定义整个轴网中各轴平面的前、后切平面的距离，超过该距离的物体在平面视图显示时被隐藏，这会使平面视图的显示更清晰。用户可以选择使用或不使用切平面距离。

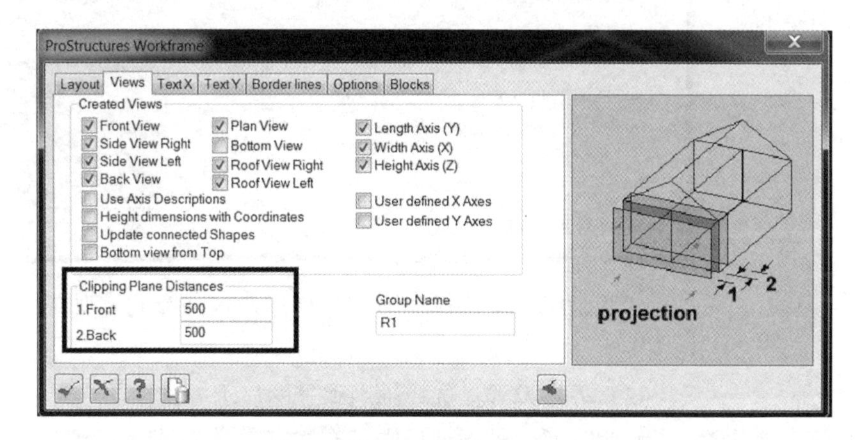

6.2.2.3 视图名称前缀

视图名称前缀部分输入创建平面视图名称的前缀。

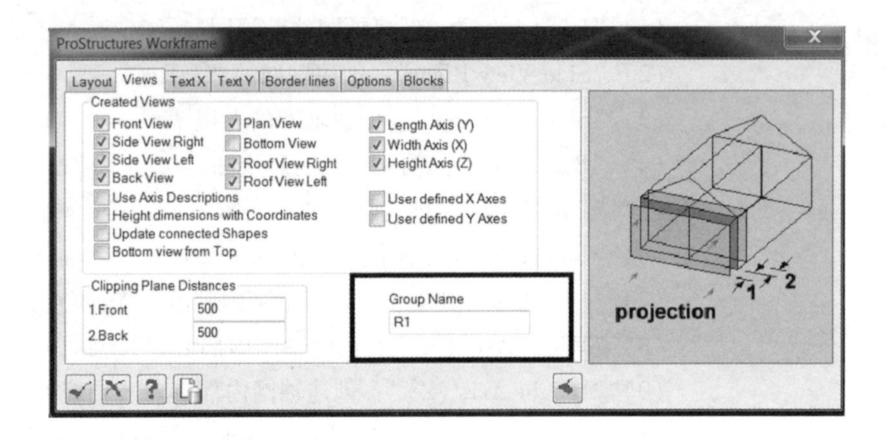

6.2.3 “轴线控制”选项卡

“轴线控制”选项卡可以分别定义 X 方向和 Y 方向的轴线命名规则。为简便起见，本书在此只讨论一个方向的轴线命名。轴线名可以自动生成，用户可以编辑任何一个自动生成的轴线名。

6.2.3.1 命令介绍

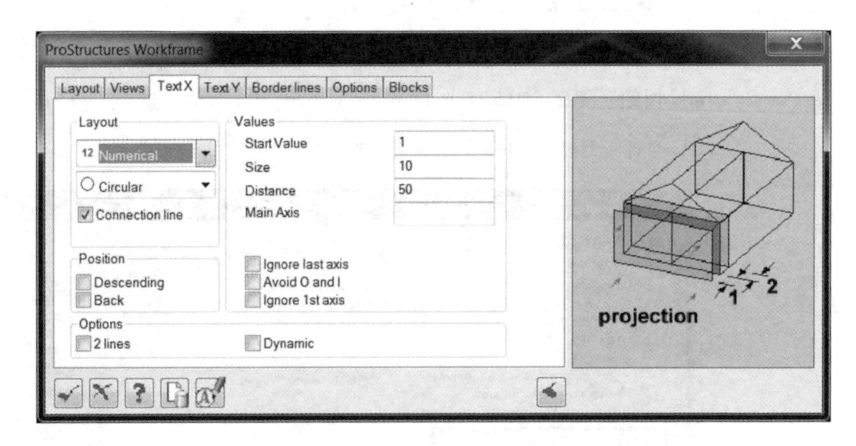

（1）轴线名：选择轴网编号使用数字或字母，如 1，2，3 或 A，B，C。

（2）外框设置：选择轴网编号的显示方式。

- “Text”：轴网编号中仅有文字。
- “Circular”：轴线编号文字带外圆框。
- “Rectangular”：轴线编号文字带外方框。
- “Block”：轴线编号文字的外框采用用户自定义图块（参阅图块小节进行设置）。

（3）“Connection line”：连接线，显示轴线编号和轴线实体间的连接线。

（4）参数值。

- “Start Value”：初始值，轴网编号的初始值。
- “Size”：字号，指定轴网编号显示的字高。
- “Distance”：距离，指定轴网编号文字距轴网的距离。
- “Ignore 1st axis”：忽略第一轴，当进行轴网拼接时，两个轴网可能有重叠的一根轴线，选中该项，轴网的第一根轴不编号。
- “Ignore last axis”：忽略最后一根轴线，当进行轴网拼接时，两个轴网可能有重叠的一根轴线，选中该项，轴网的最后一根轴不编号。
- “Avoid O and I”：不使用 O 和 I，为了防止字母 O 和 I 与数字 0 和 1 混淆，选中该项，字母编号中不使用 O 和 I 作为轴线名称。

（5）排列顺序与位置。

- “Descending”：降序，通常轴线编号使用升序，例如 1，2，3…，选中该项，编号采用降序排列。
- “Back”：位置，轴线名称可以列在前面或后面，左边或右边。

（6）“Dynamic”：选中该项时，轴线名称始终在视图平面内，方便用户看清轴线名。

6.2.3.2　单独设置轴线描述

单击按钮，弹出轴线描述编辑对话框，如下图所示。

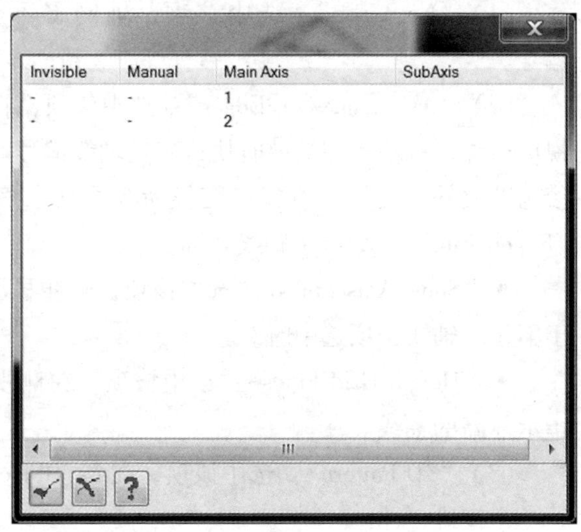

用户在该对话框中可分别编辑轴线名属性。

(1) “Invisible”：双击“不可见”列，改变轴线编号的可见性。

(2) “Manual”：双击“手工”列，可选择轴线编号是否手工输入。

(3) “Main Axis”：双击“主轴”列，编辑轴线编号中的主轴名称。

(4) “Sub Aixs”：双击“次轴”列，编辑轴线编号中的次轴名称。

6.2.4 “选项”选项卡

在“选项”选项卡中，可以对轴网做一些整体的设置，如下图所示。

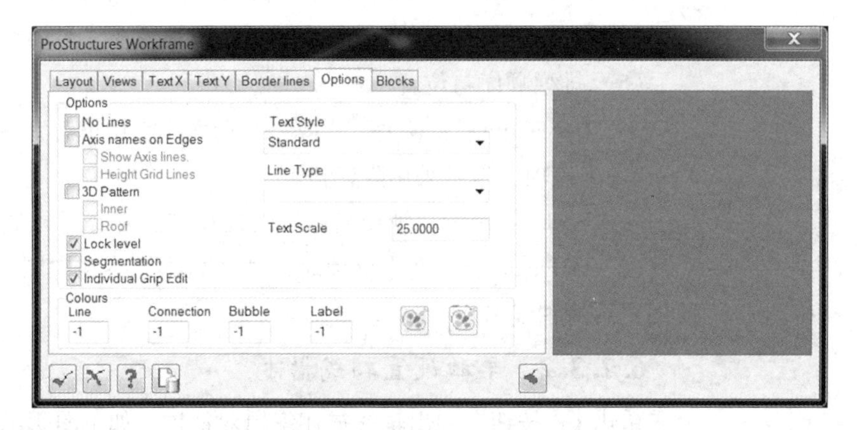

(1) “No Lines”：选中该项，轴网将不会显示轴线，只显示编号。

(2) “Axis names on Edges”：选中该项，将轴线编号动态布置在视口边缘，有利于在缩放时快速确定轴线编号。该选项除不支持动态滚轮缩放外，支持所有视口变换命令。动态缩放后，用户可以使用“Regenerate”命令显示轴线名称。

- “Show Axis Lines”：选中该项，轴线显示始终充满视口，适用于不显示轴线选项选中时。
- “Height Grid Lines”：选中该项，在侧视图或前视图中，显示指示标高的轴线。

(3) “3D Pattern”：选中该项，在 Ps_Object 层中生成轴网，轴网是一个三维整体。

（4）“Lock level”：选中该项，创建视图后，视图框所在的层（Ps_frame）将被锁定。

（5）“Colours”：设置轴网中各个图元的颜色。可直接输入颜色索引号或者按颜色按钮激活颜色对话框选择。

6.2.5 “块”选项卡

在轴线编号的文字外，用户可以自定义外框图块。外框图块中必须包含属性，插入时实际的轴线编号将替换属性。

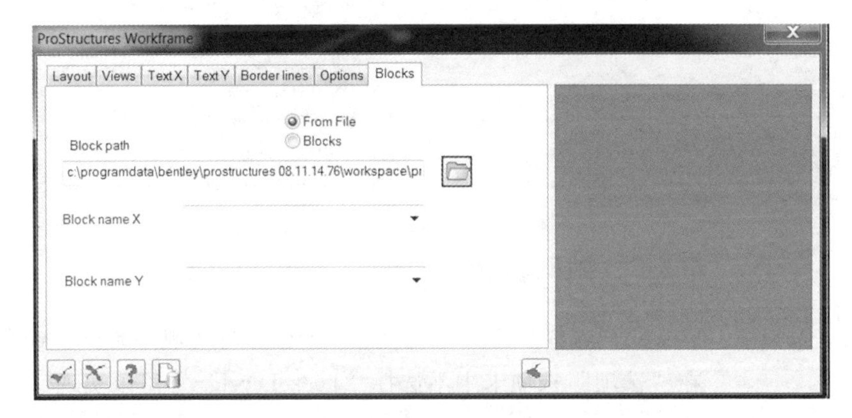

（1）“From File”：显示指定文件夹中的所有图块。

（2）“Blocks”：直接调用文件中已存在的块。

（3）“Block path”：设置图块目录和路径。

（4）“Block name X/Y”：用户可以分别选择 X、Y 轴线外框图块。

6.3 轴网编辑与删除

6.3.1 轴网编辑

用户完成轴网的布置以后，如果需要修改，可以选中轴网并且长按鼠标右键，选择“PS Properties”，可以弹出布置轴网的对话框。

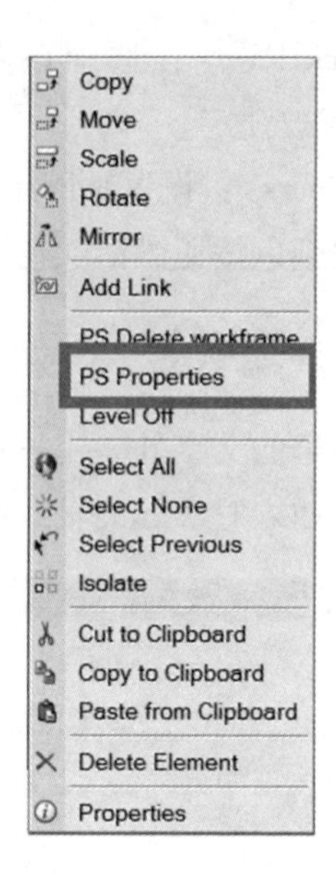

6.3.2 轴网删除

用户选择“PS Delete workframe”，即可删除轴网，但前提是必须在“选项”选项卡中不选择“Lock Level”才可以实现。

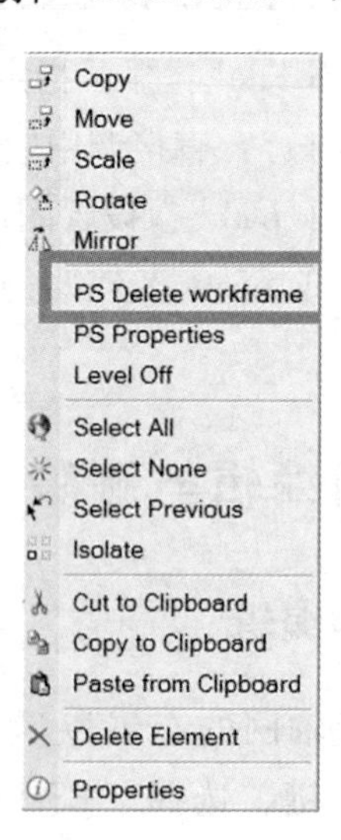

7　混凝土柱建模

在本章中将会详细讲述混凝土柱的常规建模方法和快速建模方法，以及一些基本设置。

7.1　操作流程

第 1 步：单击混凝土柱的命令按钮，如下图所示。

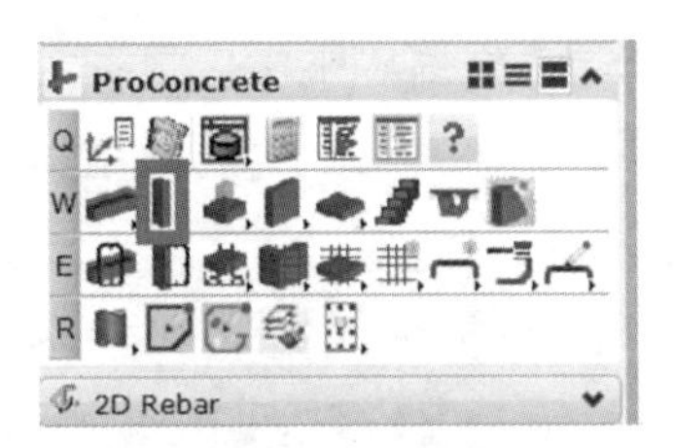

第 2 步：在弹出的对话框中进行参数设置。

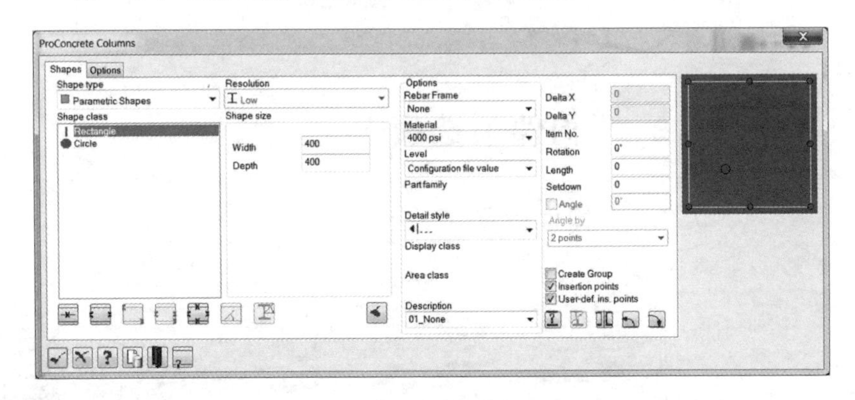

第 3 步：根据不同的布置方式进行布置。

第 4 步： 选择是否需要旋转构件，然后确认。

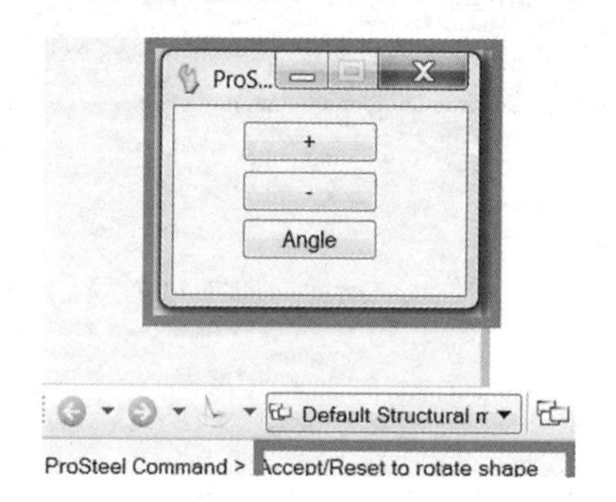

【提示】布置完成后，构件的方位如果是我们需要的，单击鼠标左键确认。如果需要旋转，则可以单击鼠标右键旋转。

此外，也可以单击上图中的“+”“-”按钮来旋转构件，这两个按钮的区别仅仅在于旋转方向的不同。软件默认的旋转角度是 90°，如果需要特殊的角度，如 45°，需要单击“Angle”按钮并输入需要旋转的角度，按回车键确认即可。

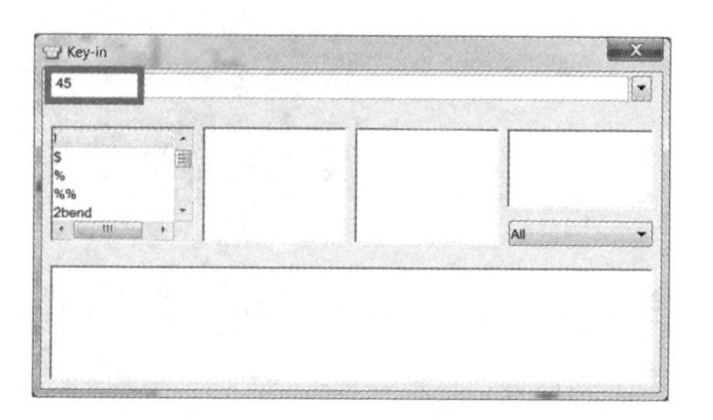

7.2 “构件”选项卡

7.2.1 构件设置

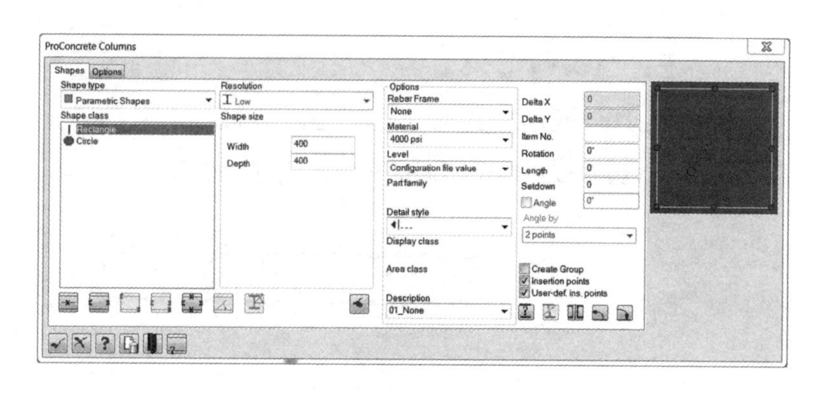

在“构件”（“Shapes”）选项卡中可进行如下操作：

（1）“Shape type”：在 ProConcrete 中构件分为两类，一类是参数化构件（Parametric Shapes），另一类是用户自定义构件（User Shapes）。

- “Parametric Shapes”：参数化构件是指矩形截面和圆形截面的柱子，用户可以直接输入矩形截面的长度和宽度，或直接输入圆形截面的直径。
- “User Shapes”：针对异形截面，用户需要提前自定义好所需要的截面，才可以在此调用。

（2）“Shape class”：构件类型，用户可以选择不同类型的构件，如下图所示。

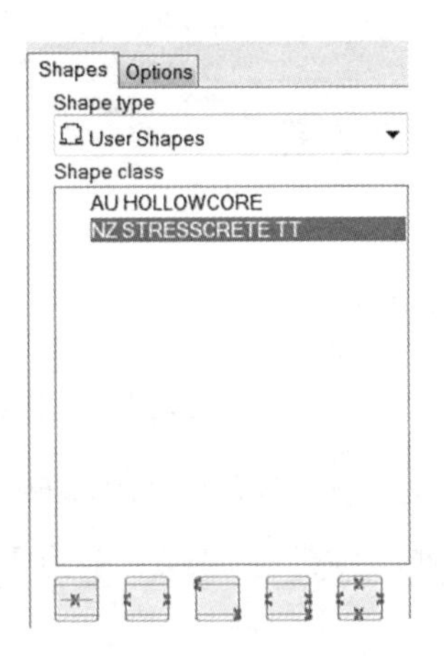

（3）“Resolution”：显示精度，主要用于描述构件在模型空间中不同的显示精度，分为高（High）、正常（Normal）和低（Low）三个层次。

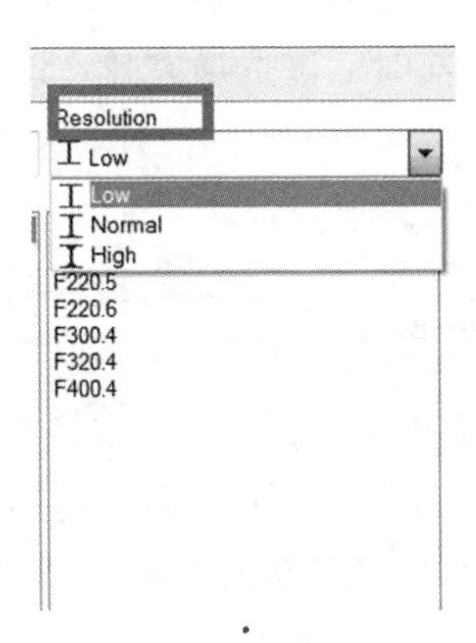

【提示】

(1) 显示精度越高，对硬件的要求就越高。因此，建议用户在没有特殊要求时，选择“Low”显示级别，因为该显示级别已经能满足正常的显示需求。

(2) 用户自定义的构件，需要在自定义构件时制定其显示级别，在此是无法调整其显示级别的。

(4) “Shape size”：截面尺寸，在此用户可以根据实际情况输入参数化构件的截面尺寸。

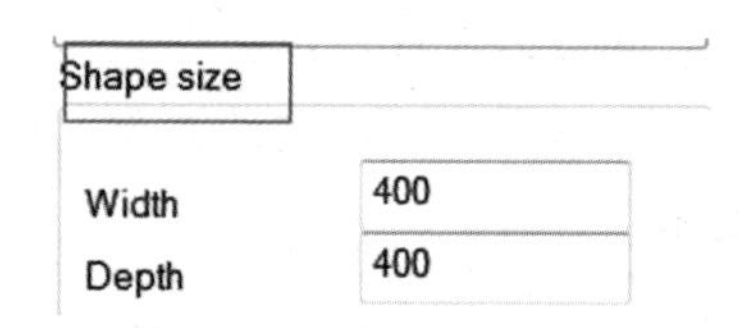

7.2.2 插入方式

ProStructures 为插入构件提供了不同的插入方式，系统能够自动判断模型中不能使用的插入方式，以灰色显示。

(1) ：沿线插入。在模型空间中选择一条已经存在的线，作为插入轴。构件的起点、终点和长度都是根据所选直线自动确定的。

(2) ：两点插入。单击选择插入构件的起点和终点，在两点间连线上插入构件。

(3) ：对角插入。当在截面预览图中选择的插入点在截面的上部或者下部时，该选项有效。单击选择直线或者插入的起点和终点，在起点处，插入点的位置与起点重合；在终点处，插入点的位置上下镜像后与终点重合。

7.2.3 其他选项

(1) “Material”：材质。选择构件所需的材质。

(2) “Level”：图层。选择将构件放在哪个图层上。

【提示】系统默认的是根据配置文件进行选择，用户可以单击下拉菜单进行选择，将构件放在特定的图层上。

（3）“Part family”：构件的显示属性之一（在钢筋混凝土结构中不采用）。

（4）“Display class”：对同一类构件进行显示和隐藏的控制，需要提前定义。

（5）“Area class”：用法同“Display class”。

（6）“Description”：描述。根据用户定义的柱描述文件，选择插入柱的描述。这个选项可以影响到型钢的颜色和层。

（7）截面预览图：用户选择的型钢截面会自动绘制到截面预览图中。同时，截面预览图会显示9个标准插入点，分别表示截面的左上、左中、左下、中上、中中、中下、右上、右中、右下插入点，用户可以点选这些插入点。

同时，截面预览图会显示一些略小的圆圈，表示截面的其他插入点（规线点、重心点等）。截面预览图上还有一个略大的圆圈，用户点选该圆圈后，可以激活X增量和Y增量两个文本框，输入自定义的截面偏移。

（8）“Delta X”：X增量选择自由点插入柱，可以激活这个输入框。输入选择的插入点到型钢形心的X方向的距离。

（9）“Delta Y”：Y增量选择自由点插入柱，可以激活这个输入框。输入选择的插入点到型钢形心的Y方向的距离。

（10）▯▯：打断命令。用户在连续输入后，如果单击取消，系统会删除这次连续输入中所有的构件，但是点选这个命令，系统会将点选这个命令前的所有操作保存下来。这可减少建模的失误，提高效率。

7.3　“附加选项”选项卡

“附加选项”（Options）选项卡包含了一些附加设置，这些设置可以影响到构件的插入。

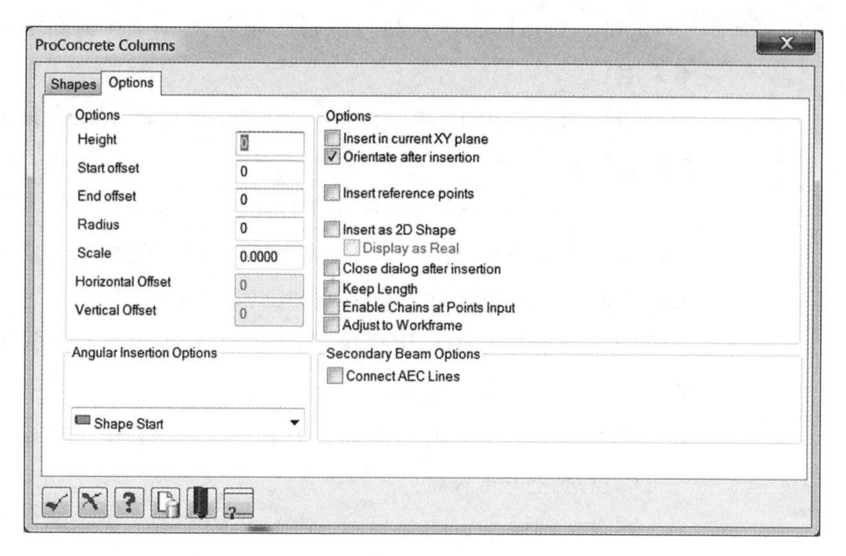

（1）“Height”：高度。用于设置构件插入时的高度偏移。

【提示】 *在此，高度是高度的偏移，如果是0，则表示这个构件在高度方向上没有偏移。*

（2）“Start offset”：起点缩进。输入构件在插入的起点处沿插入轴缩短的长度。如果输入负值，则构件在插入的起点处沿插入轴延长。

（3）“End offset”：终点缩进。输入构件在插入的终点处沿插入轴缩短的长度。如果输入负值，则构件在插入的终点处沿插入轴延长。

（4）“Radius”：半径。该选项只在沿多义线插入构件时有效，钢结构应用较多。

（5）“Scale”：比例。当插入三维型钢的二维投影时，设置插入二维型钢的缩放比例。

7.4 快速插入混凝土柱

在前述章节中，已介绍了按照直线、两点等布置方式插入混凝土柱，但是这些布置方式的通病是构件布置起来速度很慢，效率不高，而且很容易出错。现在介绍一种快速布置构件的方法。

如下图所示，一个完整的轴网，若按照传统的方法布置，效率会很低。

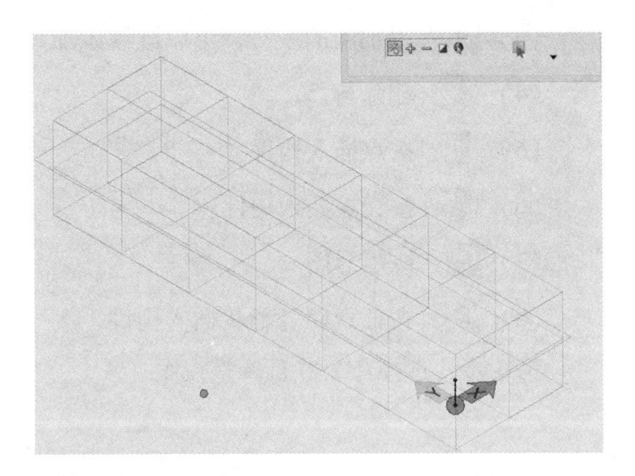

第 1 步：设置好所有的参数。

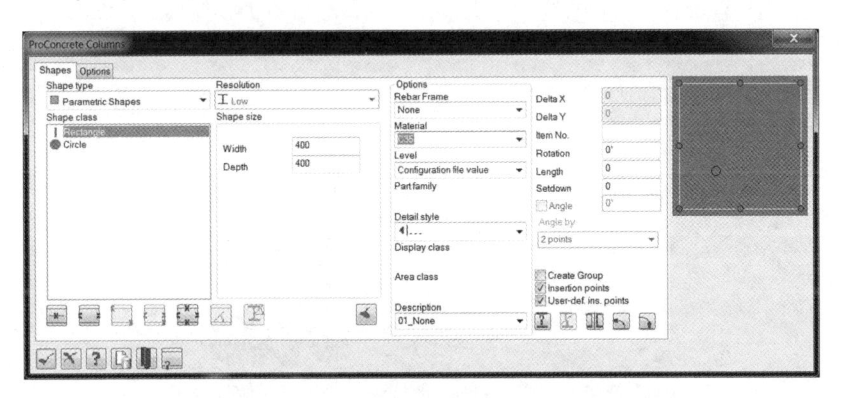

第 2 步：单击快速布置命令 ，弹出如下对话框。

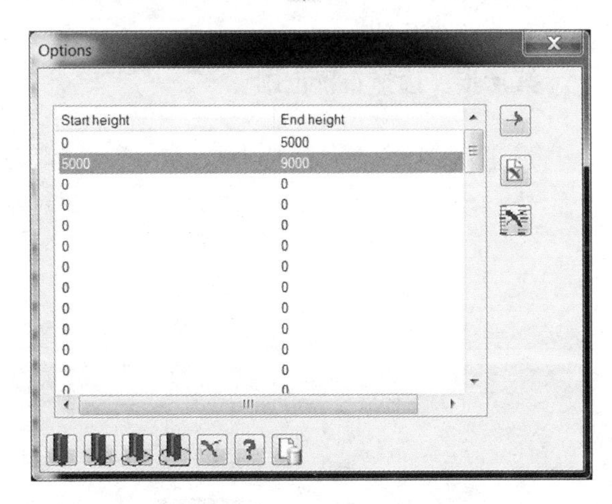

（1）“Start height”：设置起点高度（依据轴网不同层的高度而定）。

（2）“End height”：设置终点高度。

（3）：增加新的一行，可以继续添加高度。

（4）：删除行。

（5）：按点插入构件。

（6）：按交点插入构件。

（7）：按矩形插入。

（8）：按任意闭合形状插入构件。

第 3 步：选择命令并且调整视图。

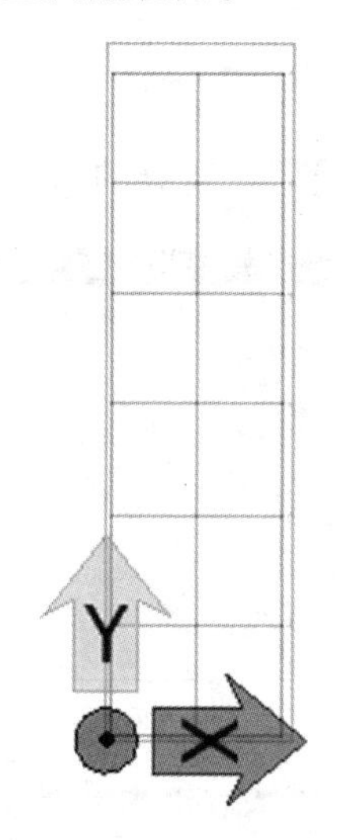

【提示】调整到平面视图是因为操作起来比较方便，不是快速布置命令的必要条件。

第 4 步：选择布置范围。

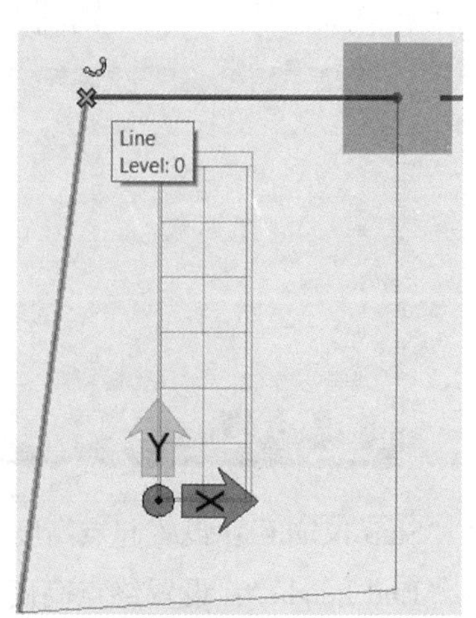

【提示】用户可以根据实际情况，任意确定布置范围。需要注意的是，只能布置范围以内的轴网的交点，而布置范围以外的构件是不会被布置的。

第 5 步：布置完成。

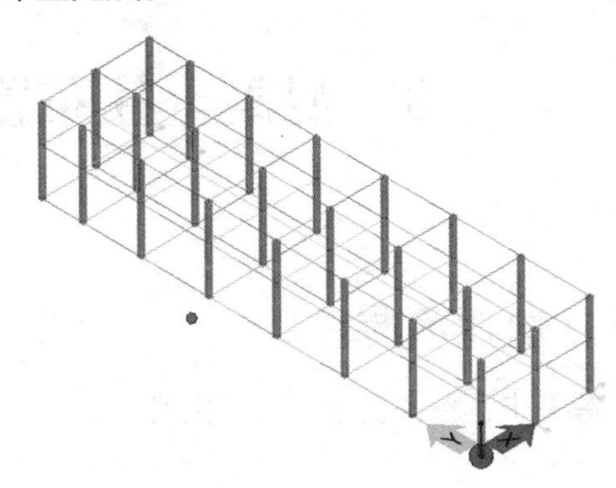

8　混凝土柱布置钢筋

8.1　操作流程

第 1 步： 单击命令，如下图所示。

第 2 步： 选择需要布置的柱构件，设置每一个选项卡中的参数，单击“确认”按钮即可。

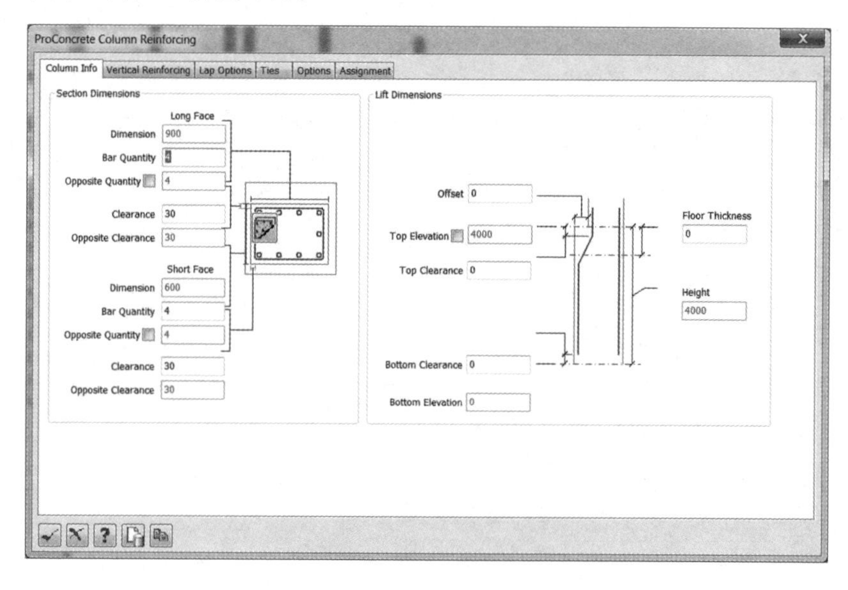

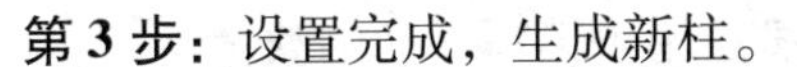

第 3 步： 设置完成，生成新柱。

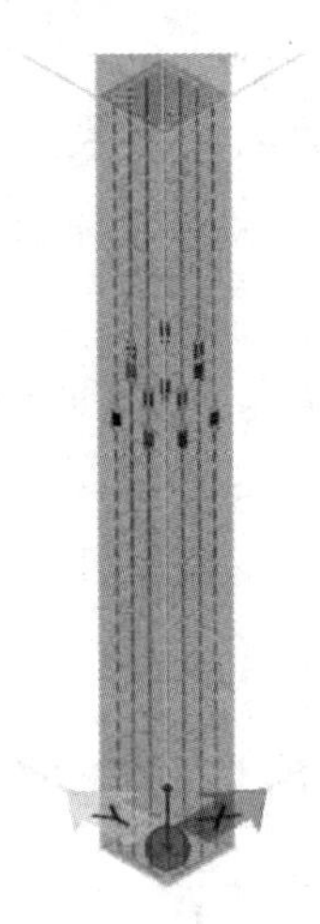

8.2 选项卡介绍

8.2.1 “总体信息”选项卡

“总体信息”（“Column Info”）选项卡主要是用来定义柱构件钢筋的基本信息，包括钢筋的数量、保护层的厚度等。

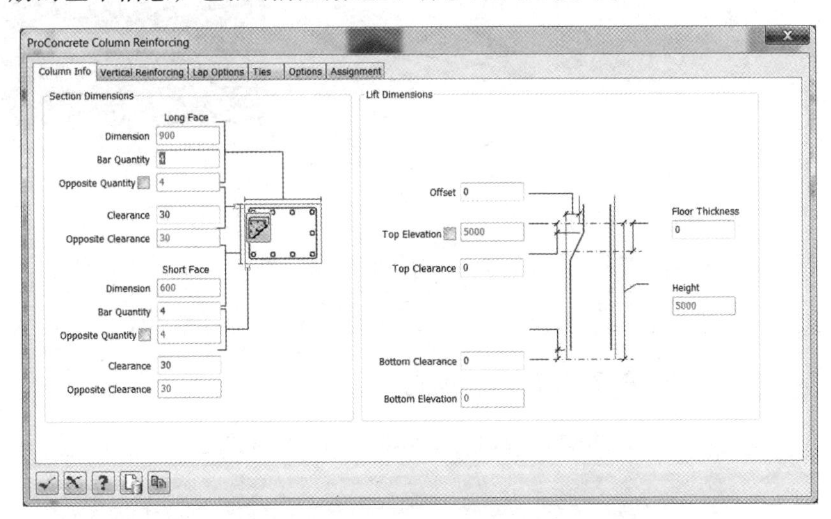

（1）“Long Face”：用于设置柱子长度方向的信息。

● “Dimension”：用于设置柱子长度的尺寸。

【提示】 这个尺寸不需要用户自己填写，当用户点选柱子构件的时候，系统能够自动读取构件的信息，并且将柱子尺寸填写在这个位置上。

- “Bar Quantity”：用于填写钢筋的数量。
- “Opposite Quantity”：用于设置柱子长度方向对侧的钢筋数量。

【提示】在默认情况下，此处钢筋数量和“Bar Quantity”中的是一致的。用户有不一致要求时，需要先在方框中勾选，然后再填写钢筋的数量。

- “Clearance”：用于设置钢筋保护层的厚度。
- “Opposite Clearance”：用于设置对侧钢筋保护层厚度。

（2）“Short Face”：用于设置柱子宽度方向的尺寸。其中填写的信息与“Long Face”一致。

8.2.2 “纵筋信息”选项卡

“纵筋信息”（“Vertical Reinforcing”）选项卡用来详细定义柱构件的纵筋信息。

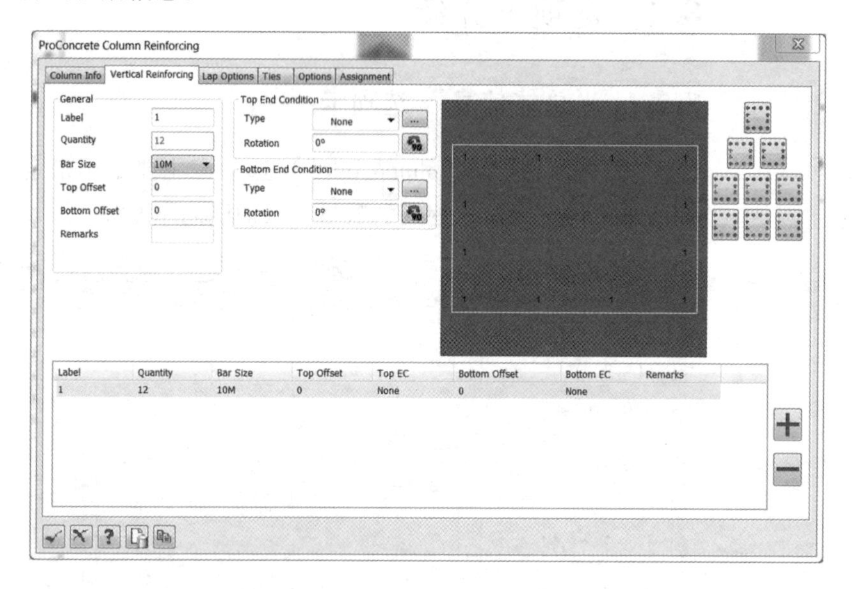

8.2.2.1 操作流程

第 1 步：单击 + 按钮，添加一个组。

Label	Quantity	Bar Size	Top Offset	Top EC	Bottom Offset	Bottom EC	Remarks
	0		0	None	0	None	

第 2 步：针对这个组进行详细的定义。

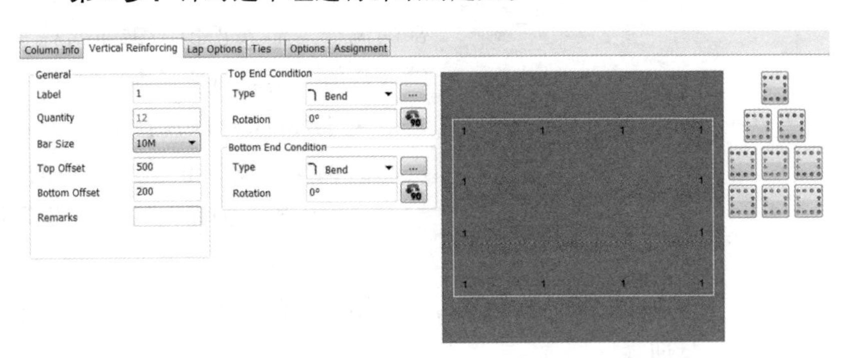

8.2.2.2 命令介绍

“纵筋信息”选项卡中的命令介绍如下：

（1）：用于添加一个钢筋组。

（2）：用于删除已经添加的钢筋组。

（3）“Label”：用于设置钢筋组分类，填入不同的数字、字母或者数字与字母的组合，用于区别不同的钢筋组。

（4）“Quantity”：用于设置钢筋数量，在此不能输入具体值。需要在钢筋显示表中点取，或者使用快捷方式选取。

【提示】不能填入，是因为需要客户确定钢筋的位置，以及在这个位置上的钢筋属于哪一个钢筋组。

（5）钢筋数目选择区域：用来选择钢筋数量，需要用户一个一个选择。

（6）快速选择钢筋命令：是软件内置的快速选择钢筋的命令，用户可以点选这些命令来快速选择钢筋，在原理上与钢筋选择区域是一致的。

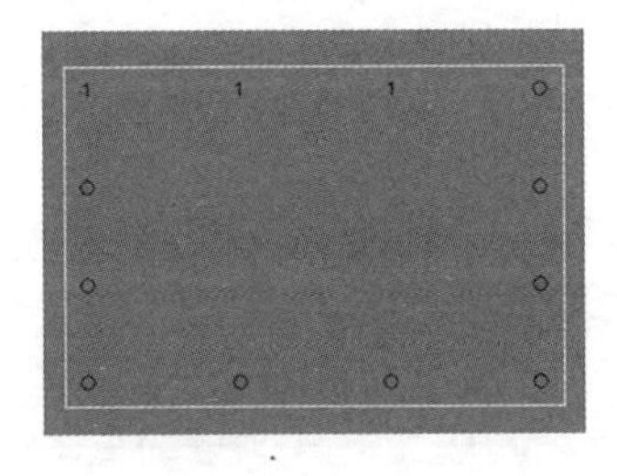

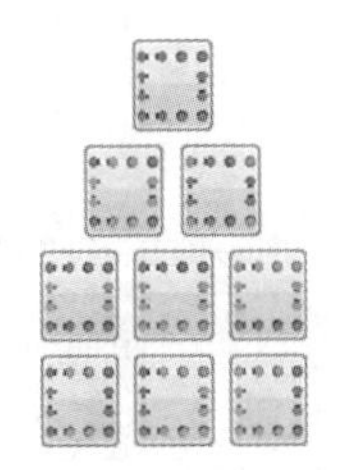

（7）钢筋类型选择：用户可以单击下拉菜单，选择这个钢筋组中所需要的钢筋类型。

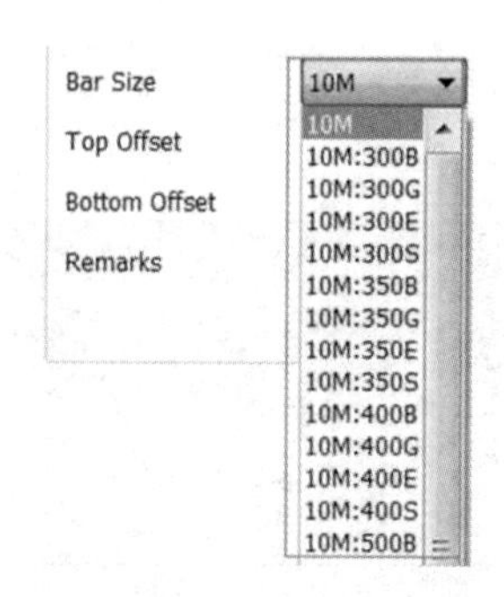

• "Top Offset"：用于设置钢筋在柱子顶部的偏移。输入正值，钢筋向柱子上方延伸；输入负值，钢筋向柱子内部收缩。

• "Bottom Offset"：用于设置钢筋在柱子底部的偏移。输入正值，钢筋向柱子内部收缩；输入负值，钢筋向柱子外部延伸。

• "Remarks"：用于设置钢筋标志。用户可以在此输入不同的标示，用来给钢筋赋予一些特殊的信息，如安装日期等。

(8) "Top End Condition"：用于设置顶部钢筋的弯钩信息。在 "Type" 中已经内置了各种弯钩信息，如右图所示。

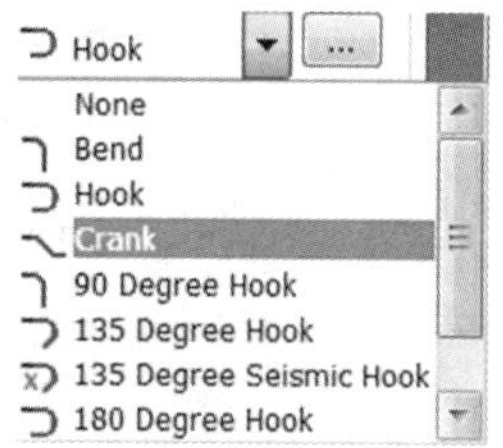

单击 [...] 按钮以后，会弹出修改钢筋弯钩的页面，如下图所示。

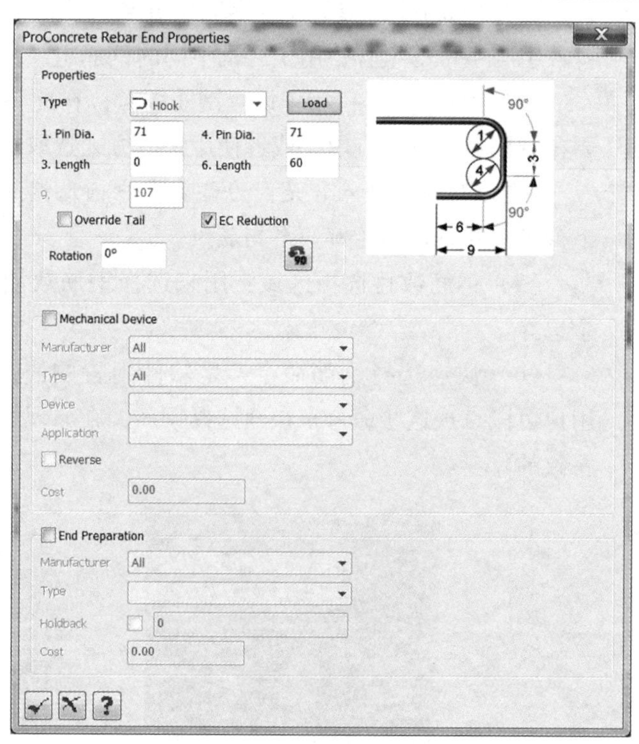

(9) "Rotation"：用于设置旋转弯钩角度，可以输入具体的旋转角度，也可以直接单击 [图标] 命令，旋转 90°。

8.2.3 “主筋搭接”选项卡

在“主筋搭接”(“Lap Options”)选项卡，用户可以输入主筋的搭接参数。搭接类型有套筒连接、钢筋直径倍数搭接、固定长度搭接。

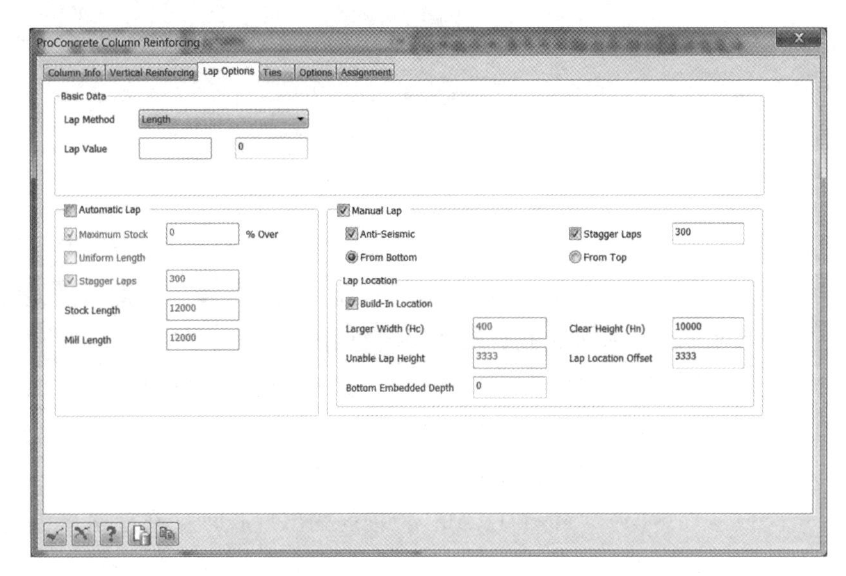

搭接方式可按下图所示选择。

Basic Data
Lap Method　Length
Lap Value
Length
Bar Diameter
Mechanical Device

(1)“Length”：搭接固定长度。

(2)“Bar Diameter”：搭接主筋直径倍数的长度。

(3)“Mechanical Device”：钢筋套筒搭接。

8.2.3.1 固定长度搭接

Basic Data
Lap Method　Length
Lap Value　0

(1)“Lap Method”：选择搭接方式。

(2)“Lap Value”：输入需要搭接长度的数值。

8.2.3.2 自动搭接

自动搭接（Automatic LAP）是指根据钢筋的出厂长度进行搭接。

当选中自动搭接时，手动搭接会无效；当选中手动搭接时，自动搭接会失效；当自动搭接和手动搭接都没有选中时，表示不进行搭接。

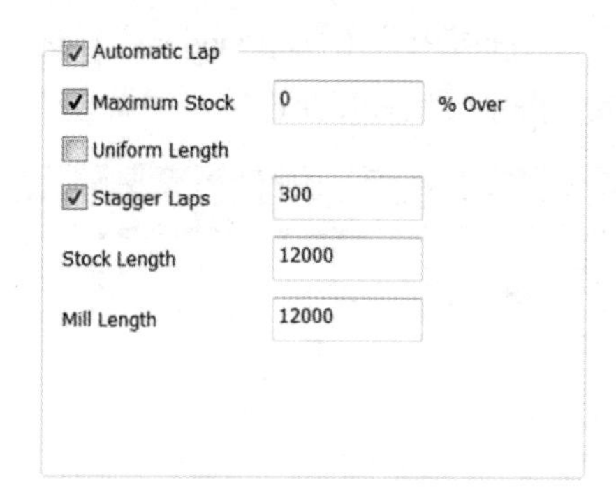

（1）“Maximum Stock”：超出出厂长度。在此填选是否超出钢筋的出厂长度，并且需要制定超出的百分比。

（2）“Uniform Length”：统一长度。在此填选是否统一钢筋的出厂长度。

（3）“Stagger Laps”：错位搭接。在此需要指定错位搭接的距离。

（4）“Stock Length”：钢筋的出厂长度。在此需要指定钢筋的出厂长度。

8.2.3.3 手动搭接

手动搭接（Manual Lap）是指根据指定的参数计算出搭接位置偏移量，用户可以修改偏移量，程序会根据偏移量对柱的纵向钢筋进行搭接。

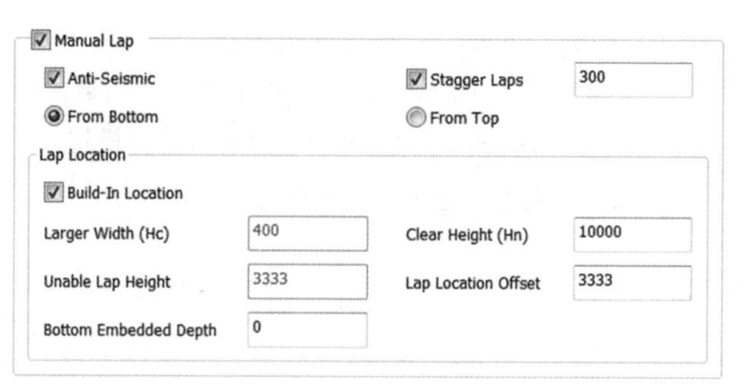

（1）“Anti - Seismic”：抗震。勾选是否是抗震框架柱。

（2）“Stagger Laps”：错位搭接。在此需要指定错位搭接距离。

（3）“From Bottom”：从底部。在此指定搭接的位置偏移是否是从底部计算的。

(4)“From Top”：从顶部。在此指定搭接的位置偏移是否是从顶部计算的。

(5)“Build – In Location”：嵌固部位。在此勾选是否是嵌固部位。

(6)“Larger Width（Hc)”：长边尺寸。显示柱子截面的尺寸，圆柱为直径。

(7)“Clear Height（Hn)”：柱净高。指定柱子的净高。

(8)“Unable Lap Height”：非连接区高度。显示非连接区的高度，由程序根据以上参数计算。

(9)“Lap Location Offset”：搭接位置偏移。默认值为非连接区高度，用户可以修改。该偏移量与底部嵌入深度一起用于钢筋搭接位置。

(10)“Bottom Embedded Depth”：底部嵌入深度。柱子底部有可能嵌入或穿越底部的梁或基础，此处的嵌入深度是指柱子底端到梁或基础顶的距离。

长度搭接设置效果如下图所示。

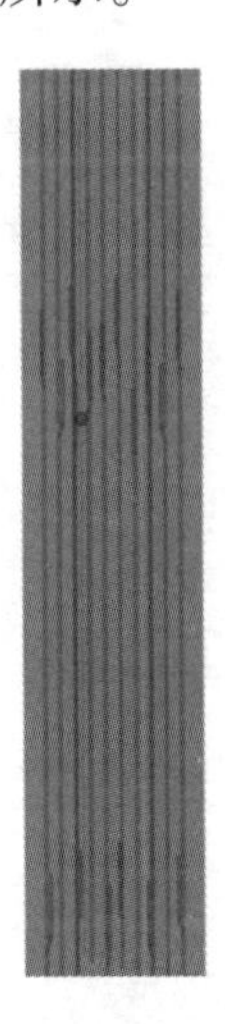

8.2.3.4 钢筋直径倍数搭接

Basic Data

Lap Method	Bar Diameter	
Lap Value	5	57

在“Lap Method”中选择“Bar Diameter”然后在“Lap Value”中输入钢筋直径的倍数即可，具体搭接的长度系统会自动计算。

其他参数设置参见手动搭接。

8.2.3.5 套筒连接

第 1 步：在“Lap Method”中选择“Mechanical Device”。

Basic Data
Lap Method Mechanical Device
Lap Value 0

第 2 步：选择套筒的厂家、类型和型号，如下图所示。其中“Manufacturer”处填写套筒生产厂商，“Type”处填写套筒的类型，“Device”处填写套筒的型号。

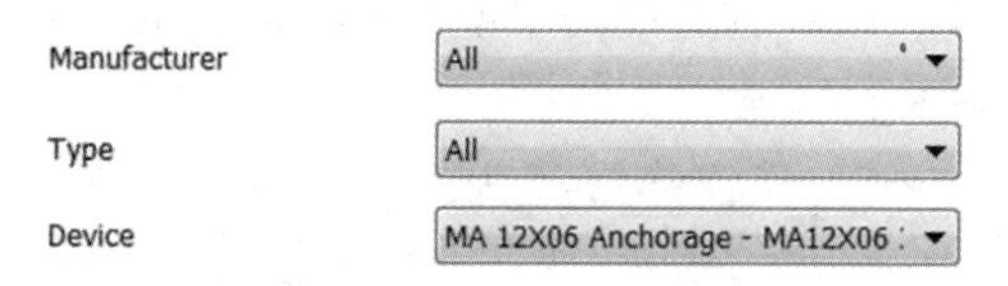

第 3 步：填写其他设置参数，方法与手动搭接的相同。

套筒搭接效果如下图所示。

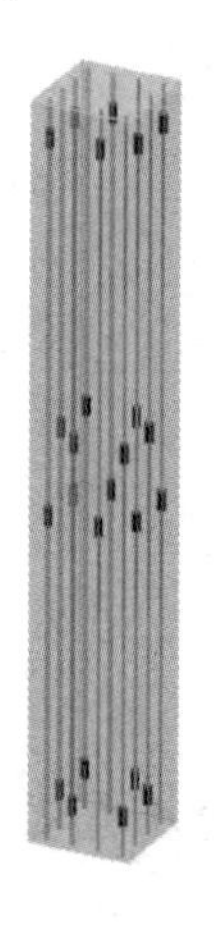

8.2.4 “箍筋”选项卡

“箍筋”（“Ties”）选项卡用来设置柱构件的箍筋，包括箍筋加密等在内的工作全部在这个选项卡中完成。

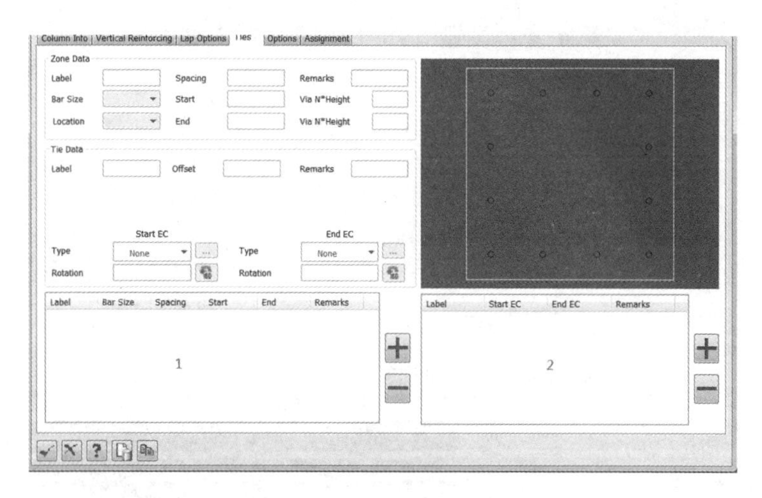

在这个选项卡中，参数分为两部分，一部分是“Zone Data”，另一部分是“Tie Data”。“Zone Data”用来定义箍筋的主要参数，与上图中区域 1 相对应。“Tie Data”用来定义箍筋的弯钩以及箍筋的偏移等。

8.2.4.1 操作步骤

“箍筋”选项卡的操作步骤如下。

第 1 步：在区域 1 新建一个组。

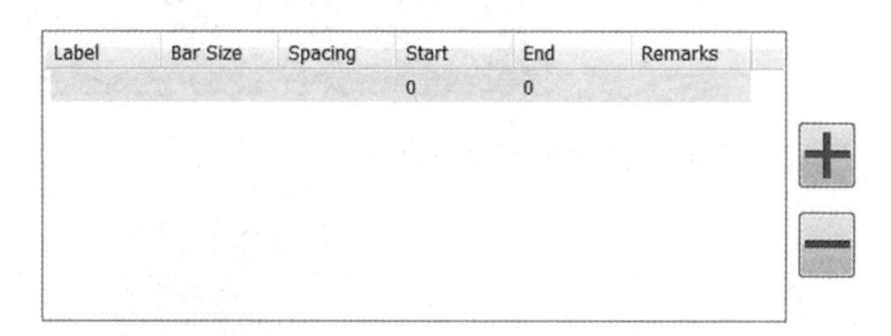

第 2 步：在“Zone Data”中填写相应的参数。

Zone Data

Label	1	Spacing	100	Remarks	
Bar Size	10M	Start	0	Via N*Height	0.0000
Location	Middle	End	0	Via N*Height	0.0000

第 3 步：在区域 2 新建一个组，设置箍筋的弯钩等。

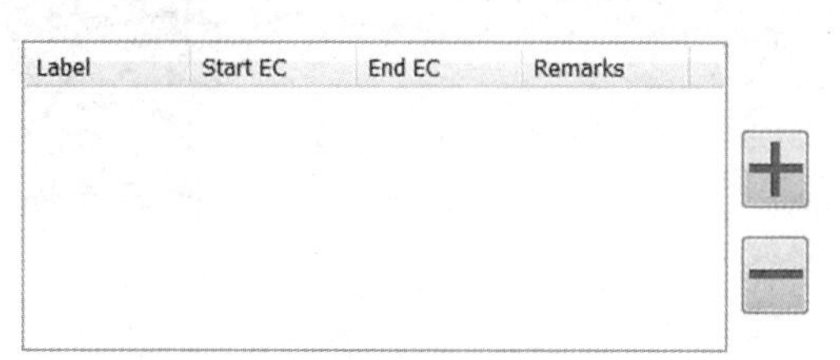

第 4 步：设置“Tie Data”中的参数。

Tie Data

Label 1 Offset 0 Remarks

Start EC End EC

Type 135 Degree ... Type 135 Degree ...

Rotation 0° Rotation 0°

第 5 步：绘制箍筋。

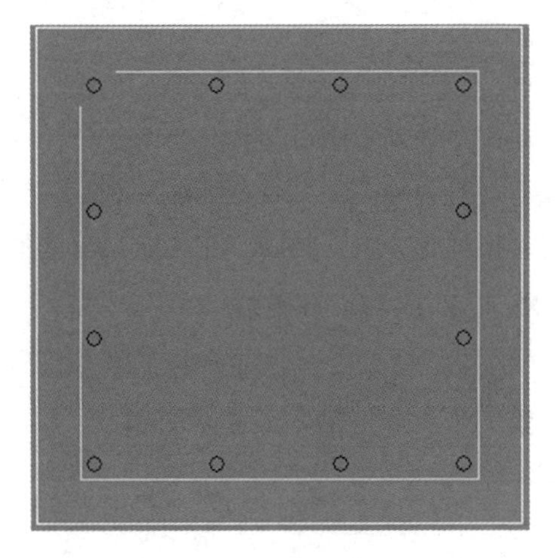

第 6 步：箍筋布置效果。

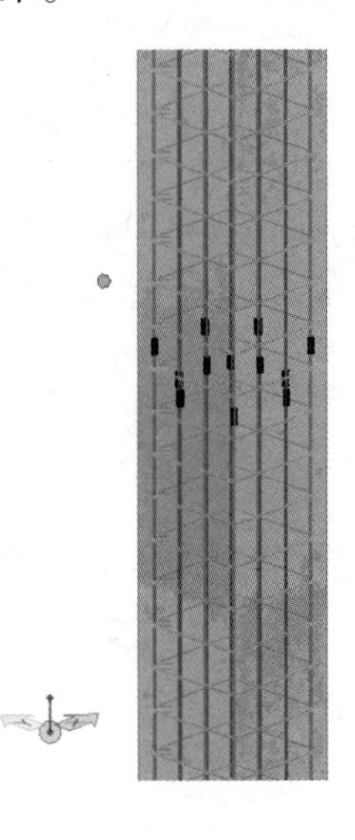

8.2.4.2 参数详解

1. 区域 1

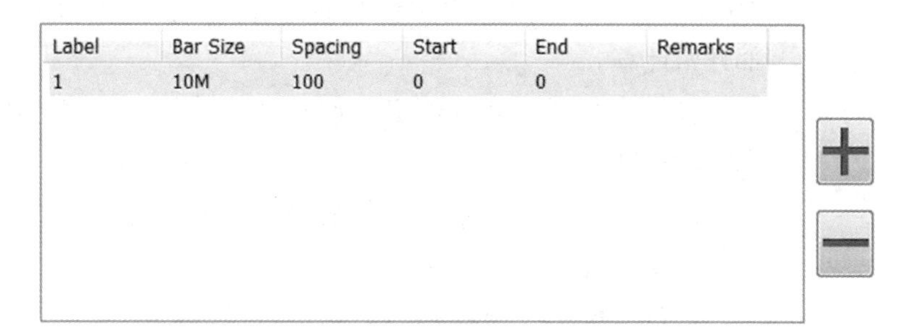

Label	Bar Size	Spacing	Start	End	Remarks
1	10M	100	0	0	

(1) +：新建。新建一个箍筋组。

(2) −：删除。删除新建的箍筋组。

2. 区域 2

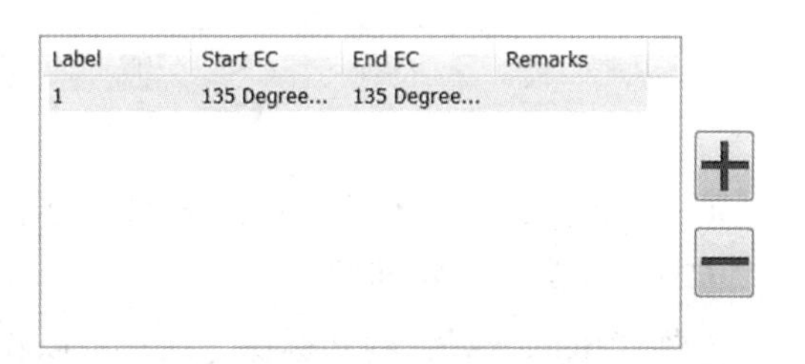

Label	Start EC	End EC	Remarks
1	135 Degree...	135 Degree...	

【提示】区域 2 中新建的组，是针对区域 1 中的组进行的，也就是说，在区域 1 中的一个组，可以在区域 2 中新建一个或者多个组。

另外，绘制箍筋，是依据区域 2 中的组进行的。

(1) +：新建。新建一个组。

(2) −：删除。删除一个组。

3. Zone Data

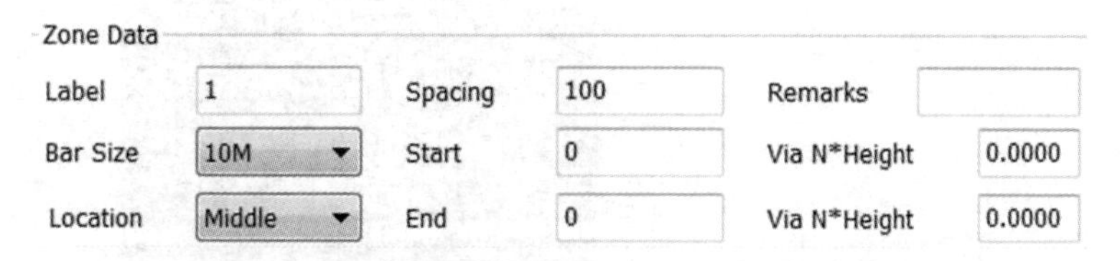

(1) "Label"：填写钢筋的组名称，用于区分不同的钢筋组。

(2) "Spacing"：箍筋的间距。

(3) "Remarks"：箍筋标识，用户可以在此输入箍筋的一些特殊信息。

（4）“Bar Size”：选择箍筋的型号。

（5）“Location”：箍筋的位置，在此可选择“Top”“Middle”“Bottom”三种，分别表示箍筋的位置，是从柱子的顶部、中间、底部开始计算。

（6）“Start”：表示箍筋起始端和末端的位移值，用于表示箍筋绑扎的长度。

（7）“Via N * Height”：箍筋绑扎长度的另外一种计算方式，是柱子的高度或者宽度的倍数。

4. Tie Data

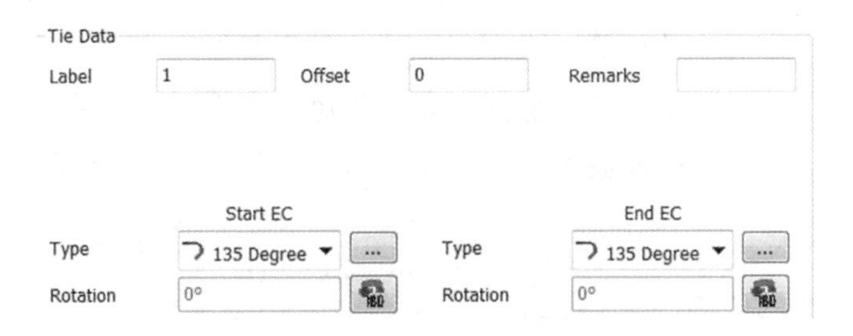

（1）“Label”：填写钢筋的组名称，用于区分不同的钢筋组。

（2）“Offset”：箍筋偏移。

（3）“Remarks”：箍筋标识，用户可以在此输入箍筋的一些特殊信息。

（4）“Start EC”：起始端箍筋弯钩设置。

（5）“End EC”：末端箍筋弯钩设置。

5. 绘制箍筋区域

在绘制箍筋区域可以绘制箍筋的形状。

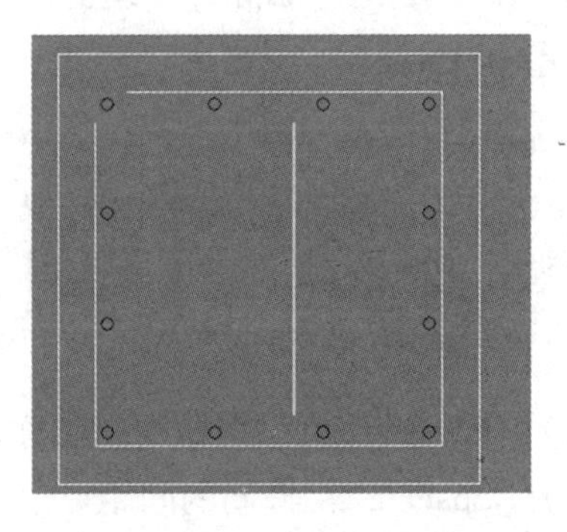

【提示】区域 2 的每一个组，只可以绘制一个箍筋形状。绘制的时候，只需要选择箍筋的折点即可。

箍筋最后效果如下图所示。

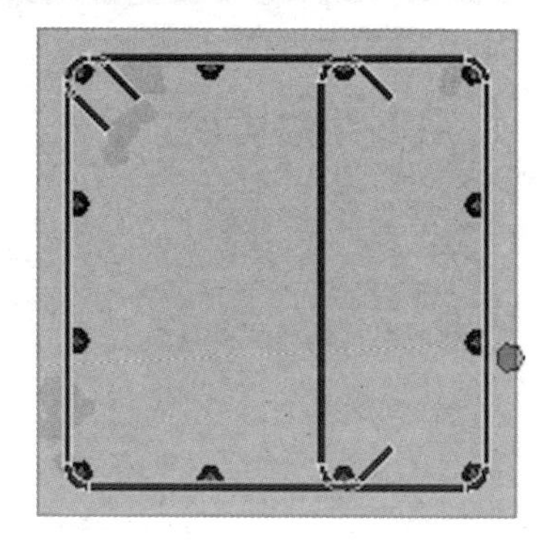

8.2.5 “选项”选项卡

“选项”（“Options”）选项卡用来设置钢筋的显示样式。

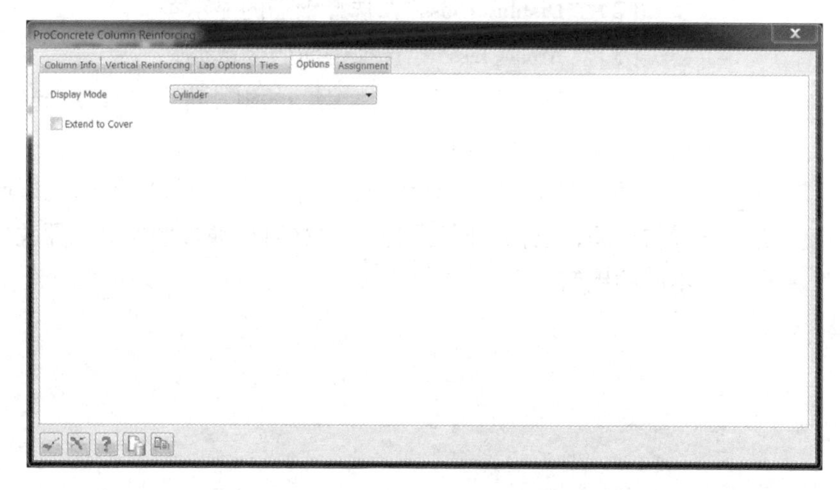

“Display Mode”用于显示模式，有两种显示模式可供选择：

（1）“Line”：线显示。选择该项，表示钢筋只会显示成一条线。

（2）“Cylinder”：实体显示。选择该项，钢筋会以真实的形状显示。

8.2.6 “分配”选项卡

“分配”（“Assignment”）选项卡用来设置钢筋的显示类、详图样式、图层等，但是这些都需要提前设置。

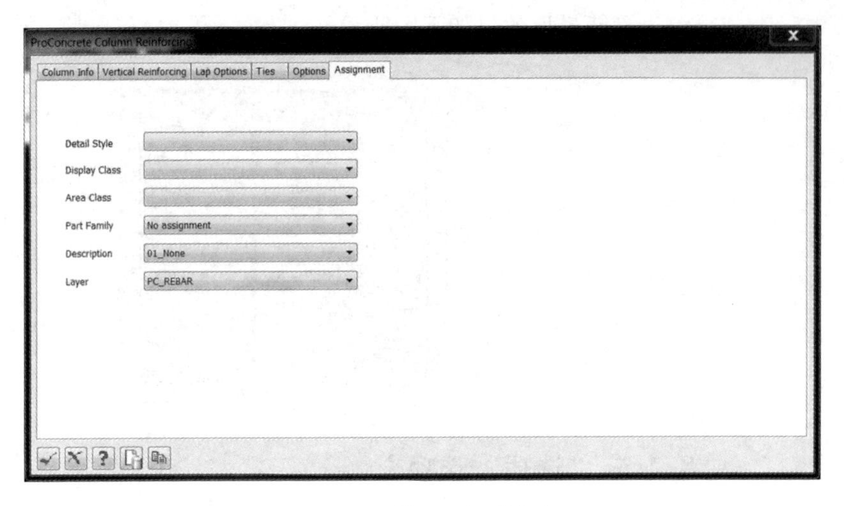

（1）“Detail Style”：选择钢筋的详图样式。

（2）“Display Class”：选择钢筋的显示类。

（3）“Area Class”：选择钢筋的区域类。

（4）“Part Family”：选择钢筋的组（这个参数在 ProConcrete 中不用，主要用于钢结构）。

（5）“Layer”：选择钢筋图层，用户可以将不同类型或者不同位置的钢筋，放在不同的层上，这样可以通过图层显示器关闭或者显示不同的钢筋。

9　梁构件建模

9.1　操作流程

第 1 步：单击布置梁构件命令按钮。

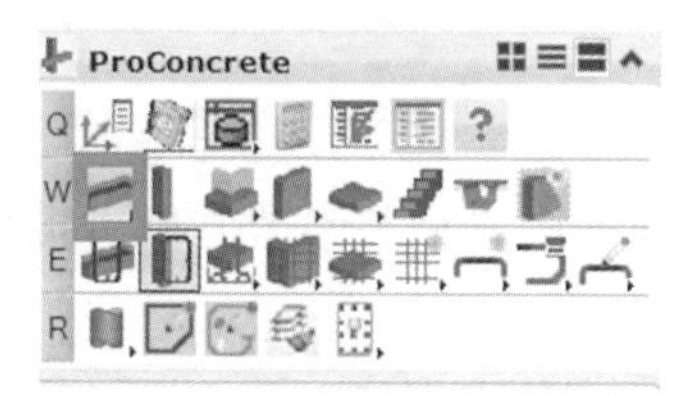

第 2 步：参数设置。

第 3 步：按照不同的布置方式进行布置。

9.2　选项卡介绍

梁构件布置的选项卡和混凝土柱布置的选项卡几乎完全一致，用户可参照前面章节操作。在此，不再赘述。

9.3 梁构件快速布置

如下图所示模型，混凝土柱已经布置完成，如果按照常规的命令来布置，由于梁比较多，操作起来会比较麻烦，效率很低，所以需要采用快速布置的命令。

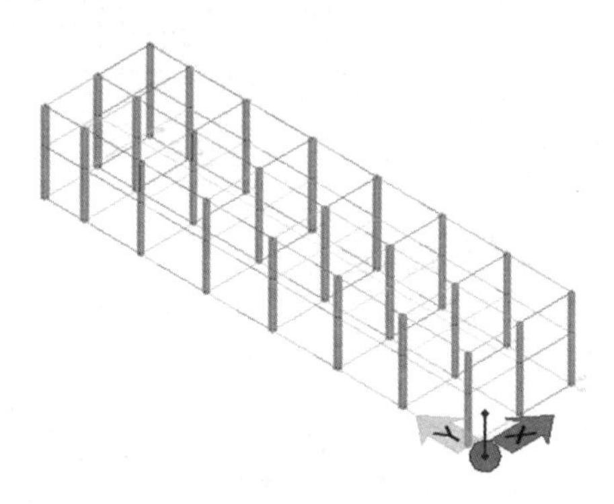

第 1 步：设置相关参数并单击批量布置命令按钮。

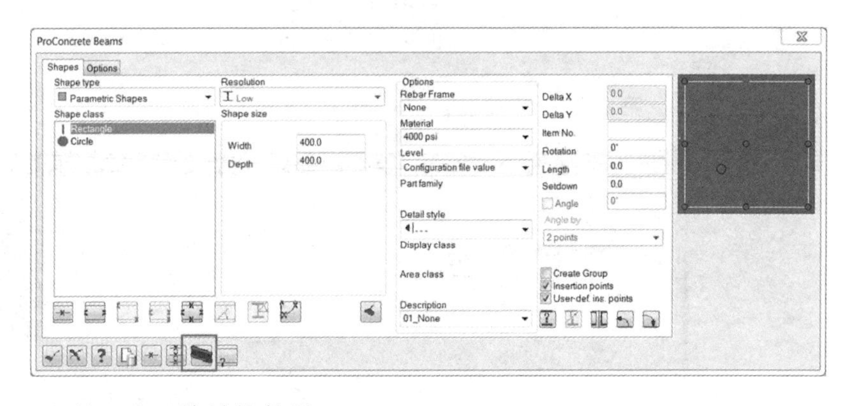

第 2 步：旋转构件的 ACS。

【提示】快速布置梁的命令，只能用于布置在当前的 ACS 平面上，所以需要先将 ACS 调整到需要布置的平面上才可以操作。

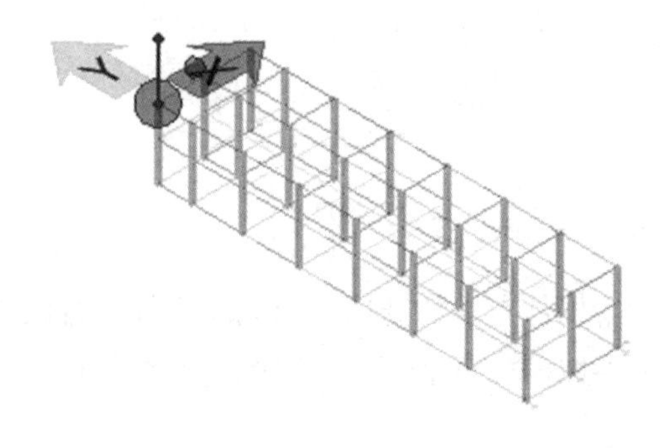

第 3 步：调整视图到顶视图。

【提示】调整到顶视图，是为了操作时方便控制布置混凝土柱子的布置区域。

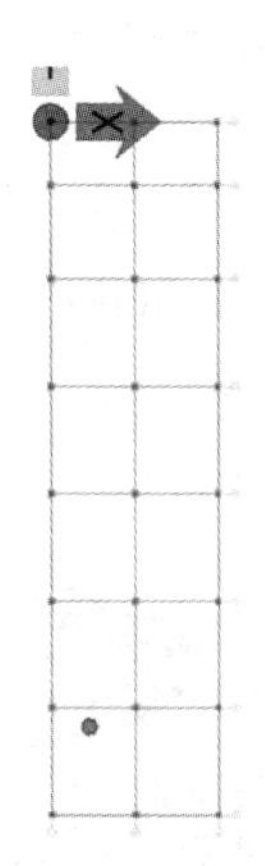

第 4 步：确定布置梁的范围。

【提示】在确定这个范围时，不需要非常精确地确定梁的范围，只要将全部的梁包括在区域内即可。

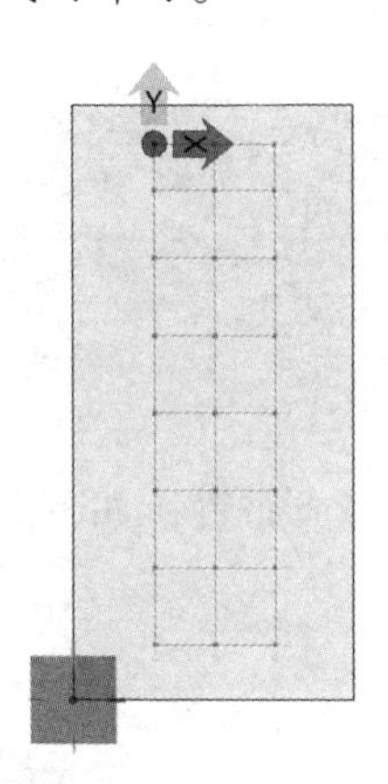

第 5 步：完成布置，如下图所示。

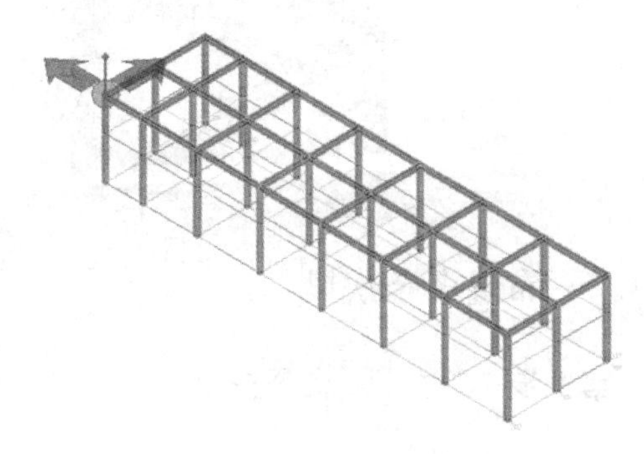

9.4 布置次梁

9.4.1 布置单根次梁

第 1 步： 单击 命令按钮。

第 2 步： 选择要布置次梁的两根混凝土主梁。

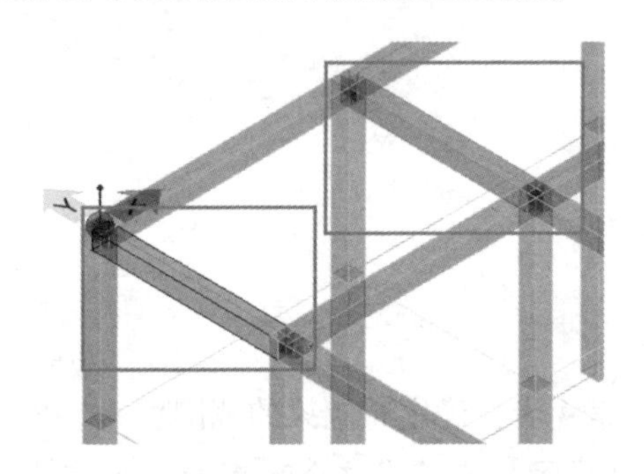

【**提示**】在选择主梁时，需要单击两个主梁的同一侧。

第 3 步： 输入距离。

第 4 步： 完成布置，如下图所示。

9.4.2 布置多个次梁

第 1 步： 单击 命令按钮。

第 2 步：选择要布置次梁的两个混凝土主梁。

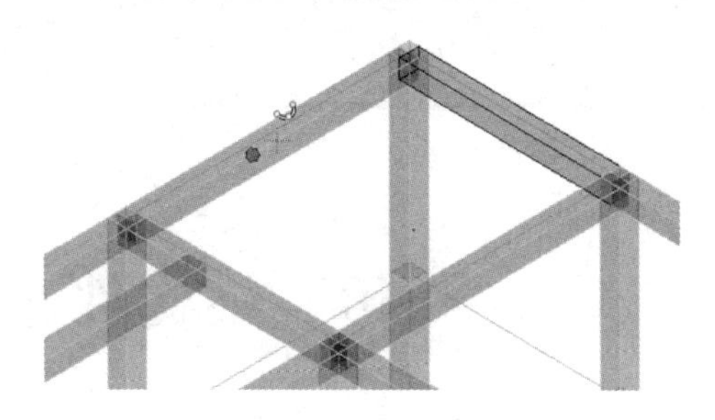

第 3 步：输入次梁的数目和间距。例如，布置 3 根间距为 1000 的次梁，应该输入“3 * 1000”。

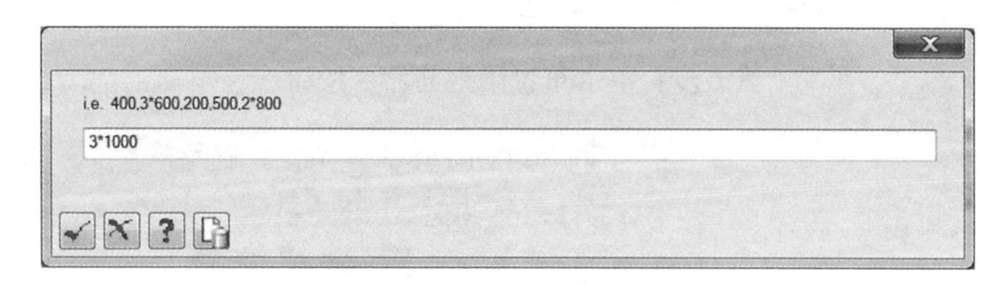

第 4 步：完成布置。

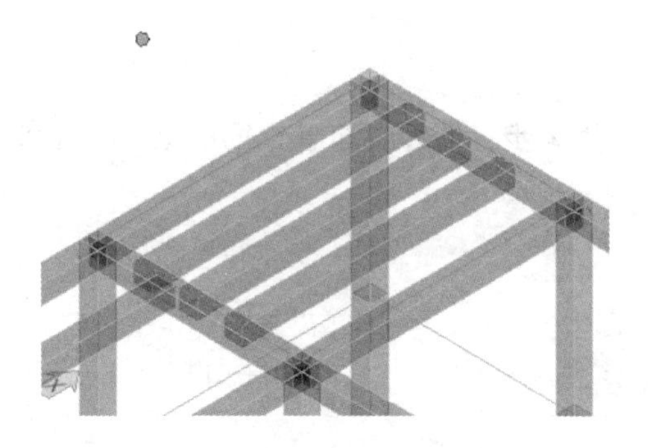

【提示】 布置一个次梁或者多个次梁的截面，需要提前在布置对话框里面设置好。

10　梁构件布筋

10.1　操作流程

第 1 步： 单击布置梁钢筋命令按钮。

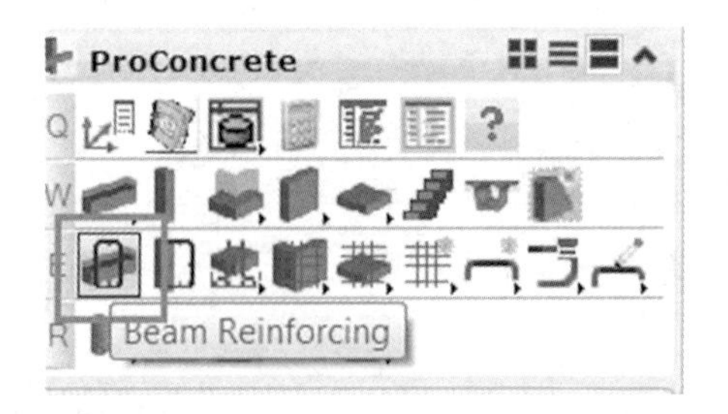

第 2 步： 选择要布置钢筋的梁，并在各个选项卡中调整参数。

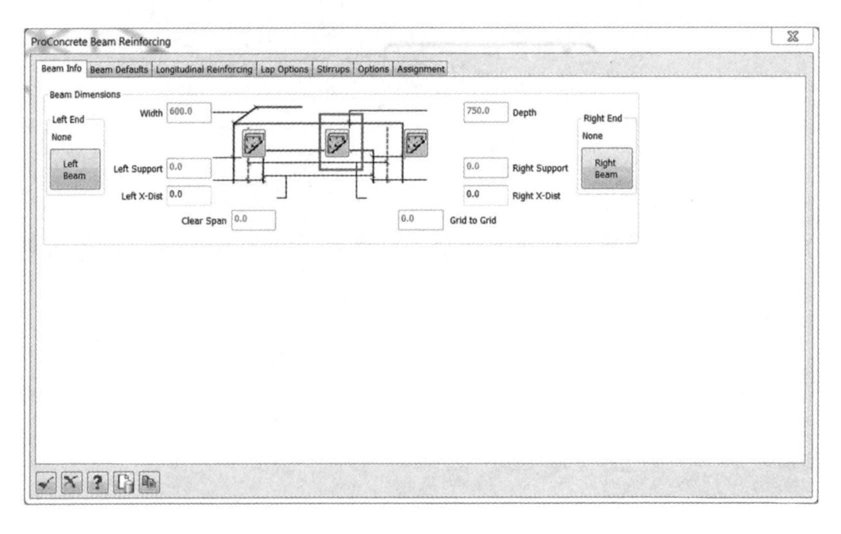

第 3 步：布置完成。

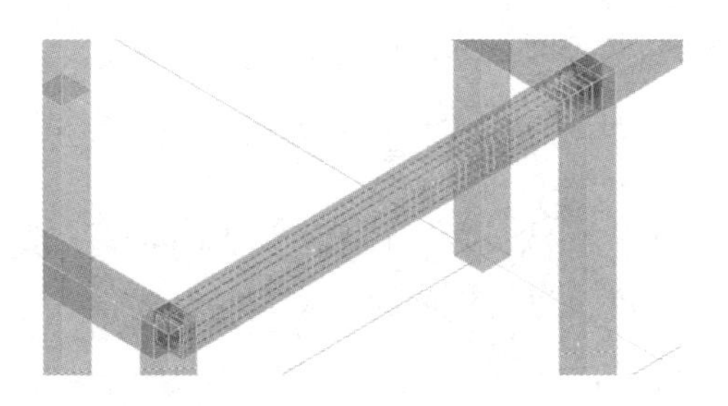

10.2 选项卡介绍

10.2.1 “总体信息”选项卡

在“总体信息”（“Beam Info”）选项卡中设置梁配筋的基本信息，包括选择梁构件和支撑梁的两个柱子。

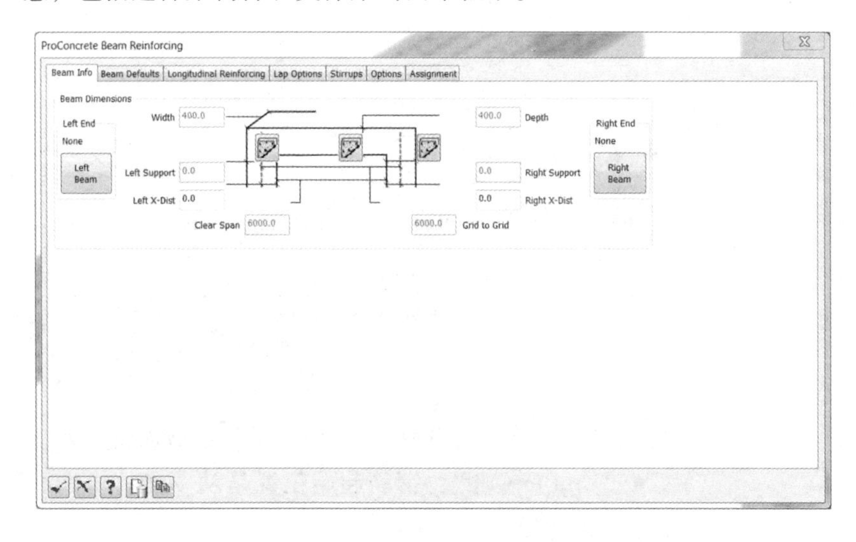

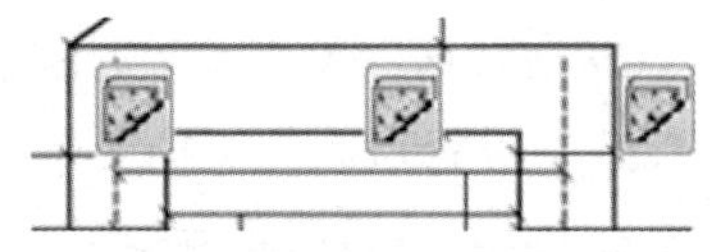

第一个混凝土图标用于选择梁左侧的柱子。

第二个混凝土图标用于选择混凝土梁。

第三个混凝土图标用于选择梁右侧的柱子。

“Left X－Dist”填写左侧柱子长度一半的尺寸，用于设置梁柱铆接节点时的钢筋的起始位置。

“Right X - Dist” 填写右侧柱子长度一半的尺寸，用于设置梁柱铆接节点时的钢筋的起始位置。

10.2.2 “默认设置”选项卡

在“默认设置”（“Beam Defaults”）选项卡中，设置梁钢筋的保护层厚度，以及钢筋起始位置的设置。

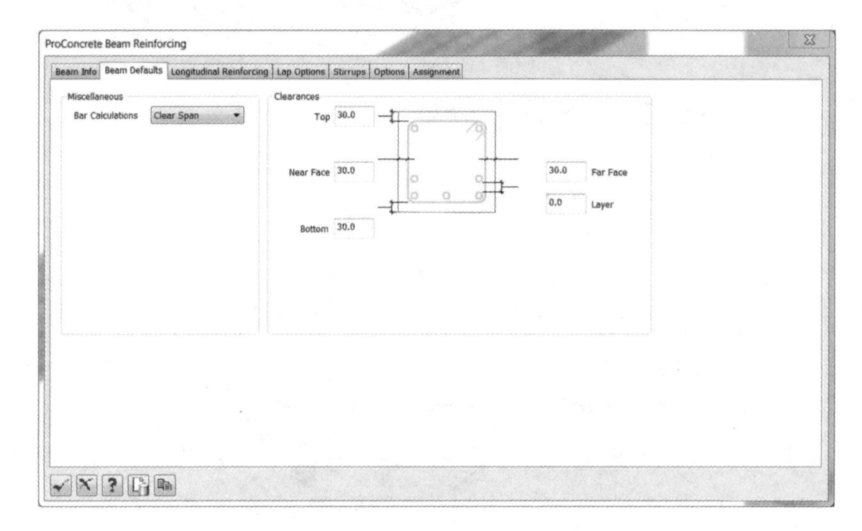

（1）“Miscellaneous” 用于设置钢筋的起始位置的选择。

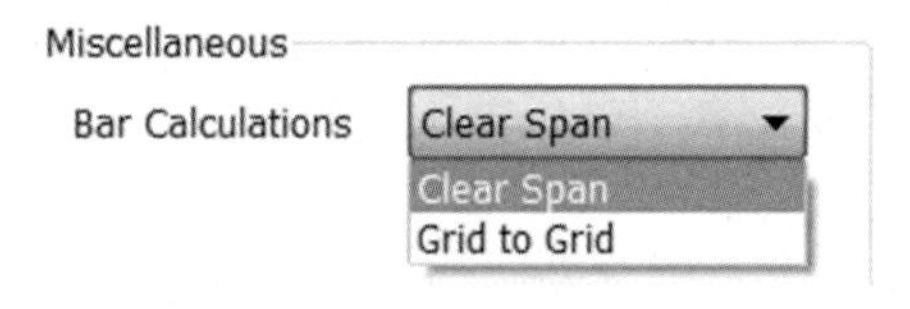

- “Clear Span”：钢筋起始位置是从梁截面到另外一个截面。
- “Grid to Grid”：钢筋起始位置是从一侧柱子中心到另一侧柱子中心。该选项对梁柱节点非常有用。

（2）“Clearances” 用于设置混凝土梁各个面的保护层厚度。

- “Top”：设置顶面的保护层厚度。
- “Near Face”：设置梁左侧的保护层厚度。
- “Bottom”：设置底面的保护层厚度。
- “Far Face”：设置梁右侧面保护层厚度。

10.2.3 “主筋”选项卡

在“主筋”(“Longitudinal Reinforcing”)选项卡中设置梁主筋的相关信息，操作原理与柱子主筋一致，所以操作方法不再赘述。

1. Zone Data

“Zone Data”：设置梁钢筋的总体信息。

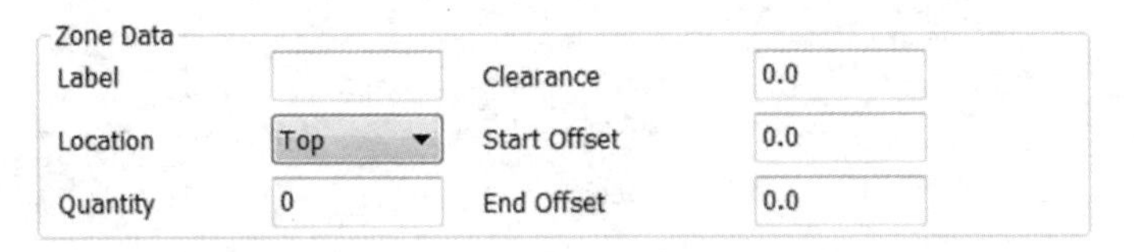

(1)“Label”：钢筋组号，用以区分不同钢筋的分组。

(2)“Clearance”：保护层厚度，如果在此填入数据，实际的保护层厚度会和“默认设置”选项卡中的保护层厚度相加。

(3)“Location”：钢筋位置，用于确定不同位置的钢筋，包括梁顶部、底部、左侧、右侧四个方向。每个方向的钢筋不许分设不同的组进行。

(4)“Start Offset”/“End Offset”：设置一组钢筋在这个平面内的偏移。

(5)“Quantity”：设置钢筋数量。

2. Reinforcing Data

Reinforcing Data

Label	1	Left Offset	0
Location	Continuou	Right Offset	0
Quantity	4	Left End Condition	None
Bar Size	10M	Rotation	0°
		Right End Condition	None
Remarks		Rotation	0°

（1）“Label”：钢筋组号，用于区分不同的钢筋组。

（2）“Left Offset” / “Right Offset”：钢筋左右端的偏移，输入正值，延伸到梁外部；输入负值，向梁内部收缩。

（3）“Location”：用于设置钢筋在梁体内的位置，分为 “Left” “Right” “Continuous” 三种方位，这三种方位是相对于梁描述的。

（4）“Quantity”：钢筋数量，数值不可以输入，需要在右侧单击以确定钢筋的数目。

（5）“Bar Size”：钢筋型号，用于选择钢筋的型号等级。

（6）“Remarks”：钢筋标识，用于填写特殊的标识。

（7）设置钢筋的弯钩，如下图所示。详见柱构件的弯钩设置方法。

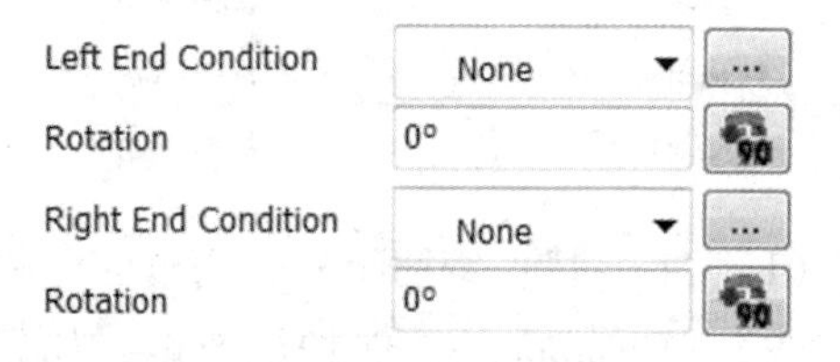

3. 钢筋选择区域

钢筋选择区域如下图所示，用于点选钢筋的数量和位置。

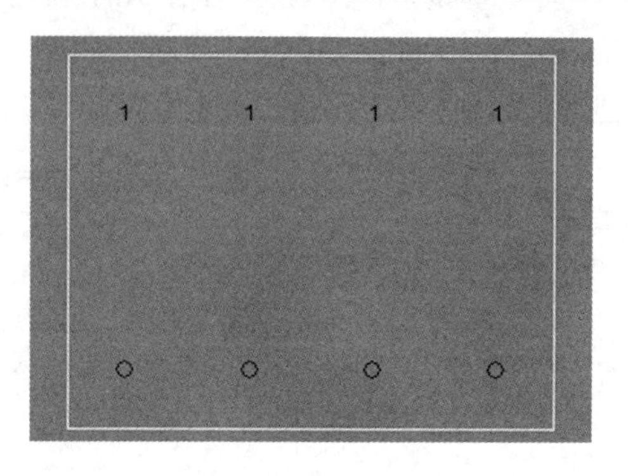

10.2.4 “搭接”选项卡

“搭接”（“Lap Options”）选项卡用来设置梁主筋的搭接，包括固定长度搭接、钢筋倍数搭接和套筒搭接三种。

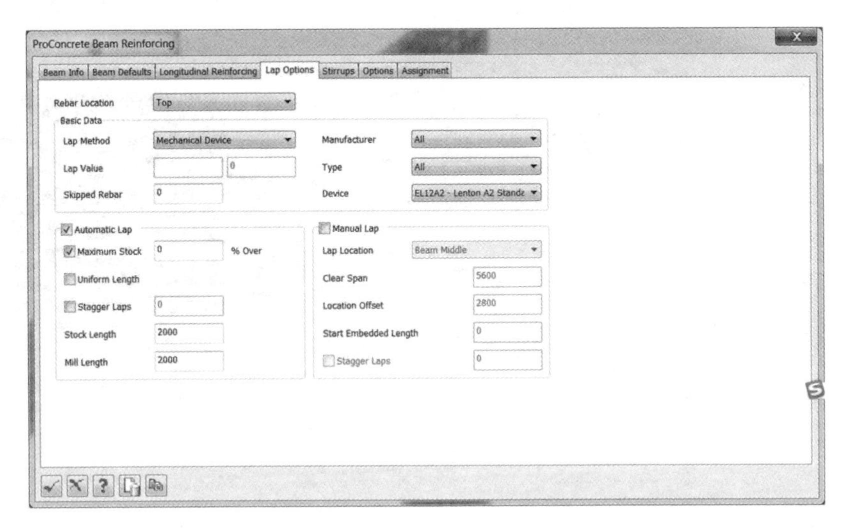

这个选项卡和柱主筋的搭接基本一致，参数与柱主筋搭接的相同，意义完全相同。相关参数请参考柱主筋搭接相关章节，在此不再赘述。

(1)“Rebar Location”：用于确定搭接哪个位置的钢筋。此处的位置分为“Top”“Bottom”“Left”“Right”四种，与梁主筋的位置完全相同。

用户可以连续操作。例如首先选择“Top”，在所有的参数设置完成以后。系统会自动完成钢筋搭接操作，用户只需要继续选择其他位置的钢筋即可。

梁主筋搭接效果如下图所示。

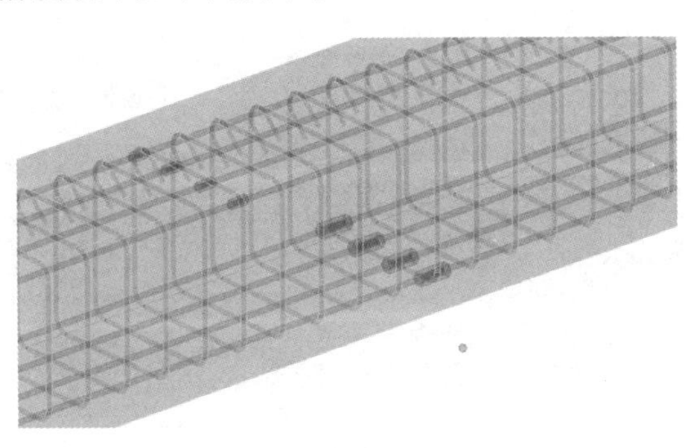

10.2.5 “箍筋”选项卡

“箍筋”（“Stirrups”）选项卡与柱“箍筋”选项卡类似，请参考柱箍筋相关章节，在此不再赘述。

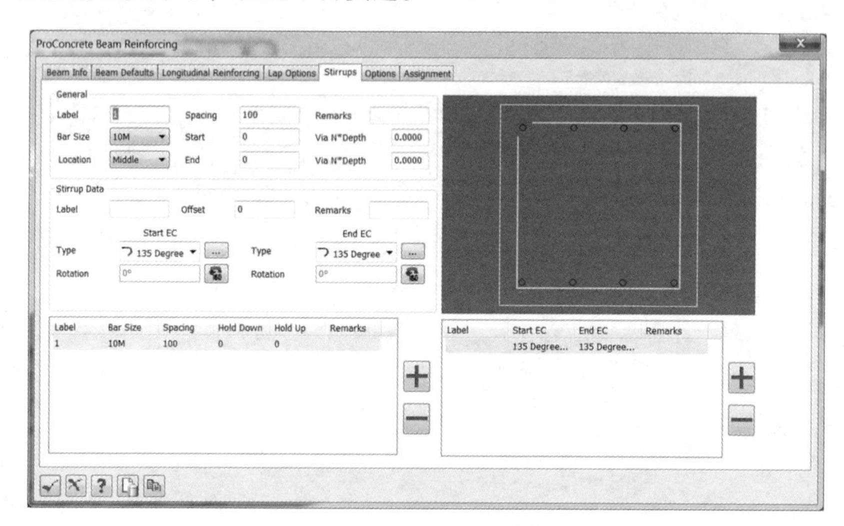

10.2.6 “选项”选项卡

“选项”（“Options”）选项卡与柱配筋的“选项”选项卡完全相同，请参考柱配筋的“选项”选项卡，在此不再赘述。

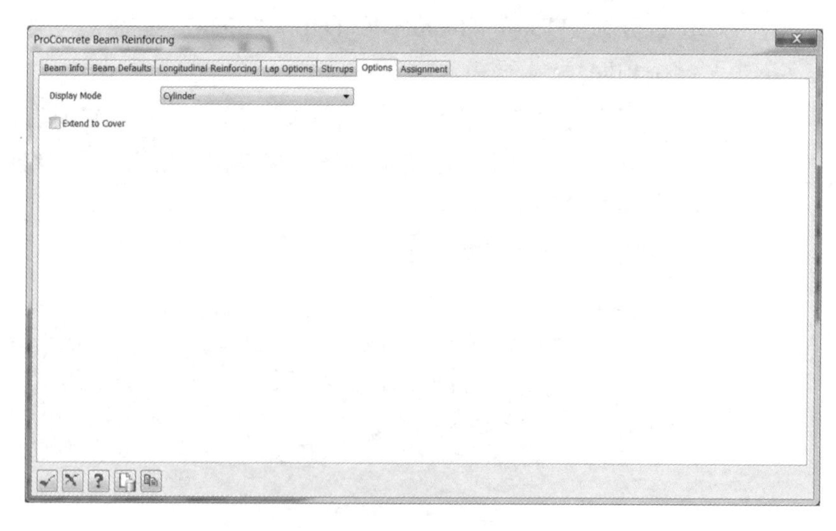

10.2.7 “分配”选项卡

“分配”（“Assignment”）选项卡与柱配筋“分配”选项卡完全相同，请参考柱配筋“分配”选项卡，在此不再赘述。

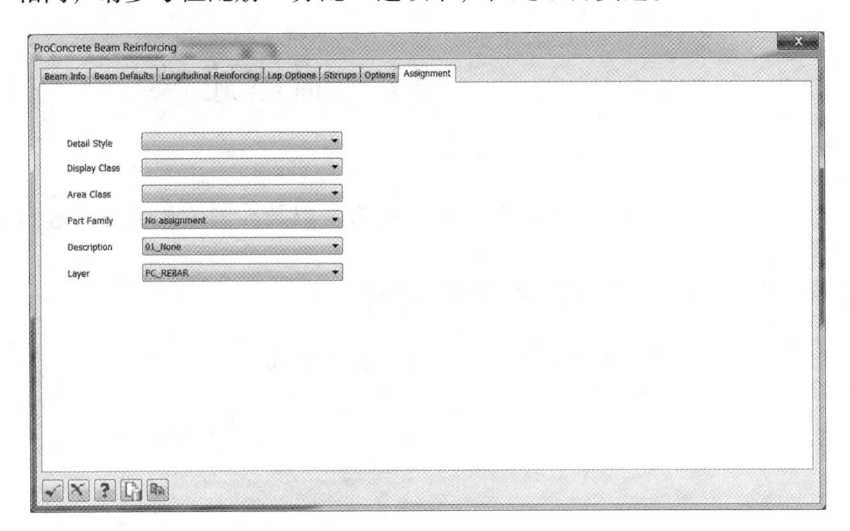

11　墙体建模

本章将介绍墙体建模的方法以及与墙体相关的参数的设置。

11.1　墙体建模流程

第 1 步： 单击墙体建模命令按钮。

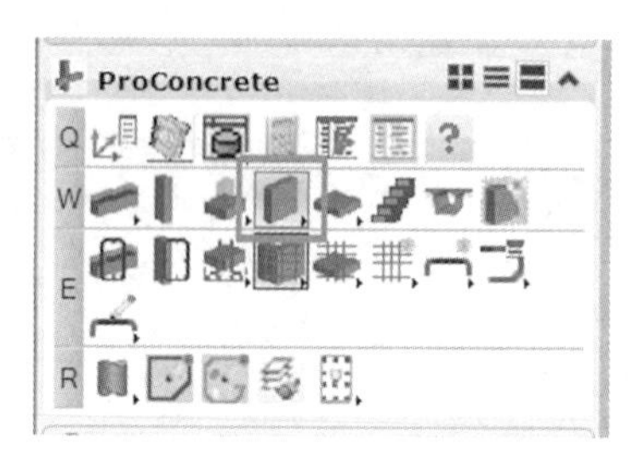

第 2 步： 设置参数。

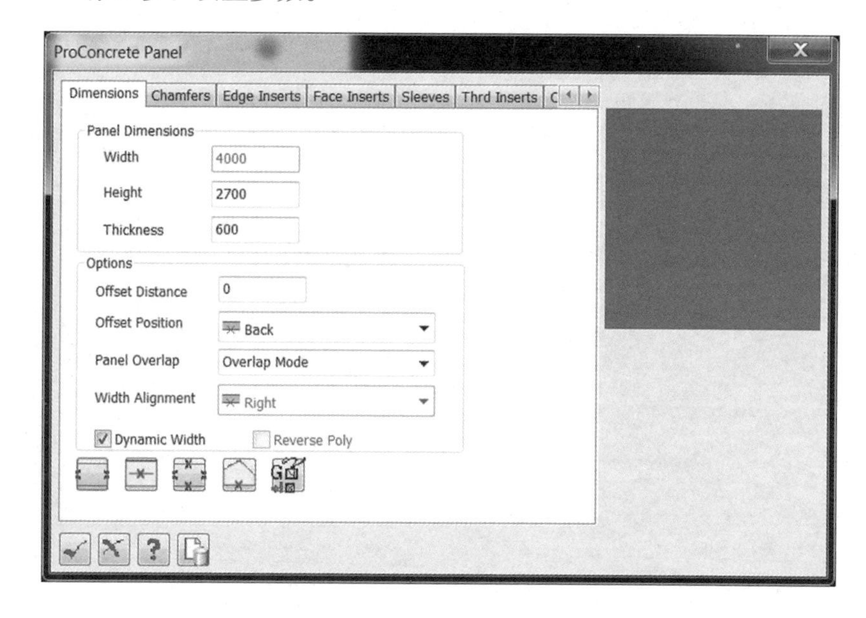

第 3 步：按照布置方式布置墙体。

第 4 步：布置完成。

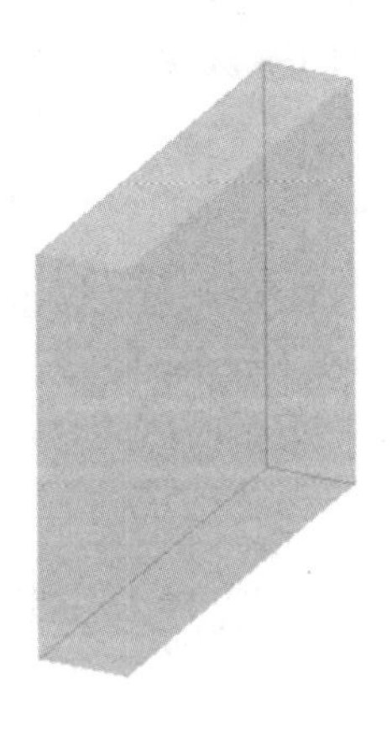

11.2　选项卡介绍

11.2.1　“尺寸”选项卡

1. 参数介绍

在“尺寸”（“Dimensions”）选项卡中将介绍墙体布置的尺寸设置以及尺寸的含义。

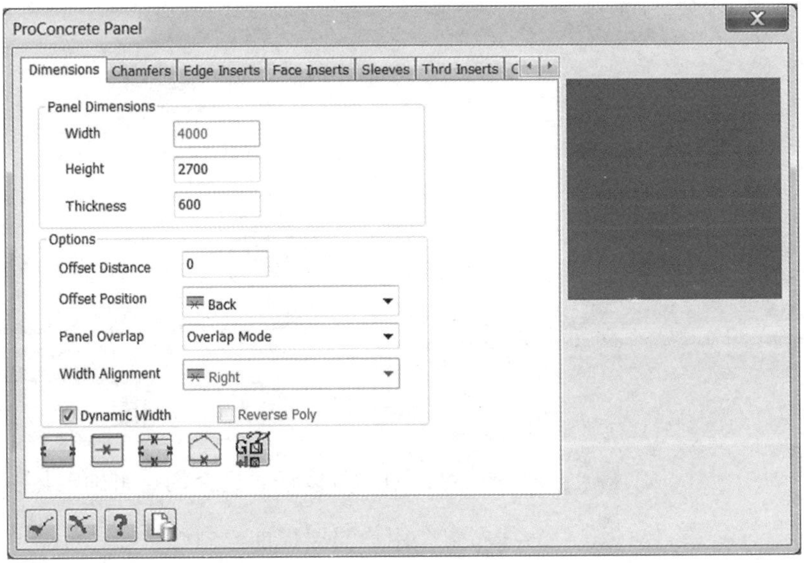

ProConcrete Panel
Dimensions | Chamfers | Edge Inserts | Face Inserts | Sleeves | Thrd Inserts
Panel Dimensions
Width 4000
Height 2700
Thickness 600
Options
Offset Distance 0
Offset Position Back
Panel Overlap Overlap Mode
Width Alignment Right
Dynamic Width　Reverse Poly

（1）“Width”：设置墙体的长度，如果采用两点布置方式布置墙体，墙体的长度由两点来确定，同时，长度命令失效。

（2）“Height”：设置墙体的高度。

（3）“Thickness”：设置墙体的厚度。

（4）“Offset Distance”：设置墙体偏移，墙体偏移的依据是墙体基线。

（5）“Offset Position”：偏移插入点，确定墙体偏移的依据，分为墙体的前后两个面和墙体中心线三个位置。

（6）“Panel Overlap”：墙体重叠部分处理，分为直角模式（Overlap Mode）和相切模式（Cut Mode）。

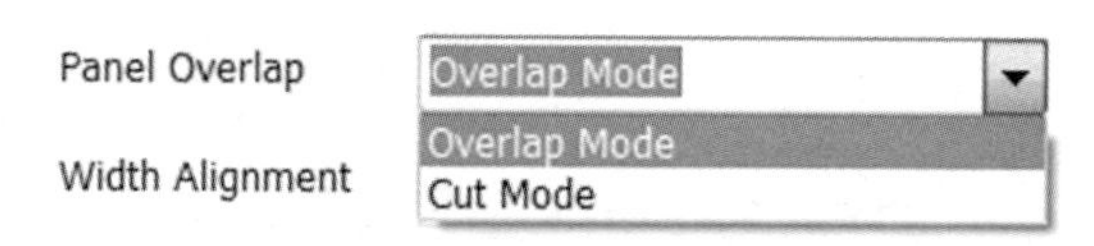

直角模式（Overlap Mode）效果如下图所示。

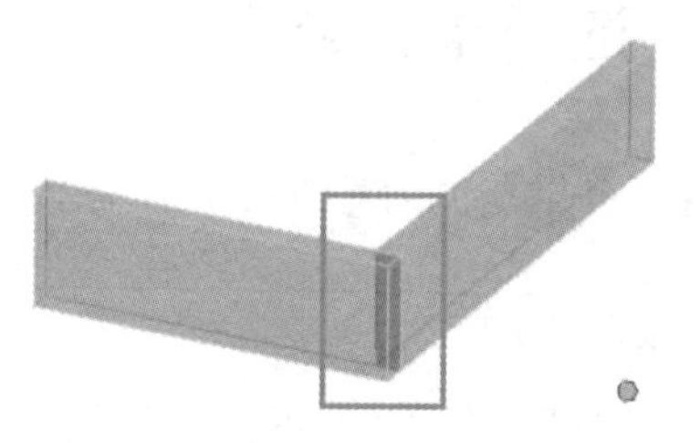

相切模式（Cut Mode）效果如下图所示。

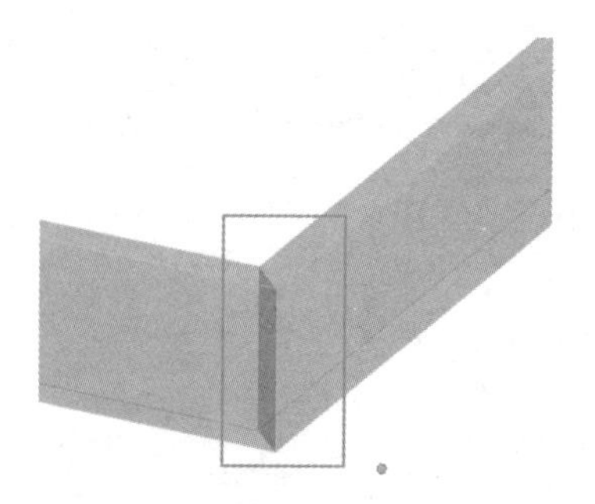

2. 布置方式

：两点布置，用户可以任意选择两点来确定长度。

：直线布置，用户需要提前绘制好直线。

：多点布置，需要至少三点来布置墙体，可以布置折墙。

：按照特定的折线或者形状布置墙体。

11.2.2 “倒角”选项卡

在“倒角”（“Chamfers”）选项卡主要设置墙体倒角的一些参数。

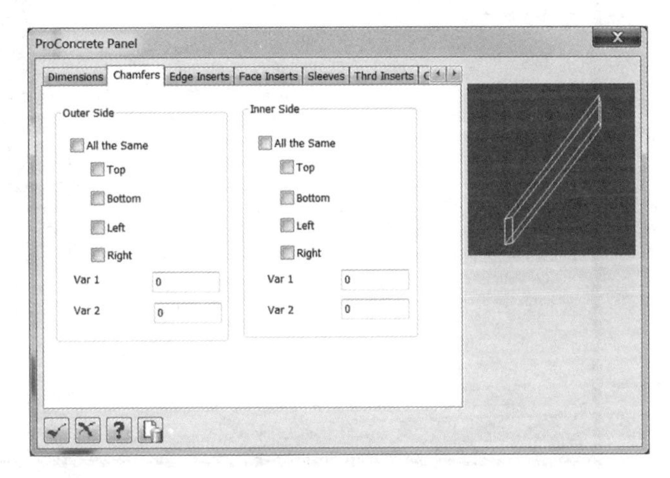

（1）“Outer Side”：设置墙体外侧面。

（2）“Inner Side”：设置墙体内侧面。

（3）“All the Same”：选中该项后，墙体同一侧，外侧面或者内侧面的四个位置（“Top”“Bottom”“Left”“Right”）将采用统一设置。

（4）“Top/Bottom/Left/Right”：确定需要倒角的位置，选中即可。

（5）“Var 1”/“Var 2”：设置倒角的尺寸。

墙体倒角效果如下图所示。

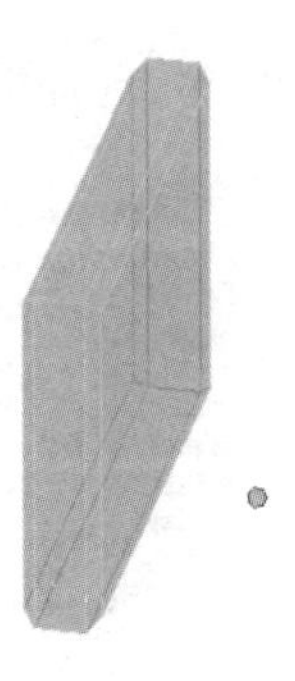

11.2.3 “墙体侧边埋件”选项卡

“墙体侧边埋件”（“Edge Inserts”）选项卡用来设置墙体上、下、左、右四个面的埋件。

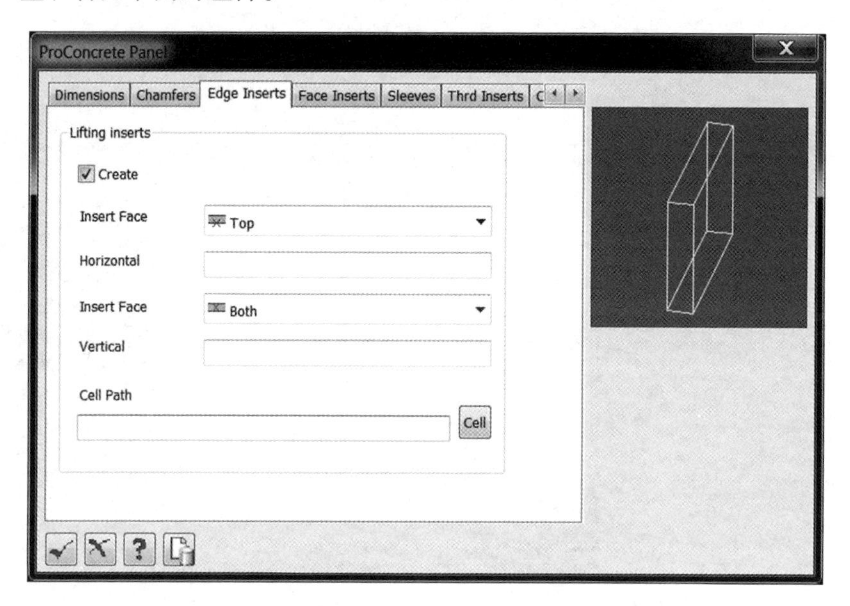

1. 命令介绍

（1）“Create”：创建按钮，如果需要创建埋件，必须选择“Create”按钮。

（2）“Insert Face”：设置墙体上、下两个表面的埋件，分为“Top”“Bottom”“Both”三个选项，分别表示在墙体的上表面、下表面和上下两个表面同时布置。

（3）“Horizontal”：输入埋件的距离。

（4）“Insert Face”/“Vertical”：设置墙体左右两个表面的埋件，方法同上。

（5）“Cell Path”：选择埋件单元，该选项需要提前将埋件制作成单元。

2. 完成效果

埋件完成设置以后的效果如下图所示。

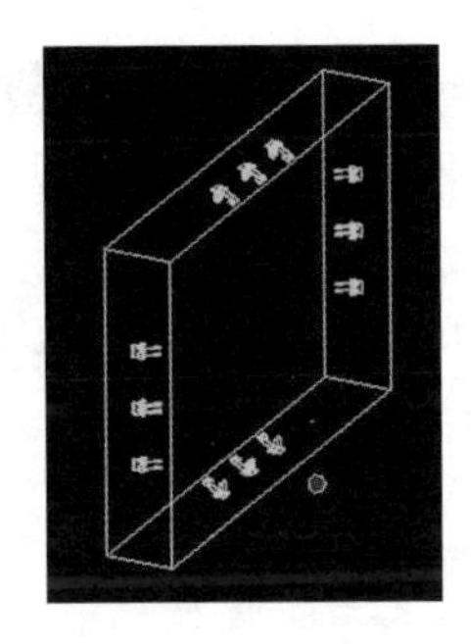

11.2.4 “墙体内外面埋件”选项卡

“墙体内外面埋件”（“Face Inserts”）选项卡的参数含义和“墙体侧边埋件”选项卡的完全相同，请参考前述介绍，在此不再赘述。

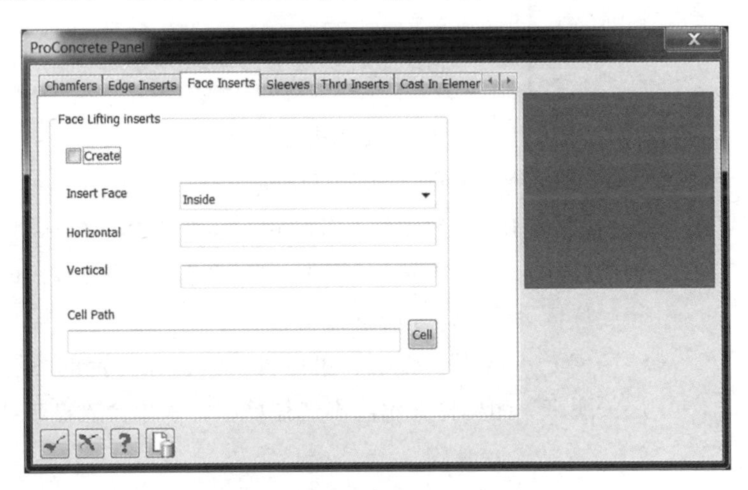

完成效果如下图所示。

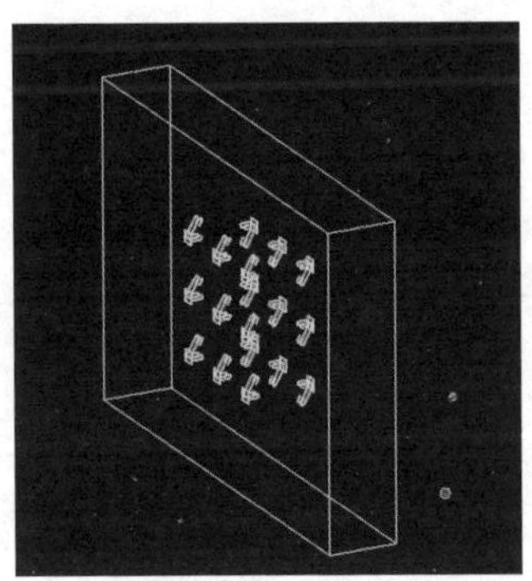

11.2.5 “分配”选项卡

（1）“Element”：选择构件的类型。

（2）“Material”：选择墙体的材质。

（3）“Detail Style”“Display Class”“Area Class”“Part Family”：选择墙体的详图样式、显示类、区域类、族等参数，但是需要提前在相关位置设置以后才能选择。

（4）“Level”：图层，可以将墙体放在特定的图层上，并通过图层关闭来关闭构件显示。不选择该项，系统会放置在默认的图层上。

12 墙布筋

12.1 布筋流程

第 **1** 步：单击布筋命令按钮。

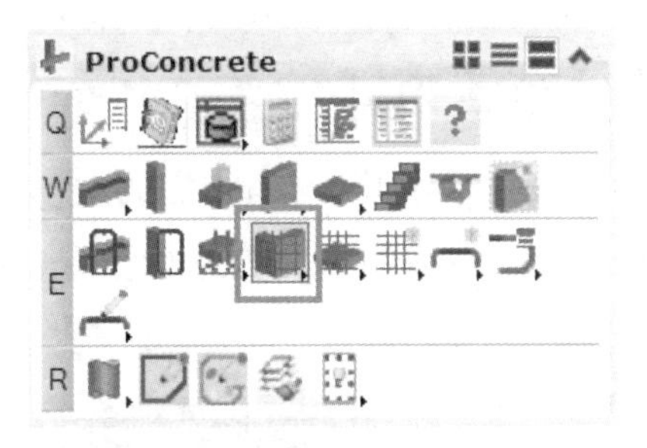

第 **2** 步：设置参数。

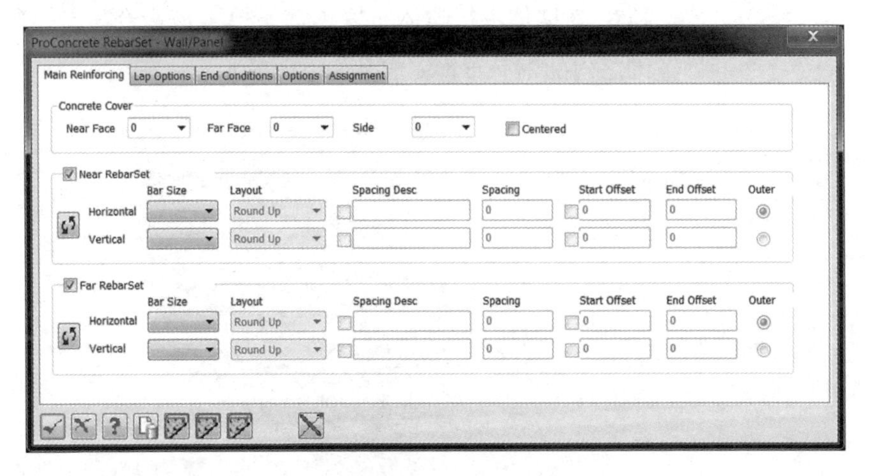

第 **3** 步：单击布置方式按钮。

第 4 步：布置完成效果。

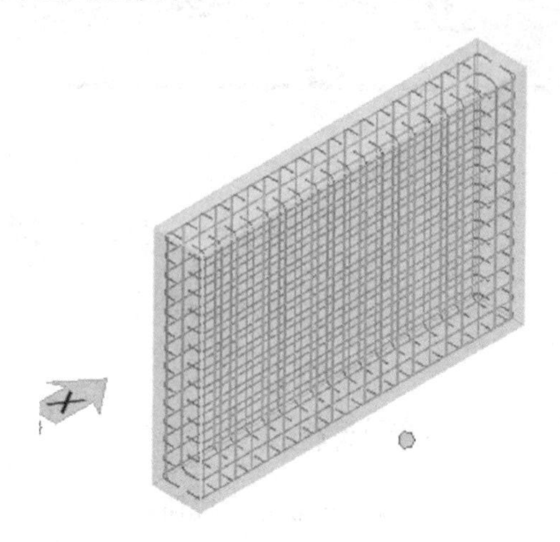

12.2 布置方式

在墙体布筋方式中，有不同的布置命令，可以对这个墙体进行布置，也可以对墙体的一部分进行布置，同时也可以调整墙体钢筋的方向。

：对墙体进行整体布置钢筋。单击该命令按钮，能将墙体全部范围之内的钢筋布置完成，如下图所示。

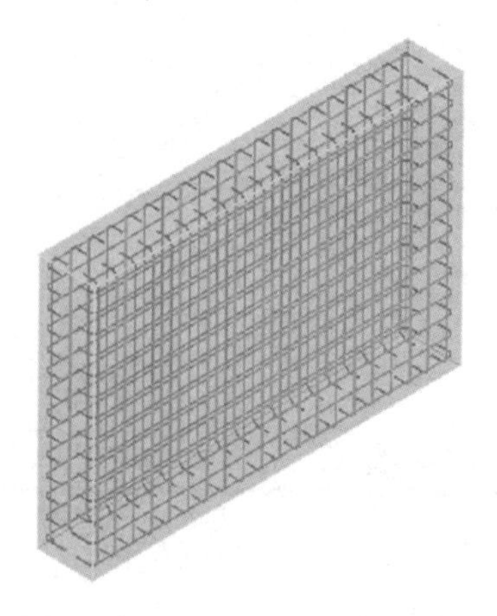

：在墙体上选择多边形，通过多边形来确定布筋的范围，如下图所示。

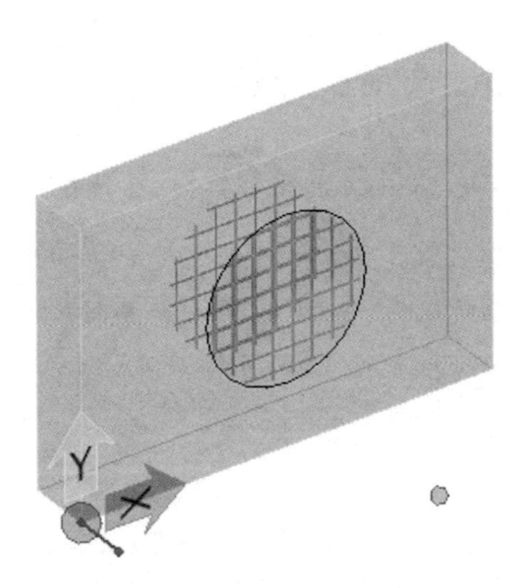

：通过点来确定布筋的范围。因为选取点随意性很大，不是特别精确，所以这个命令应用较少。

其操作方法和通过多边形确定钢筋范围一致，需要提前确定点的范围。

：改变钢筋的方向。单击该命令，然后利用伴生对话框，单击“Point”命令按钮，通过两个点来确定方向。

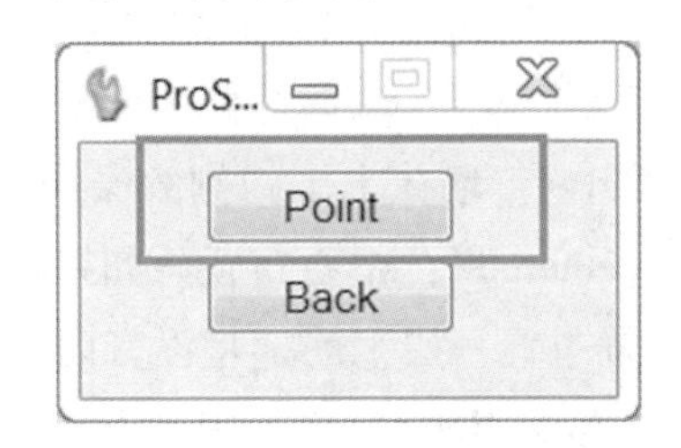

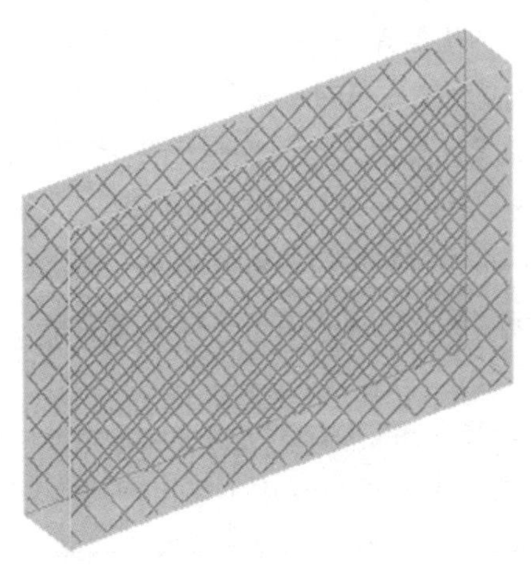

12.3 选项卡介绍

12.3.1 “钢筋主要参数”选项卡

在“钢筋主要参数”（“Main Reinforcing”）选项卡中，可设置钢筋的保护层厚度、横向和纵向钢筋的规格、间距等。

（1）“Concrete Cover”：用来设置钢筋保护层的厚度。

- “Near Face”：墙体内侧的保护层厚度。
- “Far Face”：墙体外侧的保护层厚度。
- “Side”：墙体上下两侧的保护层厚度。
- “Centered”：中心布置。如果选中该项，墙体钢筋将在墙体的中心线位置布置一层钢筋，将没有内侧和外侧之分。

（2）“Near RebarSet”：用来设置墙体内侧钢筋的规格、间距、布置方式和位置等。

勾选“Near RebarSet”布置墙内侧钢筋，只有勾选该项才可以布置；如果没有勾选该项，则在这个方向将不会布置钢筋。

- “Horizontal”和“Vertical”：分别指墙体的水平和竖直方向的钢筋。单击 按钮，可互换水平和竖直方向的钢筋。
- “Bar Size”：用于选择钢筋的型号。“Layout”用于设置钢筋的排布方式。
- “Spacing Desc”：用于设置钢筋的排布距离。

【提示】在此可以逐个排布钢筋的距离，但是这种做法过于复杂，不赞成使用。同时，这个命令要起作用，需要在其前面的方框中勾选。

• “Spacing”：用于设置钢筋的间距。

• “Start Offset” 和 “End Offset”：用于设置钢筋起点和终点的偏移。

【提示】如果选择“Spacing”的布置方式，用户只需要填写间距，系统会自动计算钢筋的排布和偏移。

• “Outer”：用于确定钢筋的位置，选中的钢筋将会排布在外侧。

(3) “Far RebarSet”：用于设置墙体外侧的钢筋，操作方法与“Near RebarSet”完全相同。

12.3.2 “钢筋搭接”选项卡

在“钢筋搭接”（“Lap Options”）选项卡里面可以设置钢筋的搭接，并可以针对墙体的外侧钢筋和内侧钢筋分别设置搭接情况。

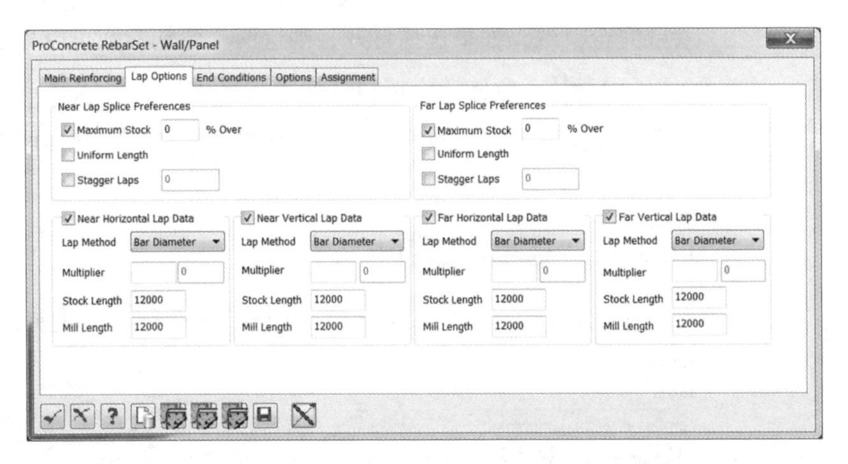

(1) “Near Lap Splice Preferences” 中的参数用于设置墙体内侧钢筋的搭接。

(2) “Near Horizontal Lap Data” 用于设置内侧水平钢筋的搭接，“Near Vertical Lap Data” 用于设置内侧竖直钢筋的搭接。

其余的搭接方式与柱钢筋搭接完全相同，请参考相关章节。

12.3.3 “弯钩设置”选项卡

“弯钩设置”（“End Conditions”）选项卡用来设置墙体钢筋在各个方向的弯钩。

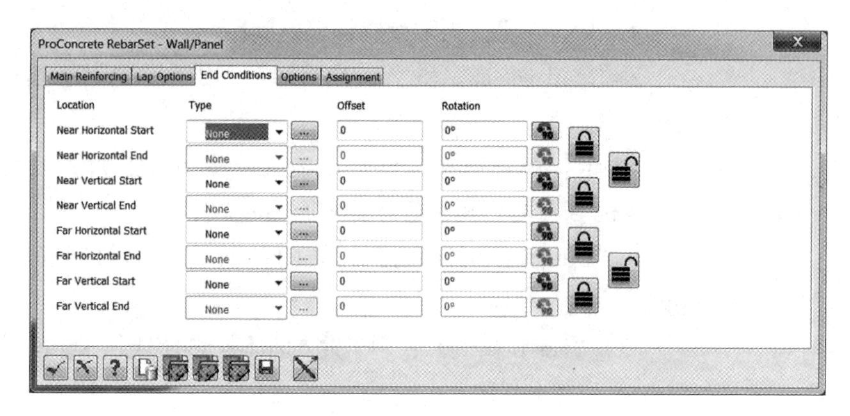

（1）“Type”：用于选择钢筋弯钩的类型。

（2）“Offset”：用于设定钢筋弯钩的偏移。

（3）“Rotation”：用于设定钢筋弯钩旋转。

（4）：弯钩锁定按钮，可以锁定前面两个弯钩，保证它们的参数完全一致，如果选择打开，则这两个弯钩参数可以分别设置。

（5）：弯钩锁定按钮，如果选择关闭，可以锁定前面的四个弯钩，保证它们的参数完全一致，如果选择打开，前面两组可以分别设置。

12.3.4 “选项”选项卡

在“选项”（“Options”）选项卡可以进行墙体钢筋的一些布置设置。

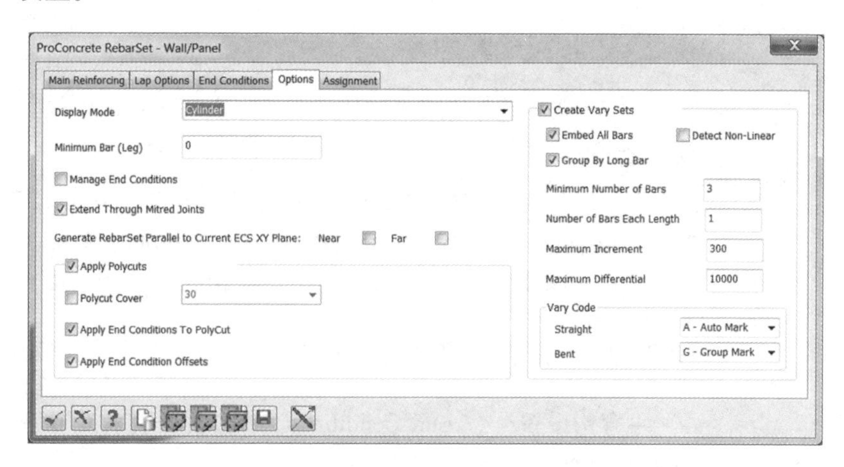

12.3.5 “分配”选项卡

“分配”（“Assignment”）选项卡用来设置钢筋的基本信息。其参数与柱钢筋的完全一致，可参考相关章节设置。

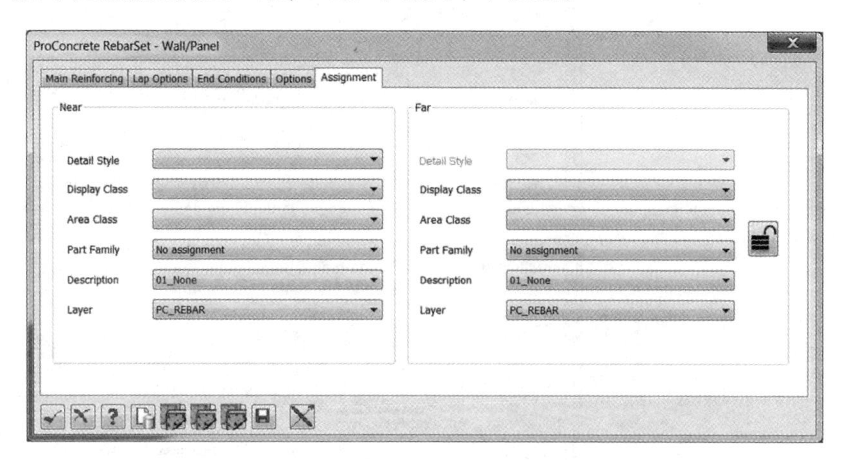

12.4 墙体洞口布筋

墙体经常会开洞，用来做门窗或者管道洞口，这些洞口需要加强配筋。在 ProConcrete 中有单独的命令来给洞口布置钢筋。

12.4.1 操作流程

第 1 步：选取“Add Trimmers to Openings”命令，如下图所示。

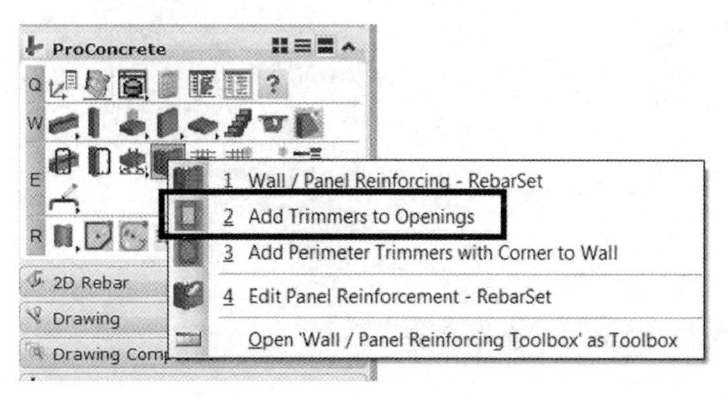

第 2 步：设置参数，如下图所示。

第 3 步：布置完成效果。

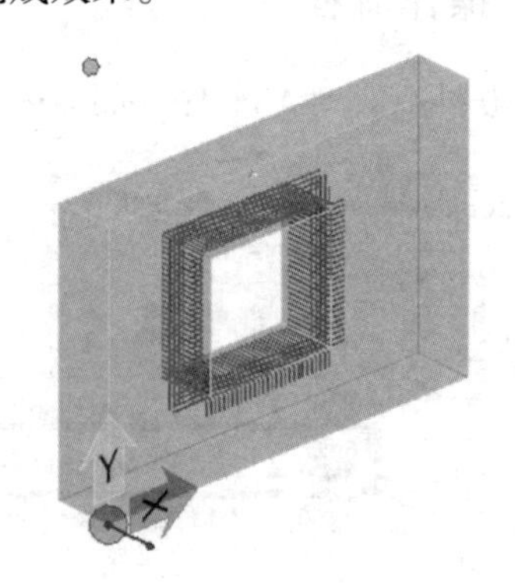

12.4.2 命令介绍

Concrete Cover

Near 30 Far 30 Side 30

（1）“Concrete Cover”：用于设置混凝土保护层厚度。

- “Near”：用于设置墙体内侧的保护层厚度。
- “Far”：用于设置墙体外侧的保护层厚度。
- “Side”：用于设置墙体左右侧的保护层厚度。

（2）“Layers”：用于设置加固钢筋。

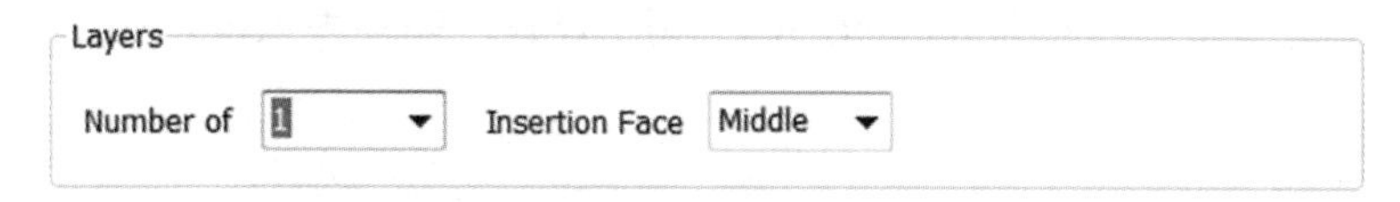

- “Number of”：用于设置加固钢筋的层数。
- “Insertion Face”：用于设置插入墙面的位置。

（3）“Parallel”：用于设置平行钢筋，在此设置与墙体洞口面平行的钢筋。如果要起作用，应该提前选中。

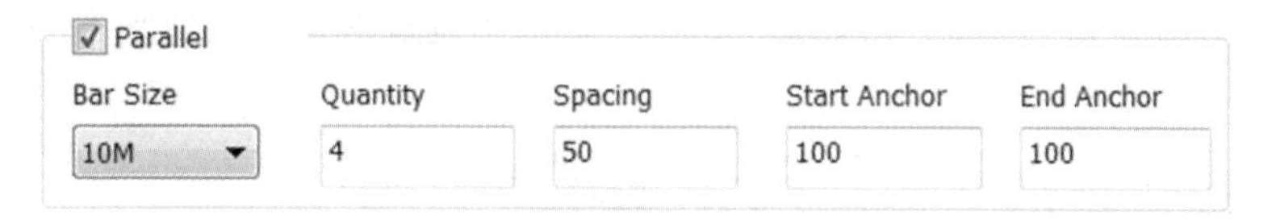

- “Bar Size”：用于设置钢筋型号，用户可以在此选择钢筋的型号。
- “Quantity”：用于设置钢筋数量。
- “Spacing”：用于设置钢筋间距。
- “Start Anchor”：用于设置起始端锚固长度。
- “End Anchor”：用于设置末端锚固长度。

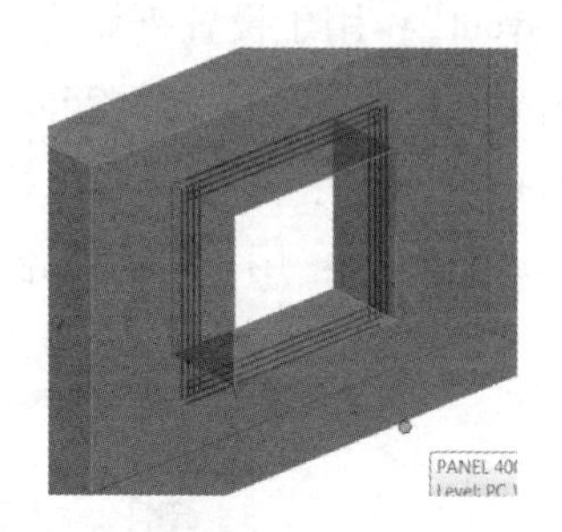

（4）“Corner”：用于设置角筋，用户可在此设置洞口角筋的数量级相关参数。

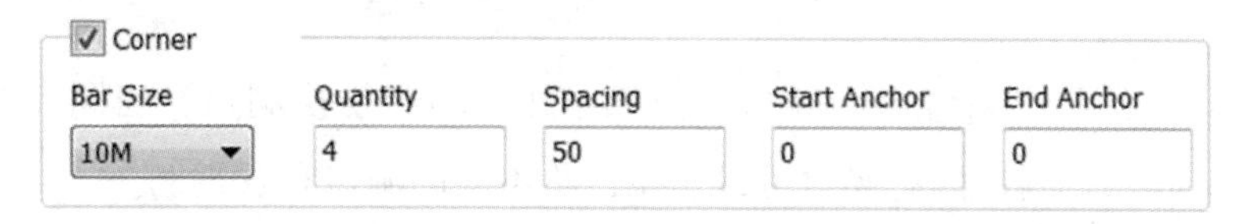

- “Bar Size”：用于设置钢筋型号，用户可在此选择钢筋的型号。
- “Quantity”：用于设置钢筋数量。
- “Spacing”：用于设置钢筋间距。
- “Start Anchor”：用于设置起始端锚固长度。
- “End Anchor”：用于设置末端锚固长度。

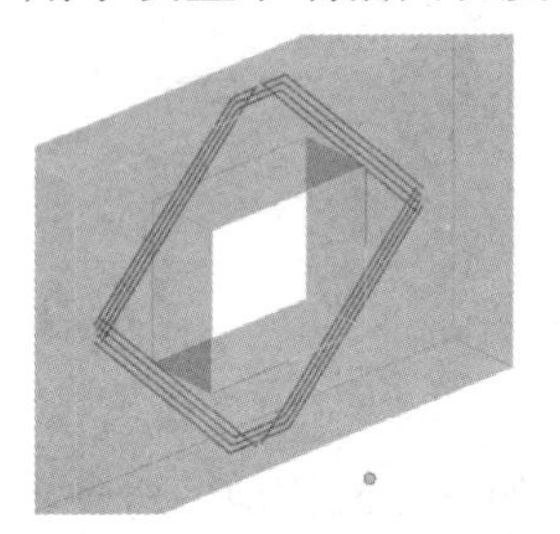

（5）“Perpendicular”：用于设置垂直于洞口平面的钢筋。

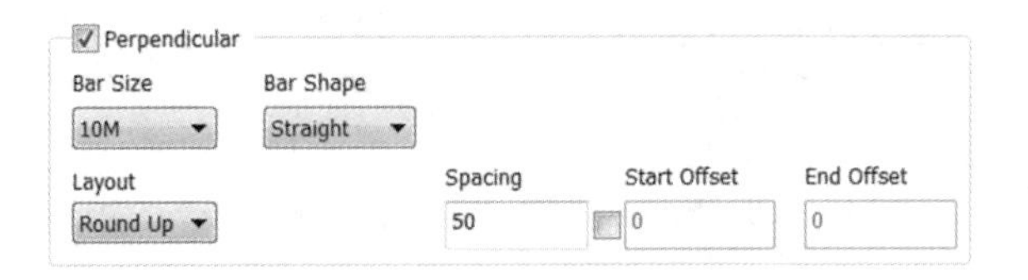

- “Bar Size”：用于设置钢筋型号，用户可以在此选择钢筋的型号。
- “Bar Shape”：用于设置钢筋的形状，有“Straight”（直钢筋）和“U－Bar”两种选项。
- “Layout”：用于设置钢筋排布方式。
- “Spacing”：用于设置钢筋间距。
- “Start Offset”：用于设置起始端锚固长度。
- “End Offset”：用于设置末端锚固长度。

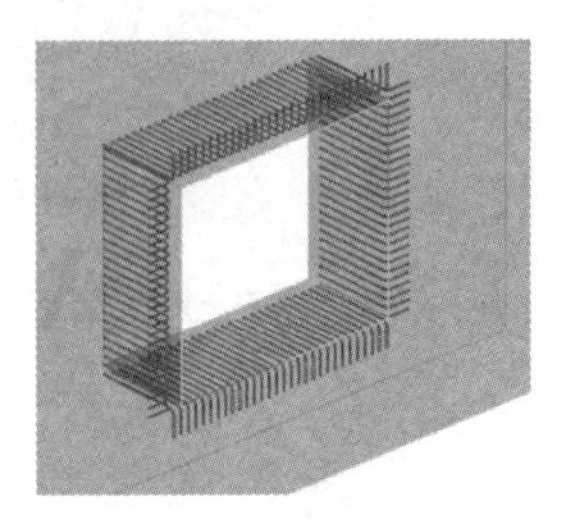

这四个按钮用于切换洞口，当同一个墙体有多个洞口的时候，可以切换，给不同的洞口布置钢筋。

13　混凝土板建模

13.1　混凝土板建模流程

第 1 步：单击命令按钮。

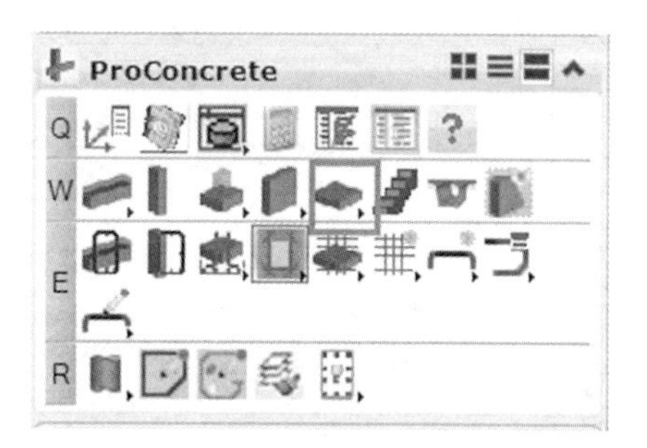

第 2 步：设置参数。

第 3 步： 完成布置。

13.2 命令介绍

1. Straight Plates

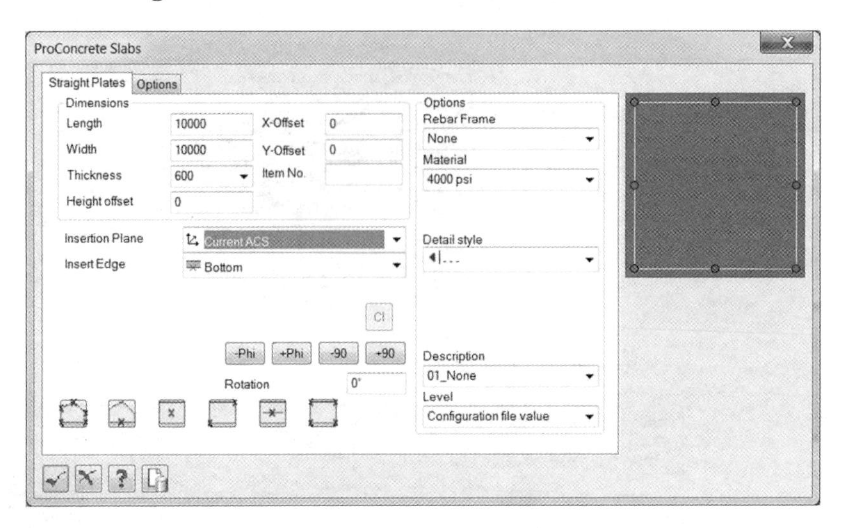

（1）“Dimensions”：设置混凝土板的尺寸。

- “Length”：设置板的长度。
- “Width”：设置板的宽度。
- “Thickness”：设置板的厚度。
- “Height offset”：设置板的高度偏移，是指板相对于当前平面的位移。
- “X－Offset” / “Y－Offset”：设置板在插入平面中，在 X、Y 方向的偏移。
- “Item No.”：设置构件编号。

（2）“Insertion Plane”：插入平面设置。

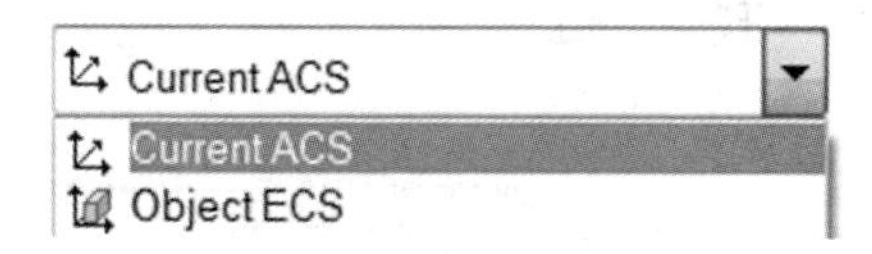

- “Current ACS”：插入板的时候，会插入到当前的 ACS 平面。
- “Object ECS”：将板插入由线绘制而成的平面上。

（3）-Phi +Phi -90 +90：用于旋转板的方向。“Phi” 可以旋转任何角度，“90” 只能沿着顺时针或者逆时针方向旋转 90°。

（4）“Material”：用于选择混凝土板的材质。

（5）：用于选择混凝土板的布置方式。

- 用于多点插入。
- 用于选择多边形输入。
- 用于单点插入，需要提前设置混凝板的所有参数。
- 用于按区域插入。
- 用于按线插入。

2. Options

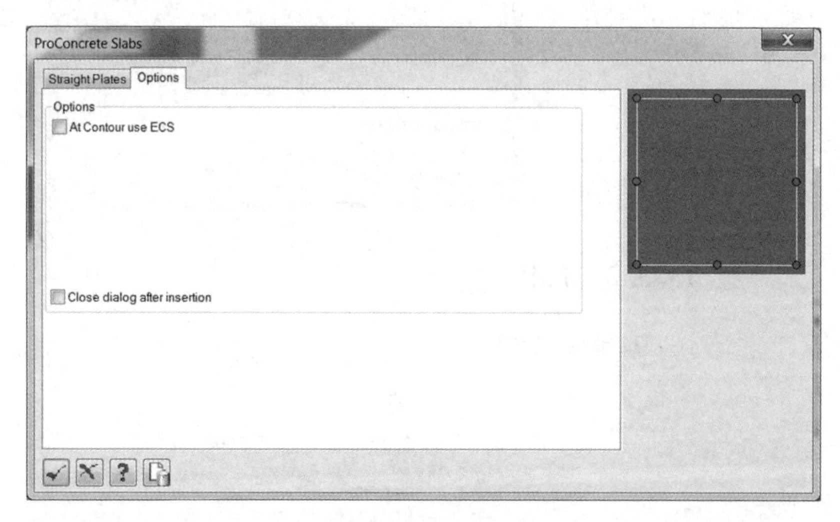

勾选“At Contour use ECS”后可使用 ECS 平面，只有在此设置，在上一页选择 ECS 的时候才能起作用。

勾选“Close dialog after insertion”后在插入后关闭对话框。

13.3 特　征

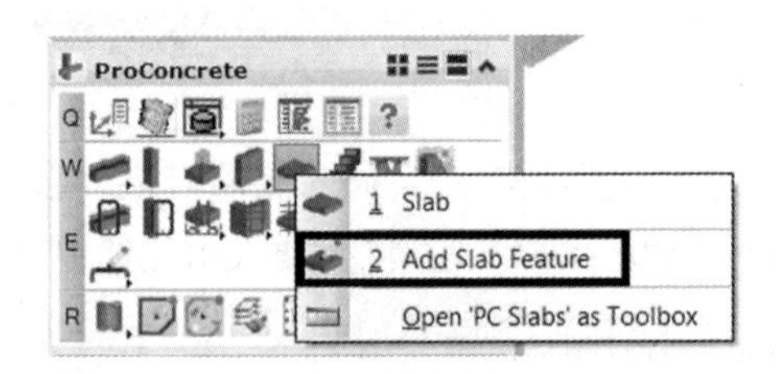

13.3.1 命令介绍

特征命令可以用于给混凝土板进行开洞、开槽等操作。

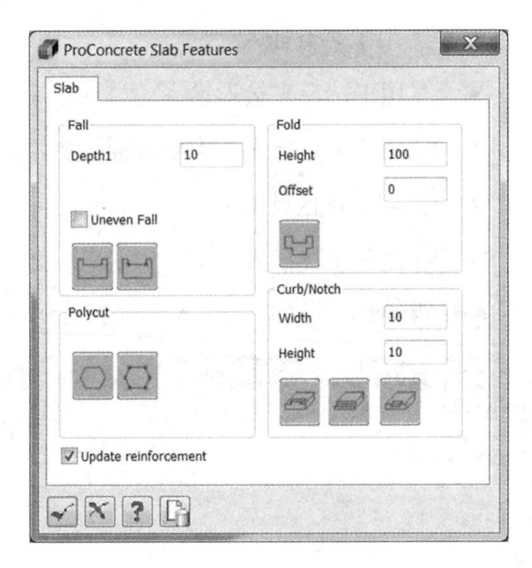

13.3.2 Fall

1. 命令介绍

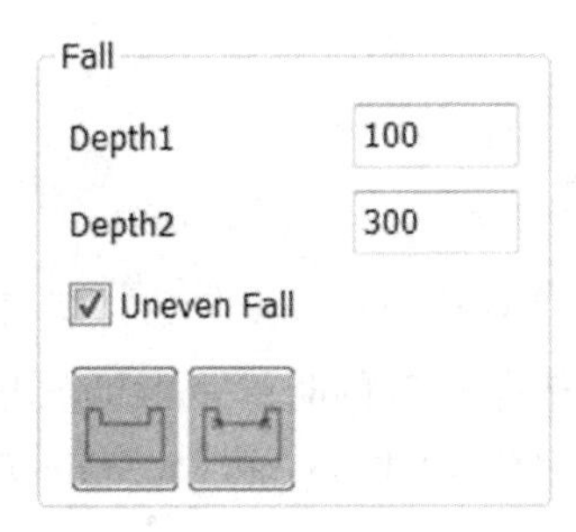

（1）“Depth1”：用于设置第一个深度。

（2）“Depth2”：用于设置第二个深度。

（3）勾选“Uneven Fall”：即深度不均匀开槽。

（4）▭：用于按线开槽。

（5）▭：用于按点开槽。

2. 操作流程

第 1 步： 设置参数。

第 2 步： 单击▭命令按钮。

第 3 步： 选择需要编辑的混凝土板。

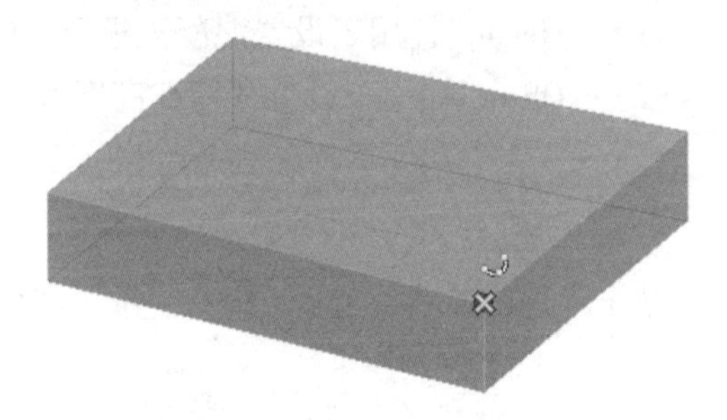

第 4 步： 选择多段线（需要提前绘制）。

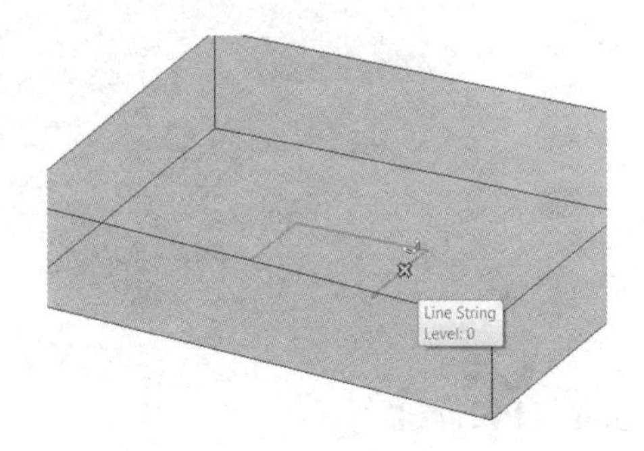

第 5 步： 确认不均匀的方向。

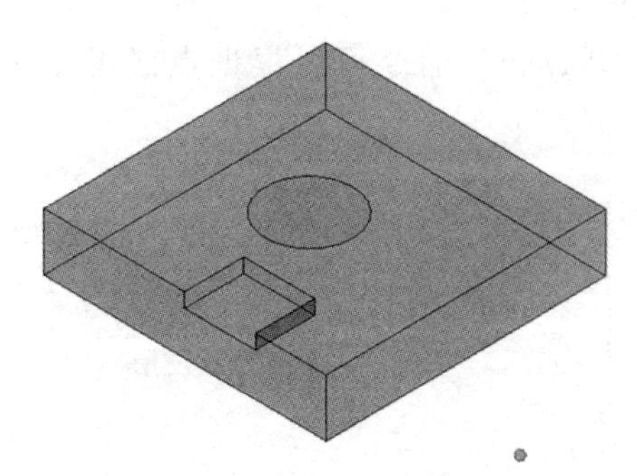

13.3.3 Fold

1. 命令介绍

“Fold” 命令用来给混凝土板进行上下同时开槽。

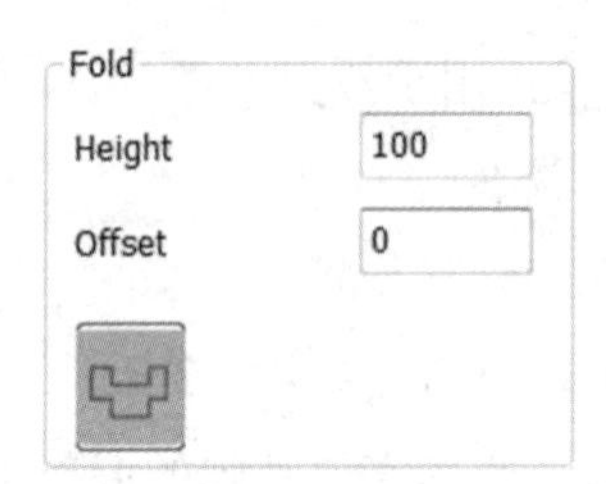

（1）“Height”：用于设置混凝土板开槽的深度。

（2）“Offset”：用于设置开槽在高度方向的偏移。

（3） ：开槽命令按钮。

2. 操作流程

操作流程请参考“Fall” 命令，做法完全相同。

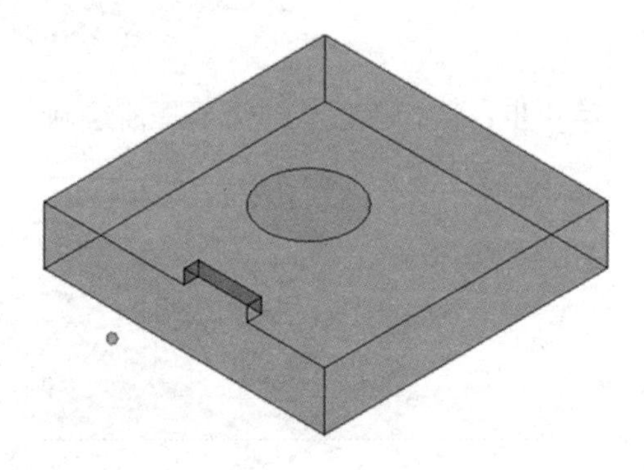

13.3.4 Polycut

1. 命令介绍

“Polycut” 命令可以根据点或者多边形、圆等形状来切割混凝土板。

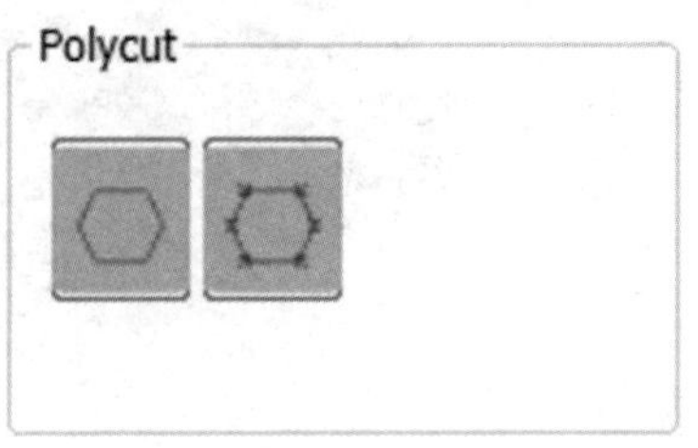

2. 操作流程

第 1 步： 单击 命令按钮。

第 2 步： 选择混凝土板。

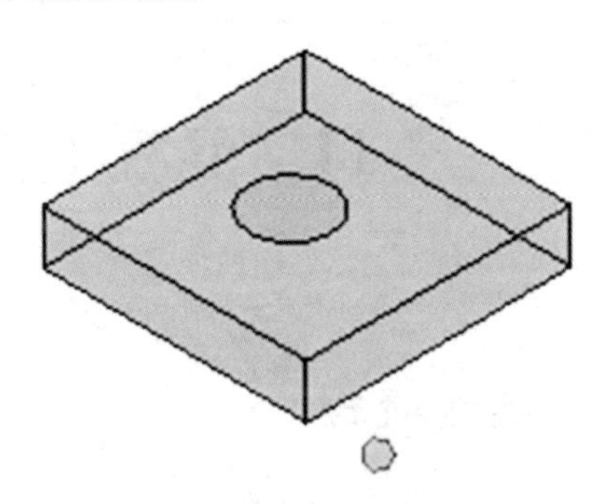

第 3 步： 选择切割范围。

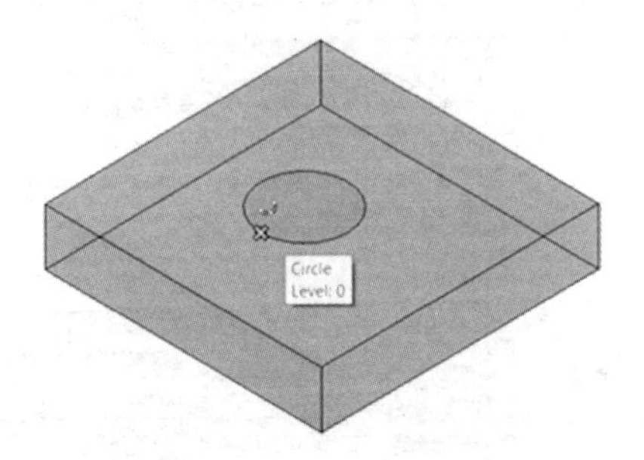

第 4 步： 单击确认完成。

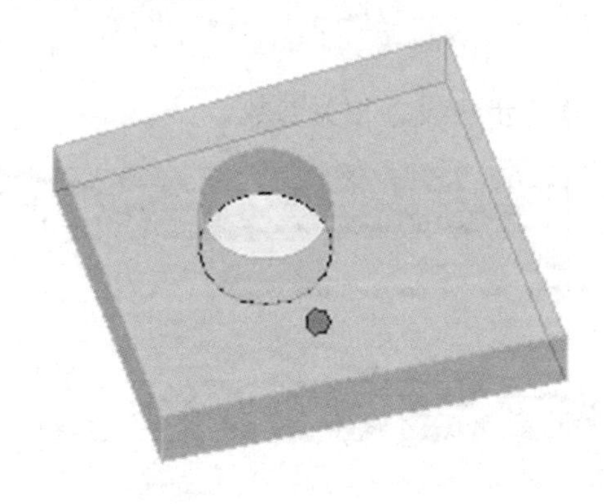

14　混凝土板布筋

14.1　操作流程

第 1 步： 单击命令按钮。

第 2 步： 设置相关参数。

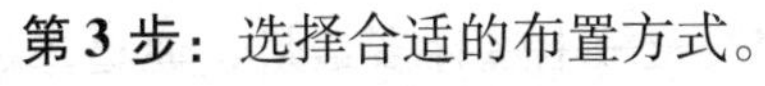

第 3 步： 选择合适的布置方式。

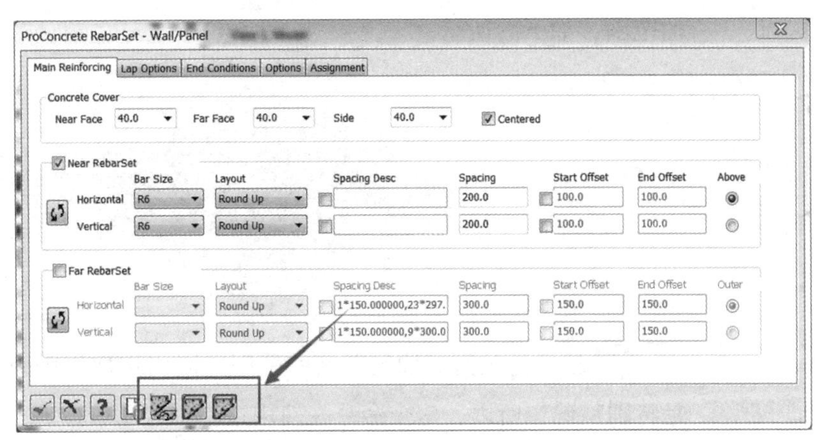

第 4 步： 布置完成效果。

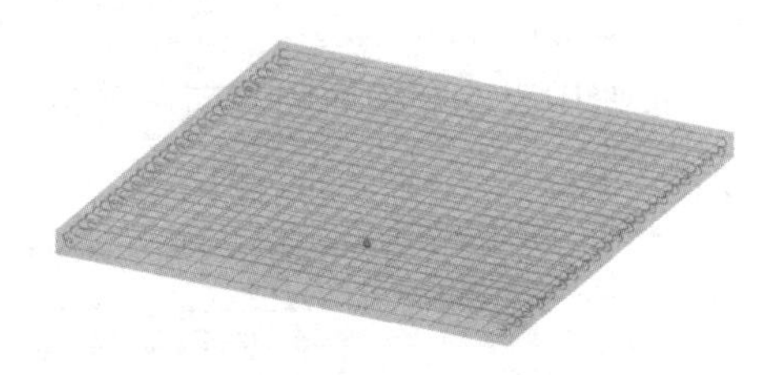

14.2 布置方式介绍

在混凝土板布筋方式中，可利用不同的布置命令对混凝土板进行布置，既可以对混凝土板的一部分进行布置，同时也可以调整墙体钢筋的方向。

按钮用于对混凝土板进行整体布置钢筋。单击该命令按钮，能将混凝土板全部范围之内的钢筋布置完成，如下图所示。

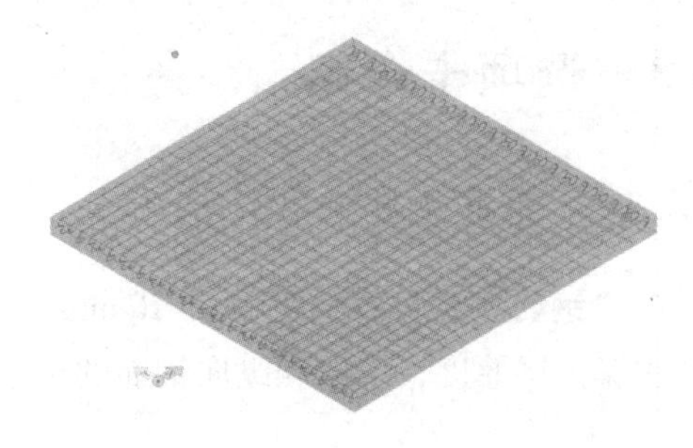

按钮用于在混凝土板上选择多边形，通过多边形来确定布筋的范围，如下图所示。

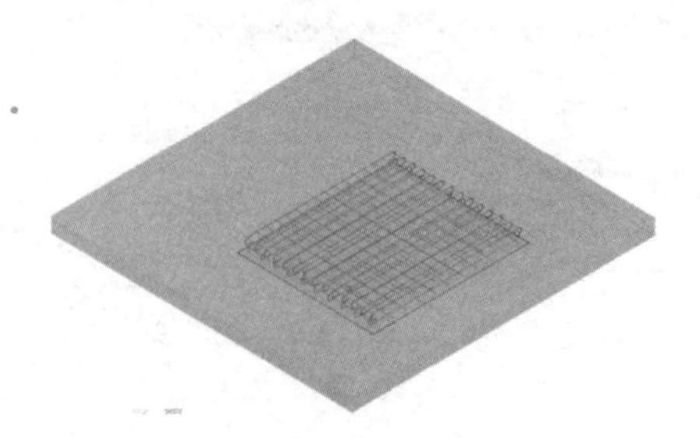

按钮通过点来确定布筋的范围。因为选取点随意性很大，不是特别精确，所以，这个命令在使用过程中应用较少。

其操作方法和多边形确定钢筋范围一致，需要提前确定点的范围。

按钮用于改变钢筋的方向。单击该命令，然后利用伴生对话框，单击“Point”命令，通过两个点来确定方向。

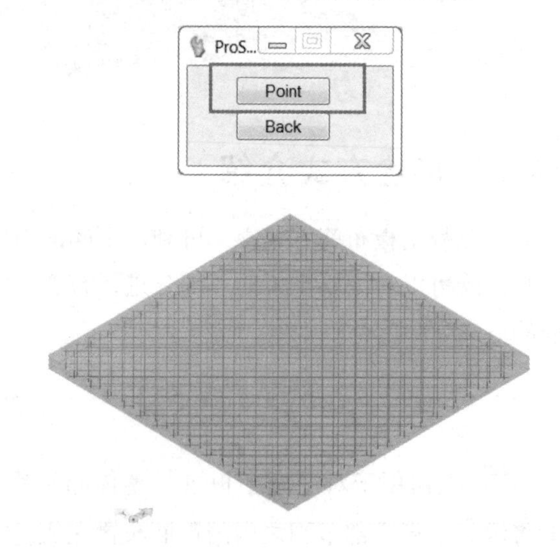

14.3 选项卡介绍

14.3.1 “钢筋主要参数”选项卡

在“钢筋主要参数”（“Main Reinforcing”）选项卡中，可以设置钢筋的保护层厚度，横向和纵向钢筋的规格、间距等。

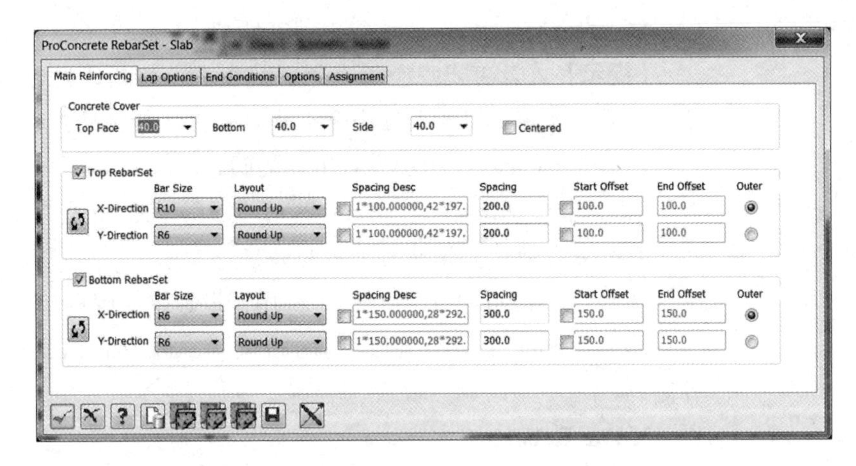

1. Concrete Cover

“Concrete Cover ” 用来设置钢筋保护层的厚度。

（1）“Near Face”：用于设置墙体内侧的保护层厚度。

（2）“Far Face”：用于设置墙体外侧的保护层厚度。

（3）“Side”：用于设置墙体上、下两侧的保护层厚度。

（4）“Centered”：中心布置，如果选中，墙体钢筋将在混凝土板的中心线位置布置一层钢筋，将没有内侧和外侧之分。

2. Near RebarSet

“Near RebarSet” 用来设置混凝土板内侧钢筋的规格、间距、布置方式和位置等。

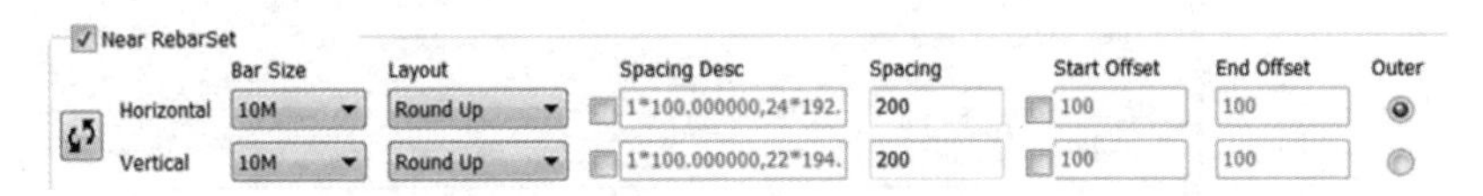

（1）“Near Rebarset”：布置墙内侧钢筋，只有选中才可以布置，如果没有选中，则在这个方向将不会布置钢筋。

（2）“Horizontal” 和 “Vertical”：分别指墙体的竖向和水平方向的钢筋。

（3）：互换竖向和水平方向的钢筋。

（4）“Bar Size”：选择钢筋的型号。

（5）“Layout”：钢筋的排布方式。

（6）“Spacing Desc” 钢筋的排布距离。

【提示】在此可以逐个排布钢筋的距离，但是这样的做法过于复杂，不赞成使用。同时，这个命令要起作用，需要将其选中。

（7）“Spacing”：用于设置钢筋的间距。

【提示】如果选择“Spacing”的布置方式，用户只需要填写间距，系统会自动计算钢筋的排布和偏移。

（8）“Start Offset/End Offset”：用于设置钢筋起点和中点的偏移。

（9）“Outer”：用于确定钢筋的位置，选中的钢筋将会排布在外侧。

3. Far RebarSet

“Far RebarSet” 用于设置混凝土板外侧的钢筋。操作方法与“Near RebarSet” 完全相同。

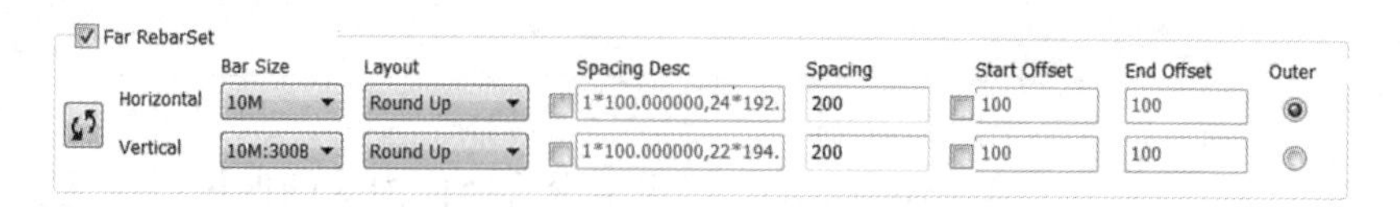

14.3.2 “钢筋搭接”选项卡

在“钢筋搭接”（“Lap Options”）选项卡中可以设置钢筋的搭接，针对混凝土板的外侧钢筋和内侧钢筋分别设置搭接情况。

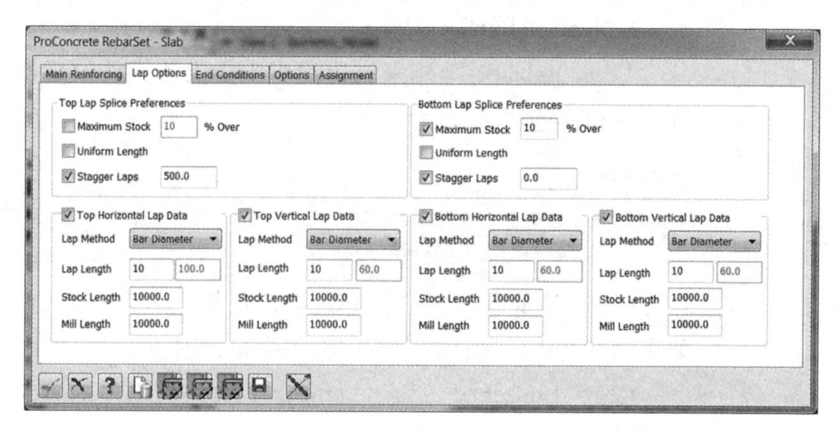

（1）“Near Lap Splice Preferences”：用于设置混凝土板内侧钢筋的搭接。

Near Lap Splice Preferences
Maximum Stock 0 % Over
Uniform Length
Stagger Laps 0
Near Horizontal Lap Data
Lap Method Bar Diameter
Multiplier 0
Stock Length 12000
Mill Length 12000
Near Vertical Lap Data
Lap Method Bar Diameter
Multiplier 0
Stock Length 12000
Mill Length 12000

（2）“Near Horizontal Lap Data”：用于设置内侧水平钢筋的搭接。

（3）“Near Vertical Lap Data”：用于设置内侧竖直钢筋的搭接。

其他搭接方式与柱钢筋搭接完全相同，请参考相关章节。

14.3.3 “弯钩设置”选项卡

“弯钩设置”（“End Conditions”）选项卡用来设置混凝土板钢筋在各个方向的弯钩。

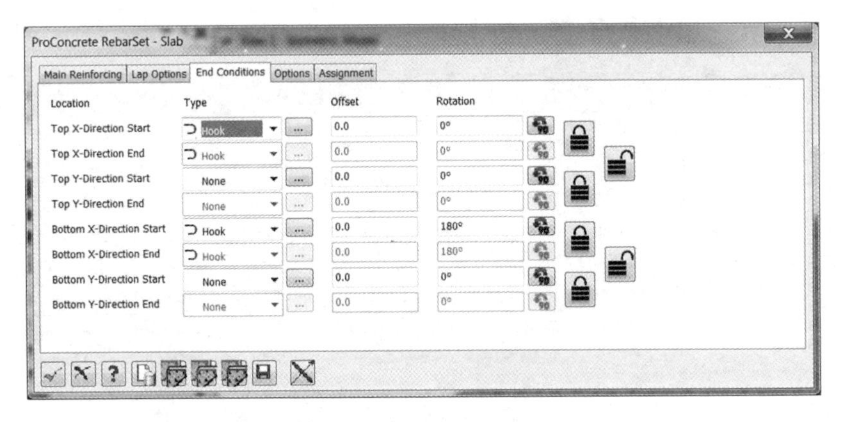

（1）“Type”：用于选择钢筋弯钩的类型。

（2）“Offset”：用于设置钢筋弯钩的偏移。

（3）“Rotation”：用于设置钢筋弯钩旋转。

（4）：用于弯钩锁定，可以锁定前面两个弯钩，保证它们的参数完全一致，如果选择打开，则这两个弯钩参数可以分别设置。

（5）：该按钮处于打开状态的，选择关闭，可以锁定前面的四个弯钩，保证它们的参数完全一致，如果选择打开，前面两组弯钩参数可以分别设置。

14.3.4 “选项”选项卡

在“选项”（“Options”）选项卡可设置墙体钢筋的布置信息。

14.3.5 “分配”选项卡

“分配”（“Assignment”）选项卡用来设置钢筋的基本信息，其操作与柱钢筋完全一致。

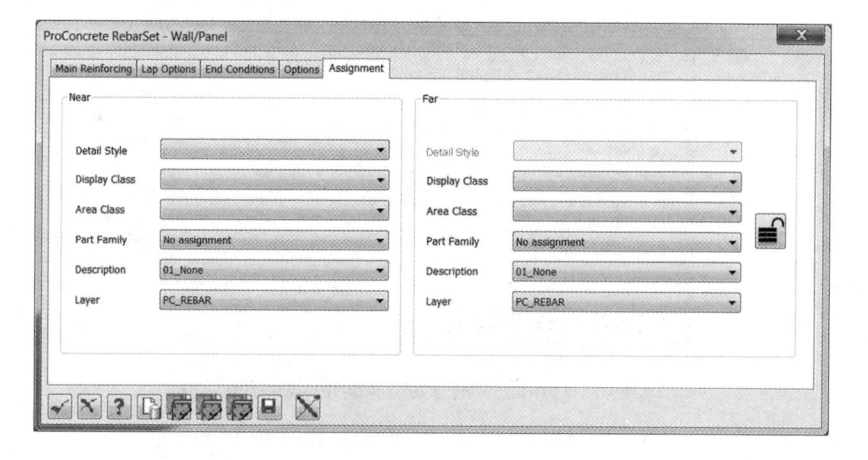

14.4 板洞口布筋

板经常会有开洞，用来做门窗或者管道洞口，这些洞口需要加强配筋。在“ProConcrete”中有单独的命令来给洞口布置钢筋。

14.4.1 操作流程

第 1 步： 选取命令。

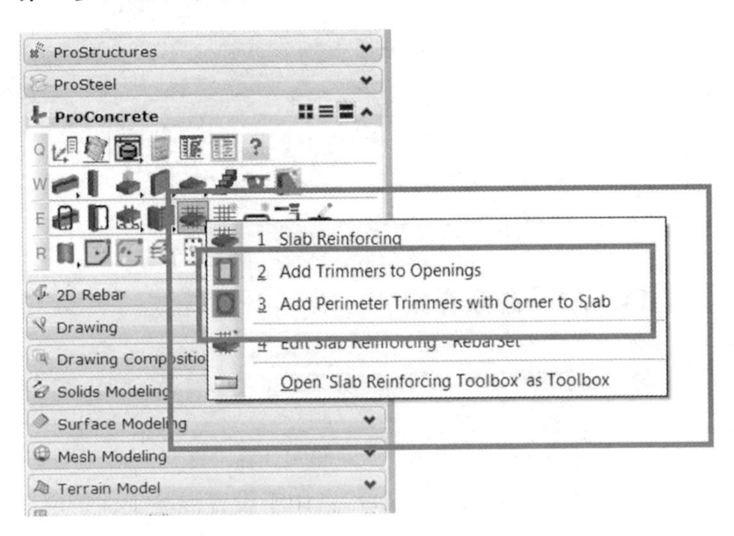

第 2 步： 设置参数。

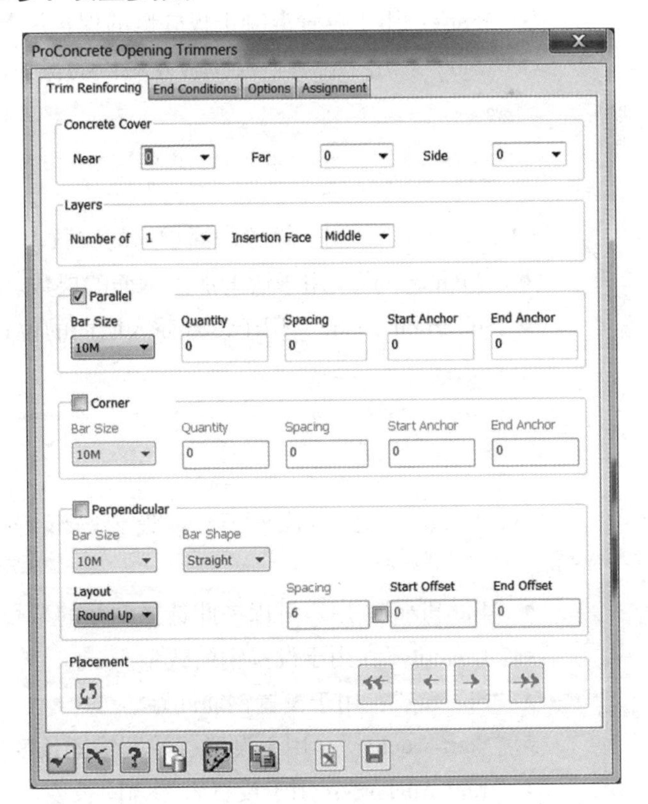

第 3 步：布置完成效果。

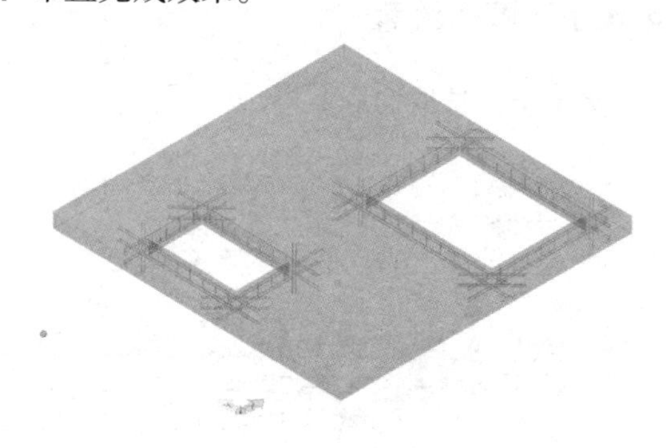

14.4.2 命令介绍

Concrete Cover
Near 30 Far 30 Side 30

（1）“Concrete Cover”：用于设置混凝土保护层厚度。

- “Near”：用于设置混凝土板内侧的保护层厚度。
- “Far”：用于设置混凝土板外侧的保护层厚度。
- “Side”：用于设置混凝土板左右侧的保护层厚度。

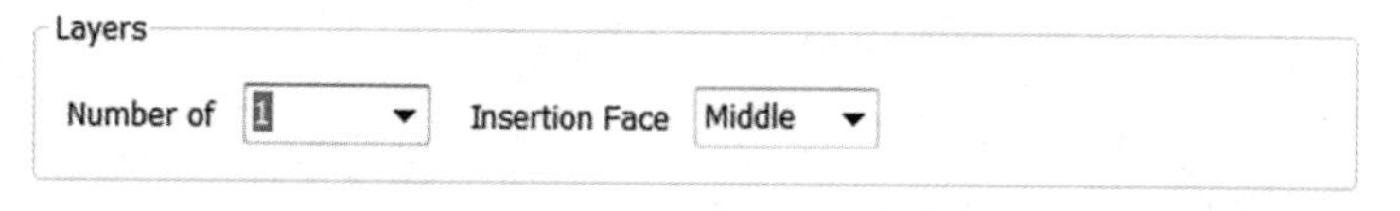

（2）“Layers”：用于设置加固钢筋的层数。

- “Number of”：用于设置加固钢筋的层数。
- “Insertion Face”：用于设置插入墙面的位置。

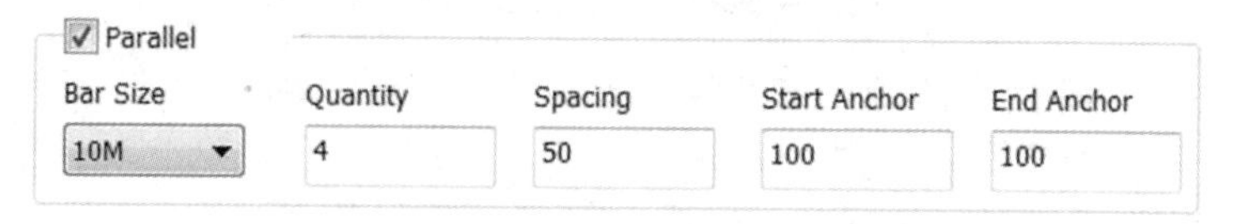

（3）“Parallel”：勾选该项，可设置与混凝土板洞口面平行的钢筋。

- “Bar Size”：用户可以在此选择钢筋的型号。
- “Quantity”：用于设置钢筋数量。
- “Spacing”：用于设置钢筋间距。
- “Start Anchor”：用于设置起始端锚固长度。
- “End Anchor”：用于设置末端锚固长度。

Corner
Bar Size　Quantity　Spacing　Start Anchor　End Anchor
10M　4　50　0　0

(4)“Corner”：用户在此可设置洞口角筋的数量级相关参数。

- “Bar Size”：用户可以在此选择钢筋的型号。
- “Quantity”：用于设置钢筋数量。
- “Spacing”：用于设置钢筋间距。
- “Start Anchor”：用于设置起始端锚固长度。
- “End Anchor”：用于设置末端锚固长度。

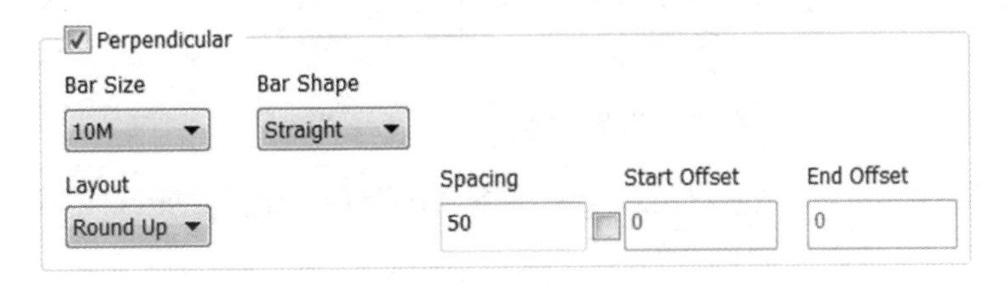

(5)“Perpendicular”：用于设置垂直于洞口平面的钢筋。

- “Bar Size”：用户可以在此选择钢筋的型号。
- “Bar Shape”：用户可以在此选择钢筋的形状，有“Straight”和“U－Bar”两种选项。
- “Layout”：用于设置钢筋排布方式。
- “Spacing”：用于设置钢筋间距。
- “Start Offset”：用于设置起始端锚固长度。
- “End Offset”：用于设置末端锚固长度。

(6)：这四个按钮用于切换洞口，当同一个墙体有多个洞口的时候，可以切换，用于给不同的洞口布置钢筋。

14.5　混凝土板边缘加固布筋

在有些情况下，需要对混凝土的周边进行加固，软件也提供了相应的命令，用于混凝土板构件的边缘进行加固。

14.5.1　操作流程

第1步：选取命令。

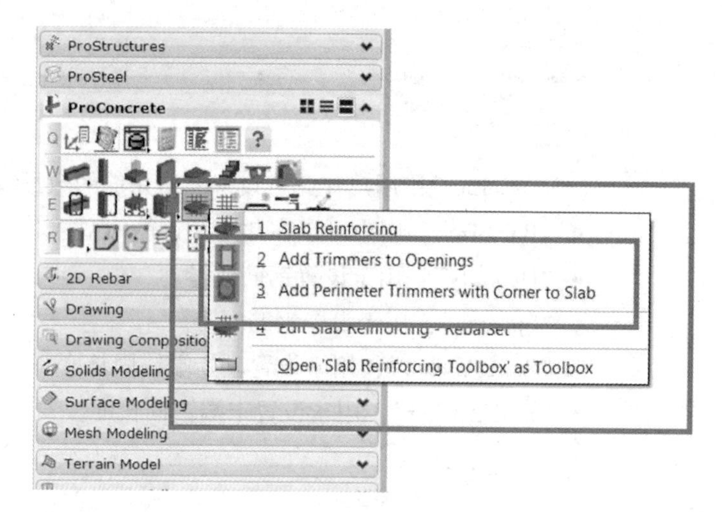
ProStructures
ProSteel
ProConcrete
2D Rebar
Drawing
Drawing Compositio
Solids Modeling
Surface Modeling
Mesh Modeling
Terrain Model
1 Slab Reinforcing
2 Add Trimmers to Openings
3 Add Perimeter Trimmers with Corner to Slab
Open 'Slab Reinforcing Toolbox' as Toolbox

第 2 步：设置参数。

ProConcrete Opening Trimmers
Trim Reinforcing
End Conditions
Options
Assignment
Concrete Cover
Near
Far
Side
Layers
Number of
Insertion Face
Middle
Parallel
Bar Size
Quantity
Spacing
Start Anchor
End Anchor
10M
Corner
Perpendicular
Bar Shape
Straight
Layout
Round Up
Start Offset
End Offset
Placement

第 3 步：布置完成效果。

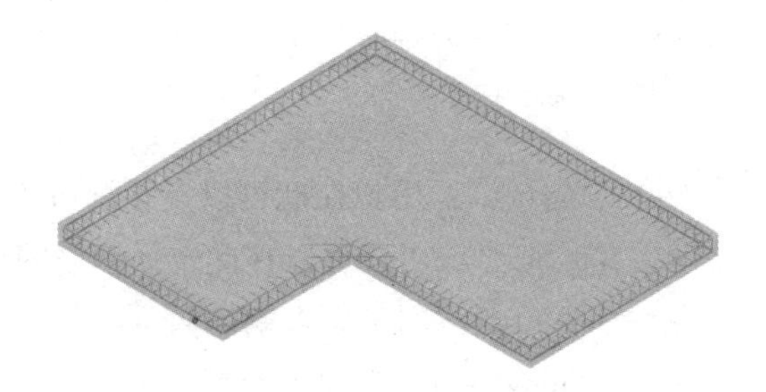

14.5.2 命令介绍

Concrete Cover
Near 30 Far 30 Side 30

（1）“Concrete Cover”：用于设置混凝土保护层厚度。

- “Near”：用于设置混凝土板内侧的保护层厚度。
- “Far”：用于设置混凝土板外侧的保护层厚度。
- “Side”：用于设置混凝土板左右侧的保护层厚度。

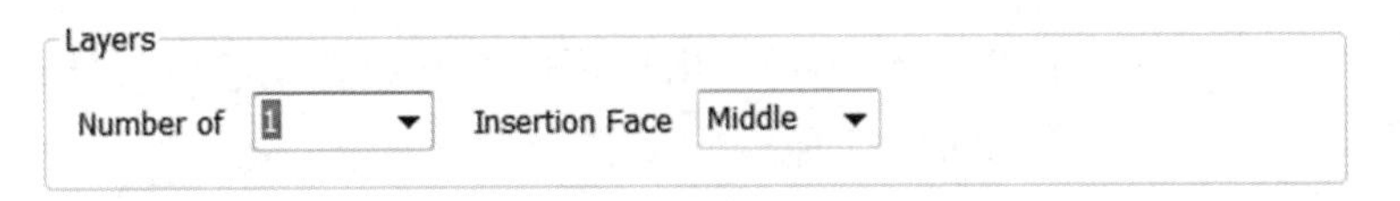

（2）“Layers”：用于设置加固钢筋的层数。

- “Number of”：用于设置加固钢筋的层数。
- “Insertion Face”：用于设置插入墙面的位置。

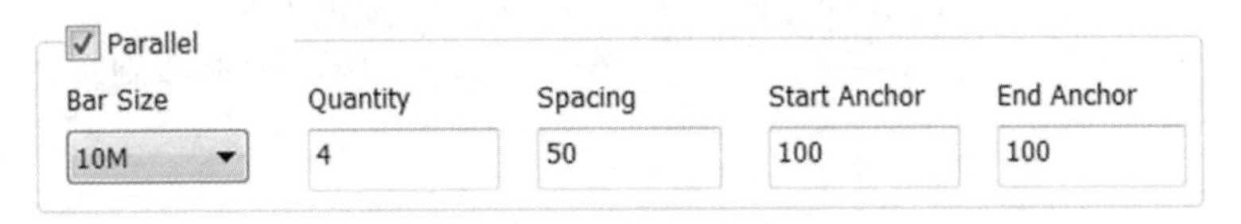

（3）“Parallel”：勾选该项，可在此设置与混凝土板洞口面平行的钢筋。

- “Bar Size”：用户可以在此选择钢筋的型号。
- “Quantity”：用于设置钢筋数量。
- “Spacing”：用于设置钢筋间距。
- “Start Anchor”：用于设置起始端锚固长度。
- “End Anchor”：用于设置末端锚固长度。

☑ Corner

Bar Size	Quantity	Spacing	Start Anchor	End Anchor
10M	4	50	0	0

（4）“Corner”：用户在此可以设置洞口角筋的数量级相关参数。

- “Bar Size”：用户可以在此选择钢筋的型号。
- “Quantity”：用于设置钢筋数量。
- “Spacing”：用于设置钢筋间距。
- “Start Anchor”：用于设置起始端锚固长度。
- “End Anchor”：用于设置末端锚固长度。

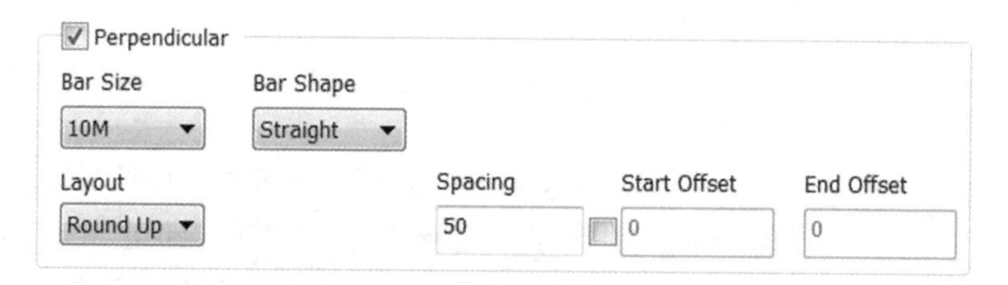

（5）“Perpendicular”：用于设置垂直于洞口平面的钢筋。

- “Bar Size”：用户可以在此选择钢筋的型号。
- “Bar Shape”：用户可以在此设置钢筋的形状，有“Straight”和“U－Bar”两种。
- “Layout”：用于设置钢筋排布方式。
- “Spacing”：用于设置钢筋间距。
- “Start Offset”：用于设置起始端锚固长度。
- “End Offset”：用于设置末端锚固长度。

（6）：这四个按钮用来控制板边缘布筋时在哪一个边上布置。

15　异形体建模

在钢筋混凝土结构中，有大量的异形结构，特别是在市政、路桥等工程项目，异形构件要远远多于常规构件的数量，所以异形构件的建模以及异形构件的批量布置钢筋，在三维软件中显得尤为重要。

ProStructures 软件内置了一套完整的 MicroStation，凭借 MicroStation 在三维领域的强大设计功能，能够绘制出现实工程中任何需要的三维形体。ProStructures 软件可以直接利用这些形体，只进行简单的形体转换，就变成 ProConcrete 形体。

在 ProStructures 中，软件内置了两套解决方案来实现异形体的建模。第一套解决方案是 ProStructures 内置了一组名为“PS solids”的命令，这组命令只需要设置好构件名称和材料等级，即可用来配置钢筋。第二套解决方案是利用 MicroStation 绘制三维形体，然后进行形体转换。

15.1　PS solids

15.1.1　命令介绍

PS solids 命令位于 ProStructures 下，也就是说，该命令既可以被 ProConcrete 调用，也可以被 ProSteel 调用。本章仅介绍混凝土构件的设置，钢结构构件设置将在其他章节中介绍。

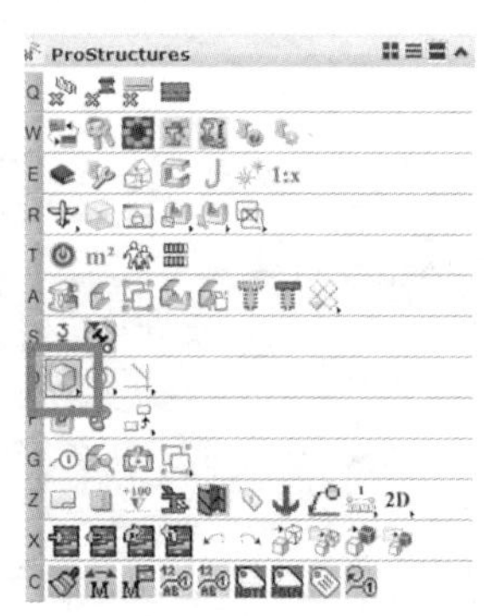

在 PS solids 命令图标的右下角有一个黑三角，这就意味着这是一组工具，可以长按该命令，在弹出的对话框中选择“Open‘PS solids’as Toolbox”，即将这个命令作为工具条。

做成的工具条如下图所示。

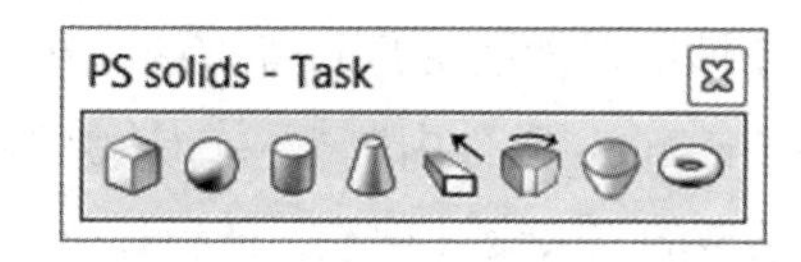

15.1.2 长方体

1. 操作方式

【提示】此长方体命令与 Microstation 中绘制长方体的布置方式不相同。

第 1 步：单击确定构件的原点。

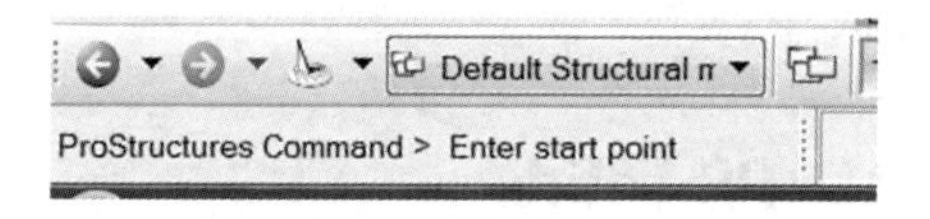

第 2 步：定义长度。

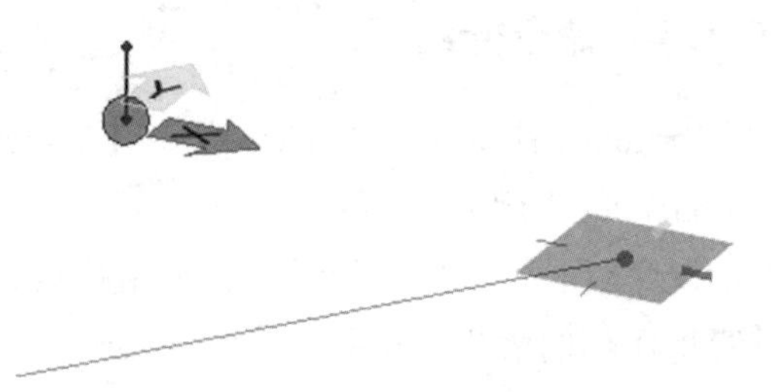

第 3 步：定义宽度。

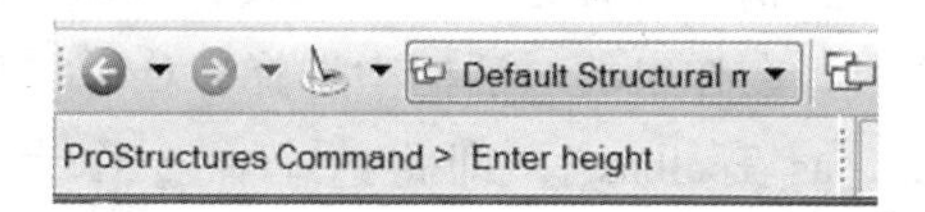

第 4 步：定义高度。

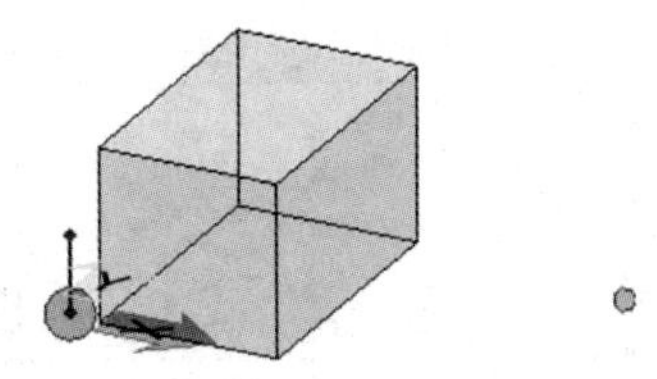

2. 设置相关参数

第 1 步：选中构件，鼠标右击，再选择“PS Properties”命令。

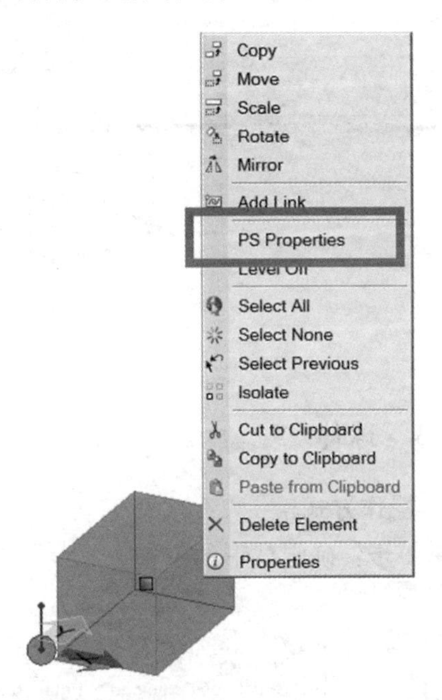

第 2 步：在弹出的对话框中设置名称，如下图所示。

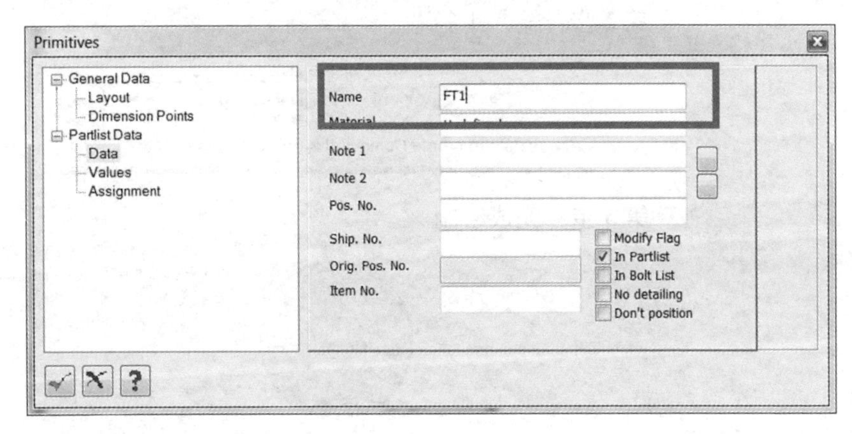

第 3 步：设置构件的材质。

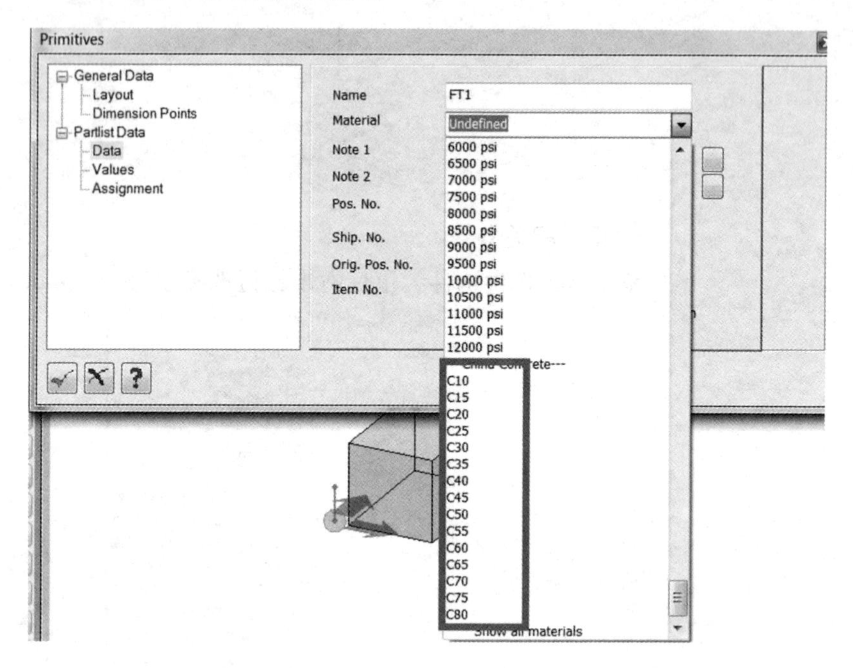

15.1.3 球体

1. 操作方式

第 1 步：确定球形的位置。

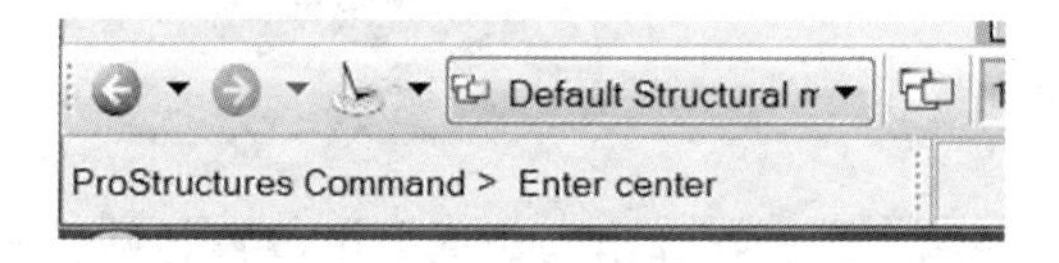

第 2 步：输入半径。

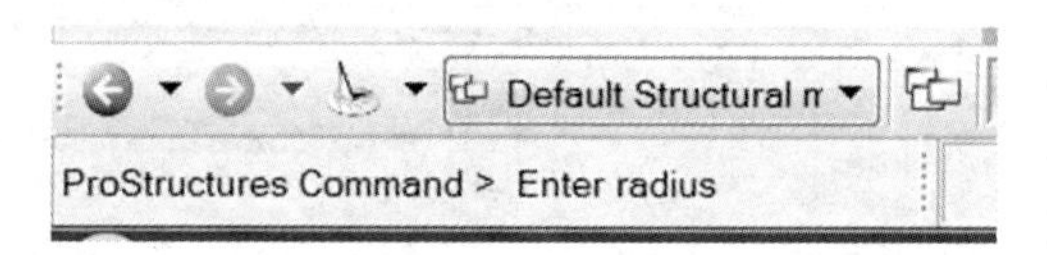

第 3 步：完成绘制。

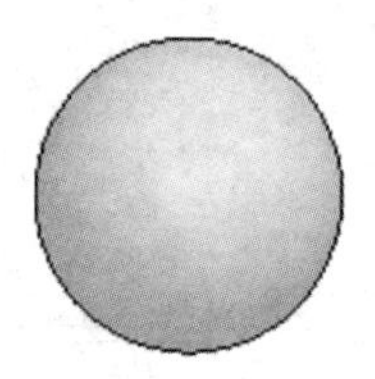

2. 参数设置

绘制球体的参数设置与绘制长方体的完全一致，请参考前述说明。

15.1.4 圆柱体

1. 操作方式

第 1 步：输入轴线的起点。

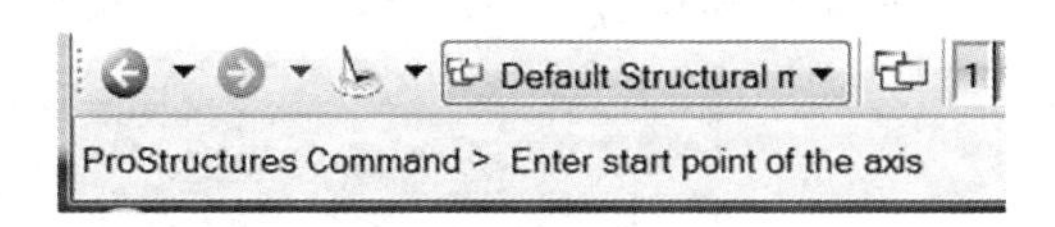

第 2 步：输入轴线的终点。

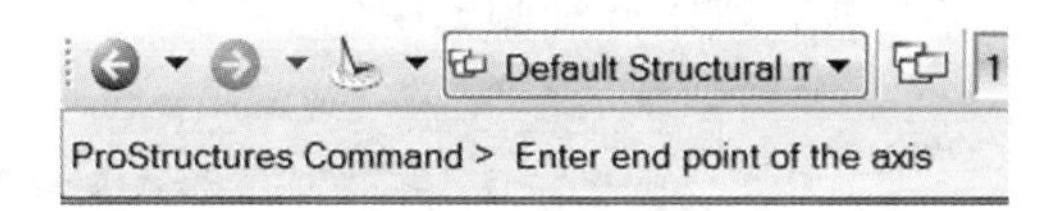

【提示】在此，轴线的起点和终点是指构件在长轴线方向的长度，即构件的高度。

第 3 步：输入圆柱体的直径。

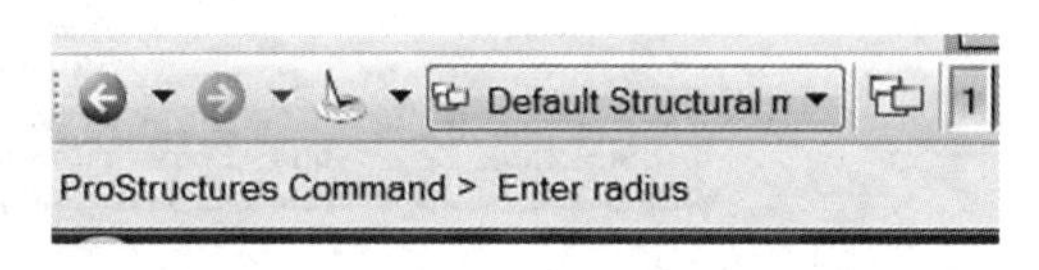

第 4 步：完成绘制。

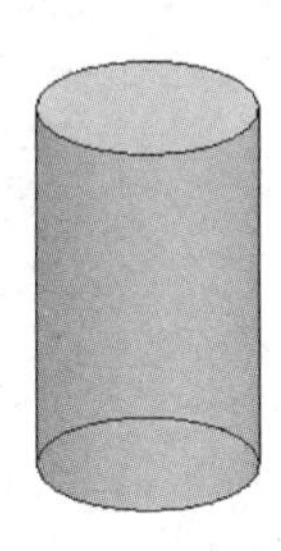

2. 参数设置

绘制圆柱体的参数设置与绘制长方体的完全一致，请参考前述说明。

15.1.5 锥形体

1. 操作方式

第 1 步：单击锥形体命令按钮，然后单击构件原点。

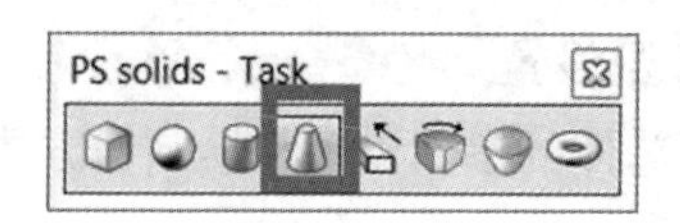

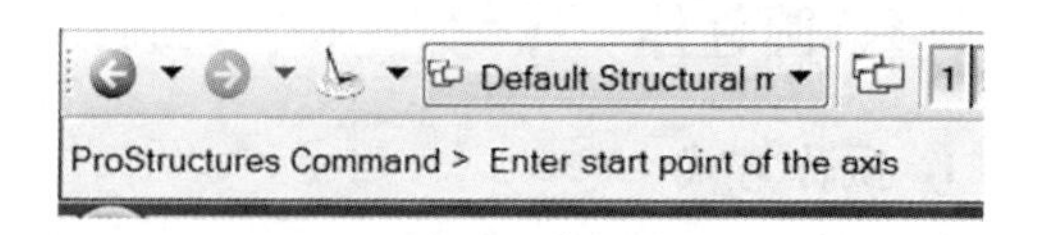

第 2 步： 确定构件的高度。

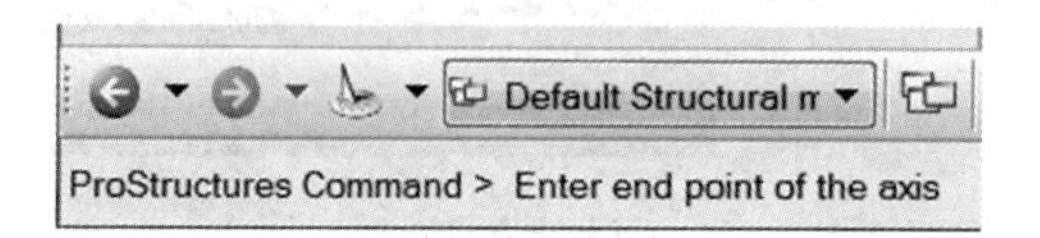

第 3 步： 确定底部圆的半径。

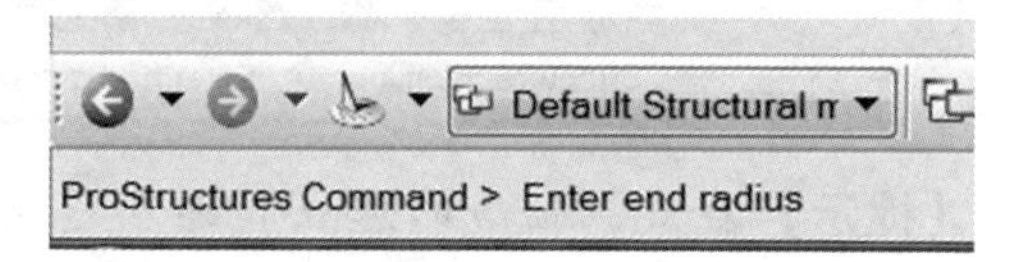

第 4 步： 确定顶部圆的半径。

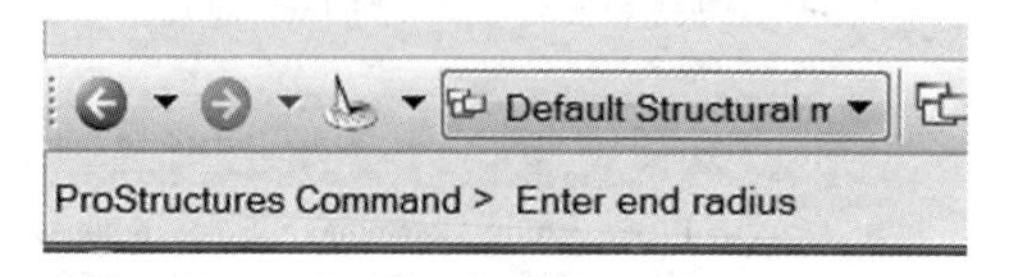

第 5 步： 完成绘制。

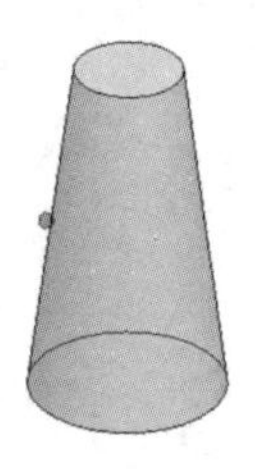

2. 参数设置

绘制锥形体的参数设置与绘制长方体的完全一致，请参考前述说明。

15.2 MicroStation 形体

15.2.1 绘制形体

在 ProStructures 中，软件可以利用 MicroStation 绘制所有的异形体。因此，用户可以根据实际需求绘制所需要的三维形体，详细的绘制方法在本节不再赘述。

15.2.2 形体转换

本节以下图所示形体为例，进行形体转换介绍。

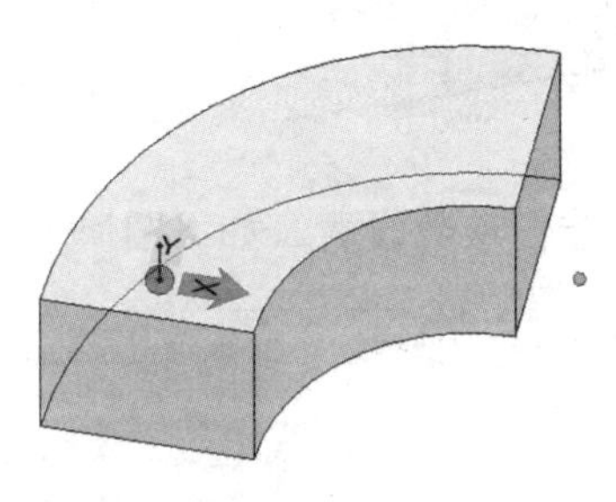

第 1 步：单击形体转换命令按钮。

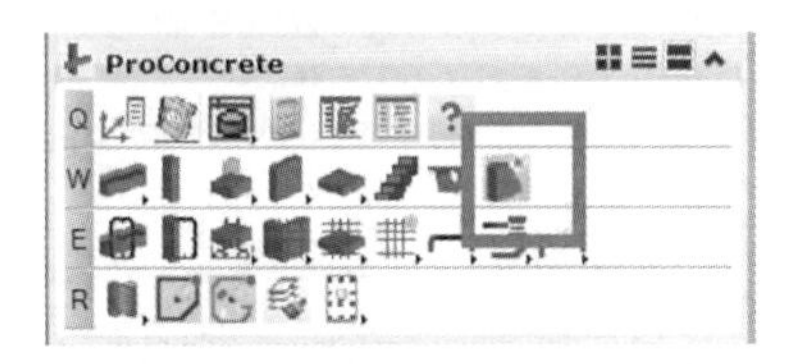

第 2 步：选择形体。

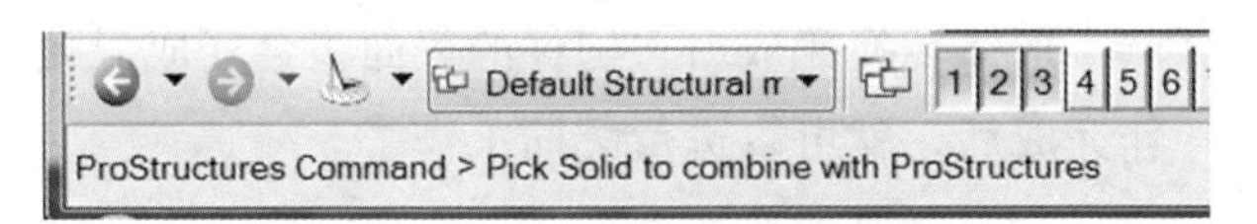

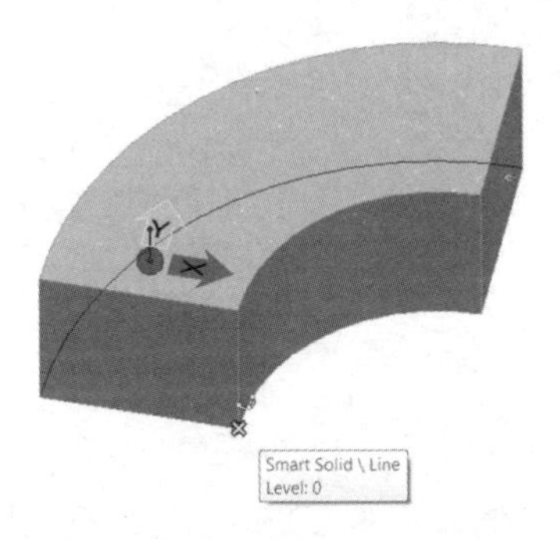

第 3 步：确定构件的局部坐标系，先定义 X 轴线，再定义 Y 轴线。

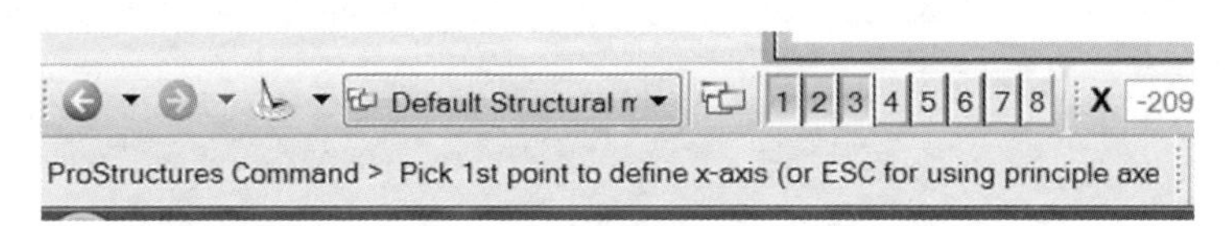

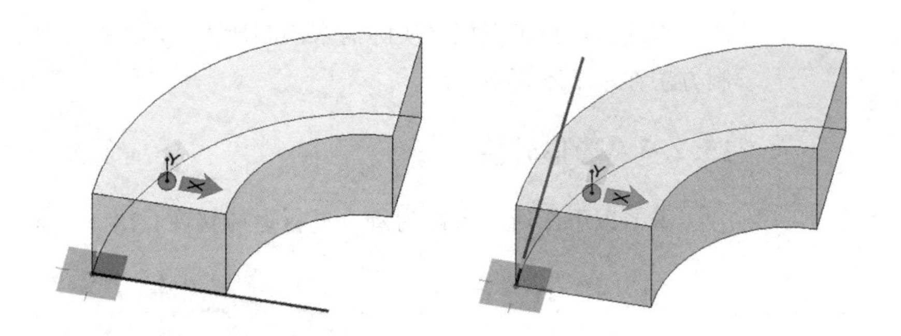

第 4 步：参数设置，如下图所示。

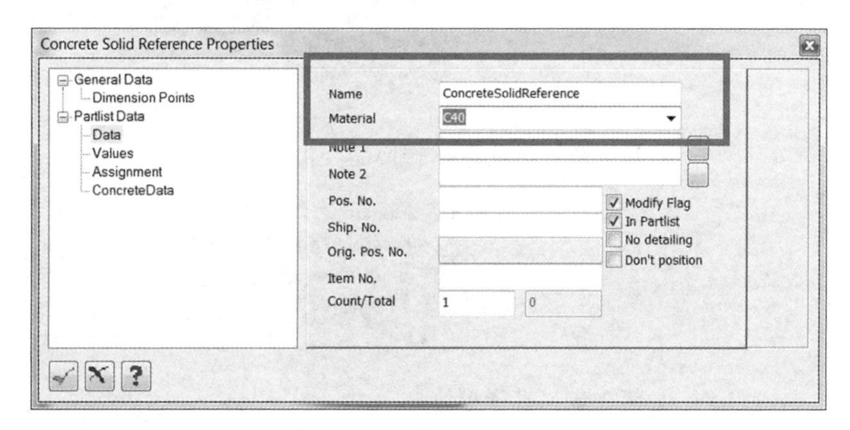

形体转换完成后，构件的表面将会变成混凝土的材质。这一步操作完成后，就可以进行配筋工作了。

16　异形体布筋

在钢筋混凝土结构的异形体中布置钢筋时，ProStructures 软件提供了四种方式来满足不同的需求，这四种方式分别是布置钢筋网片、布置不规则钢筋、布置单根钢筋和批量布置单根钢筋。利用这四种方式，可以满足实际工程中所有的异形构件的钢筋布置。

16.1　布置钢筋网片

用户只需要在混凝土构件的表面绘制出钢筋网片的形状就可以一次性绘制出钢筋网片。

【提示】由于 MicroStation 平台上有可以从形体抽取出面的命令，所以钢筋网片的形状实际上是不需要绘制的。

16.1.1　命令介绍

在 ProConcrete 中，布置钢筋网片的命令如下图所示。

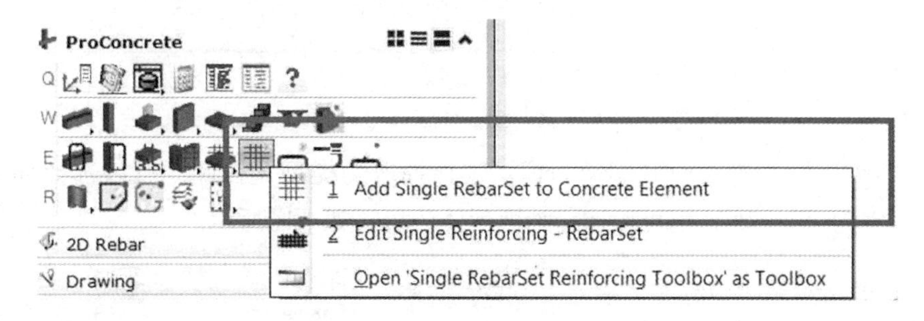

16.1.2 操作流程

第 1 步：单击命令按钮。

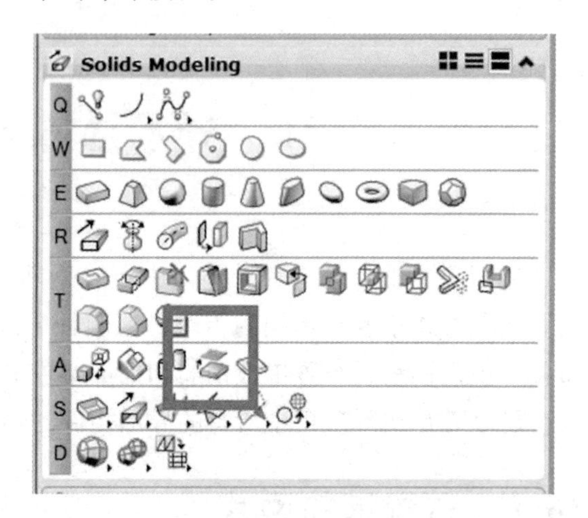

第 2 步：设置抽取出的表面基本属性，包括图层和颜色。图层可以由用户任意指定。这样，在钢筋布置完成以后，可以利用图层管理器将这些构造级别的设置关闭显示，以使模型变得整洁并提高模型的显示效率。

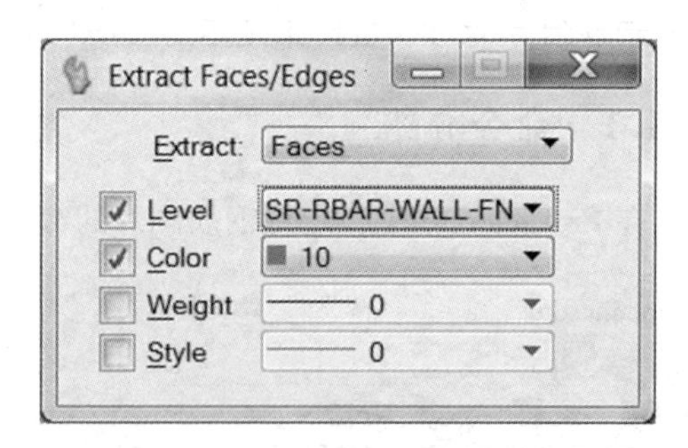

（1）“Extract”：选择抽取的类型，在此既可以选择抽取形体的面，也可以选择抽取形体的边，如下图所示。

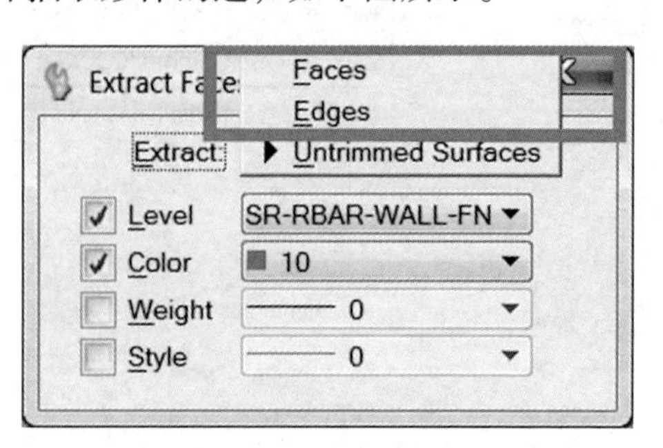

（2）“Level”：设置抽出的面所在的图层。

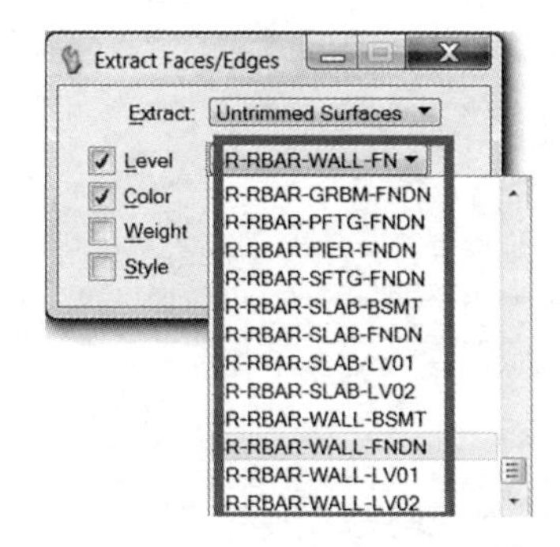

（3）“Color”：选择抽取出的面所显示的颜色。

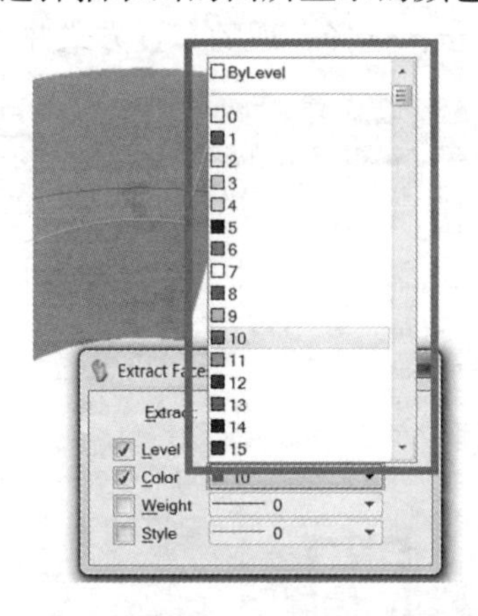

第 3 步：首先选择要抽取面的形体，然后再选择要抽取的面。

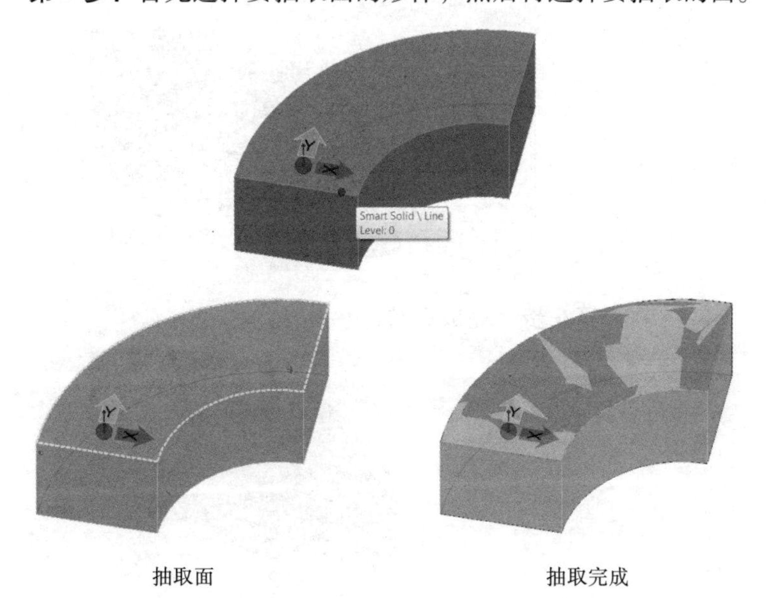

抽取面　　　　抽取完成

第 4 步：单击添加钢筋网片的命令并设置好参数。

ProConcrete RebarSet - Single

Main Reinforcing | Lap Options | End Conditions | Options | Assignment

Concrete Cover
Vertical Offset -200 Side 0 Centered
Insert
By Defined/Selected Polyline
By Concrete

Single RebarSet

	Bar Size	Layout	Spacing Desc	Spacing	Start Offset	End Offset	Below
X-Direction	A10	Round Up		100	50	50	◉
Y-Direction	A10	Round Up		100	50	50	○

第 5 步：选择合适的布置方式并且选择已经抽取好的面。

ProConcrete RebarSet - Single

Main Reinforcing | Lap Options | End Conditions | Options | Assignment

Concrete Cover
Vertical Offset -200 Side 0 Centered
Insert
By Defined/Selected Polyline
By Concrete

Single RebarSet

	Bar Size	Layout	Spacing Desc	Spacing	Start Offset	End Offset	Below
X-Direction	A10	Round Up		100	50	50	◉
Y-Direction	A10	Round Up		100	50	50	○

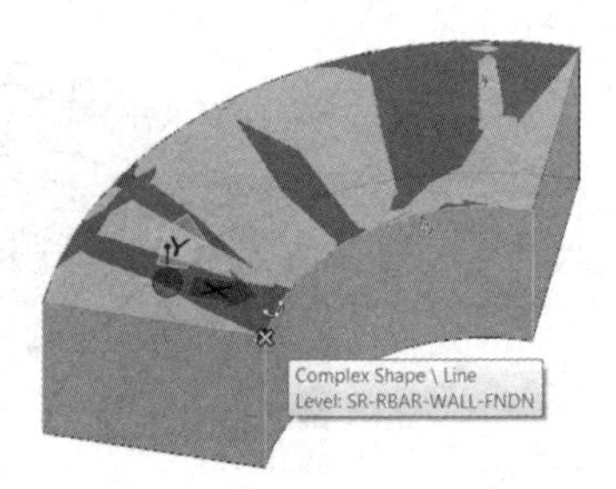

第 6 步：完成布置。

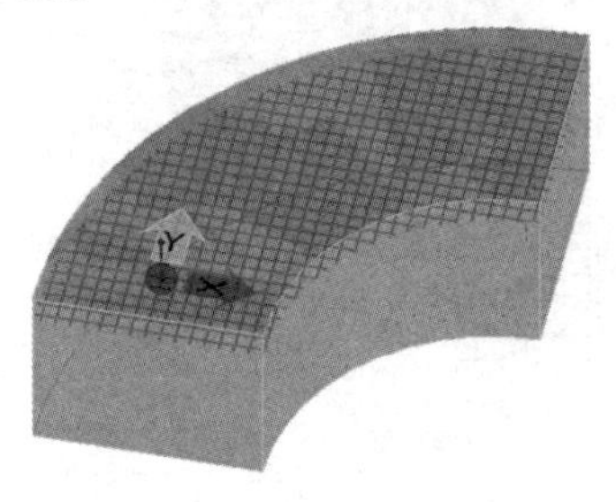

16.1.3 命令介绍

1. "钢筋主要参数"选项卡

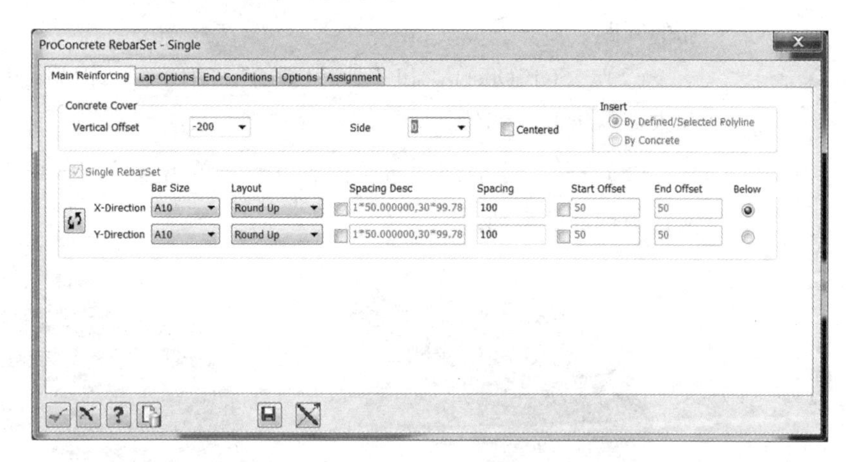

（1）"Vertical Offset"：用于设置钢筋网片在混凝土构件垂直方向的偏移。输入正值，向上偏移；输入负值，向下偏移。

【提示】如果构件有多层钢筋网片，只需要修改这个参数即可输入多层钢筋网片。

（2）"Side"：用于设置钢筋网片在混凝土构件边缘的保护层厚度。输入正值，钢筋网片会收缩在混凝土构件内部；输入负值，钢筋网片伸出混凝土构件，与其他构件进行锚固。

（3）"Centered"：选中该选项，钢筋网片会布置在混凝土构件的中心。

（4）"Bar Size"：用于调整钢筋网片竖向和横向的钢筋类型。

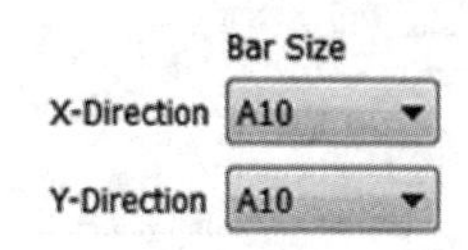

（5）"Layout"：用于调整钢筋网片中某个方向的钢筋的对齐方式。

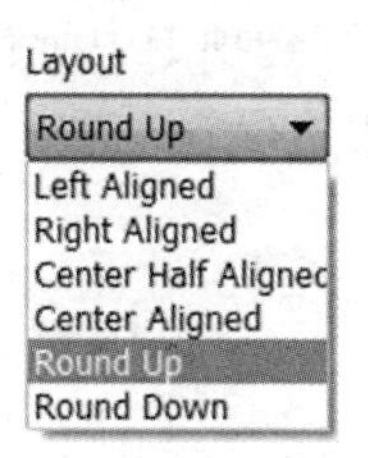

（6）“Spacing Desc”和“Spacing”：用于调整钢筋网片中钢筋的间距。选择“Spacing”，软件会按照固定的间距对钢筋网片中的钢筋进行布置；选择“Spacing Desc”，用户可以调整钢筋网片中每一根钢筋的间距。

（7）“Start Offset”和“End Offset”：用于调整钢筋网片的起始端和末端的钢筋偏移值。

（8）：钢筋网片布置完成以后，单击该按钮，可以调整钢筋网片中钢筋的方向。

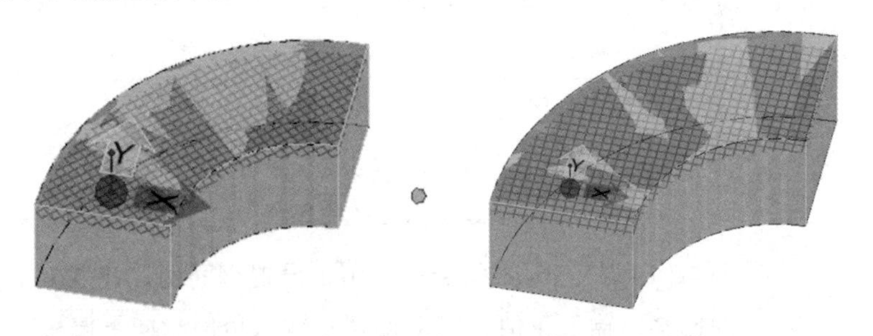

2. “钢筋搭接”选项卡

“钢筋搭接”选项卡中所有的参数与板钢筋搭接、墙钢筋搭接的命令完全相同，请参考相关章节，在此不再赘述。

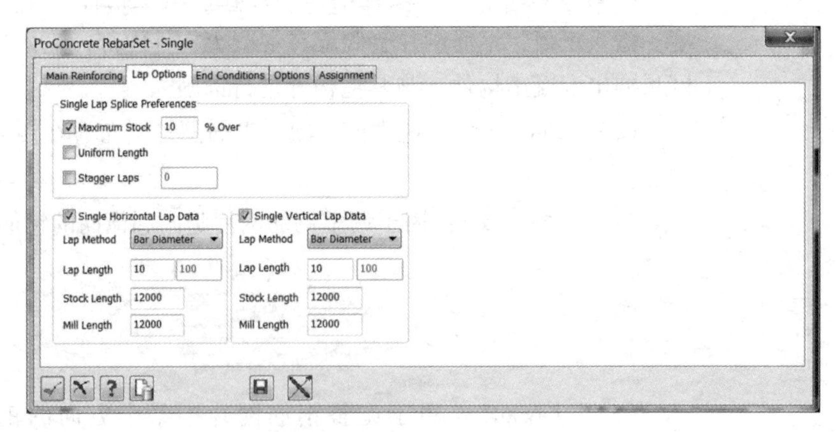

3. “弯钩设置”选项卡

“弯钩设置”选项卡中所有的参数与板钢筋、墙钢筋的命令完全相同，请参考相关章节，在此不再赘述。

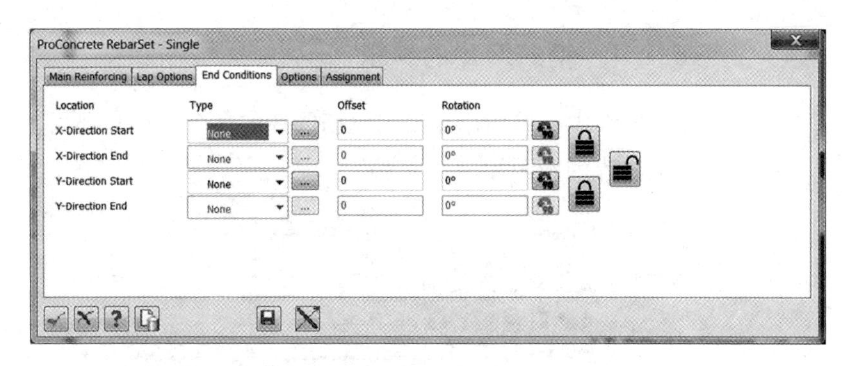

4. “选项” 选项卡

“选项” 选项卡中所有的参数与板钢筋、墙钢筋的命令完全相同，请参考相关章节，在此不再赘述。

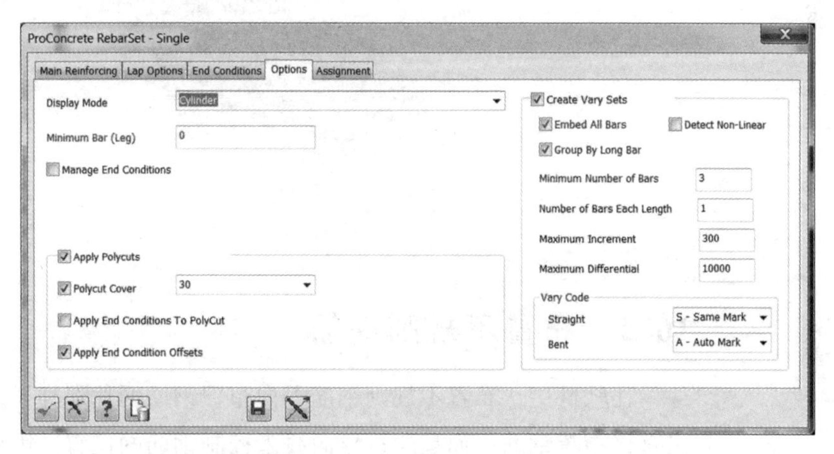

5. “分配” 选项卡

“分配” 选项卡中所有的参数与板钢筋、墙钢筋的命令完全相同，请参考相关章节，在此不再赘述。

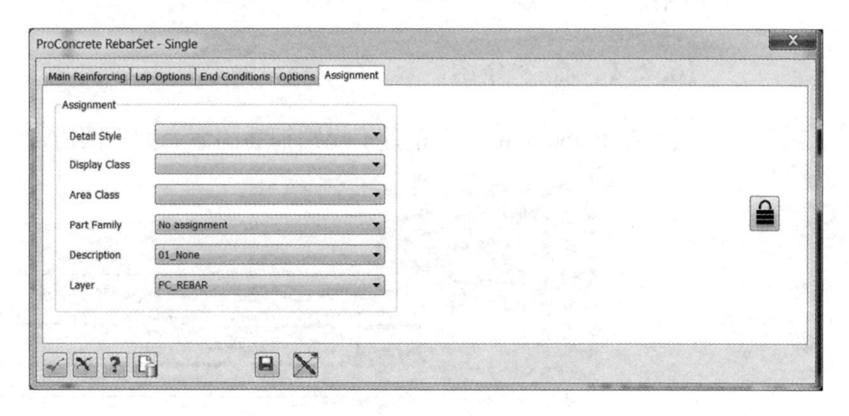

16.1.4 钢筋网片的编辑

软件中有专门用于编辑钢筋网片的命令，用户还可以双击钢筋网片来修改钢筋网片。

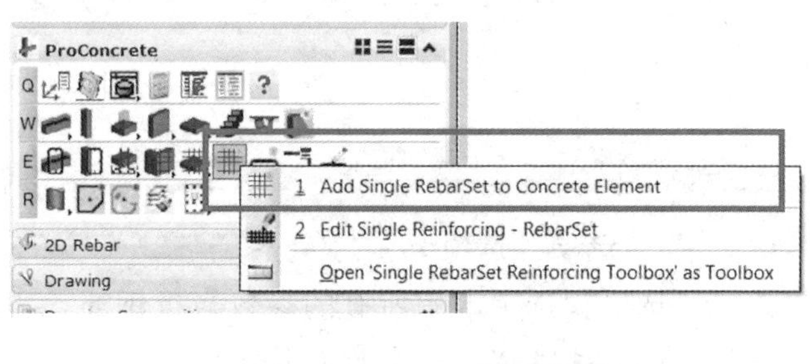

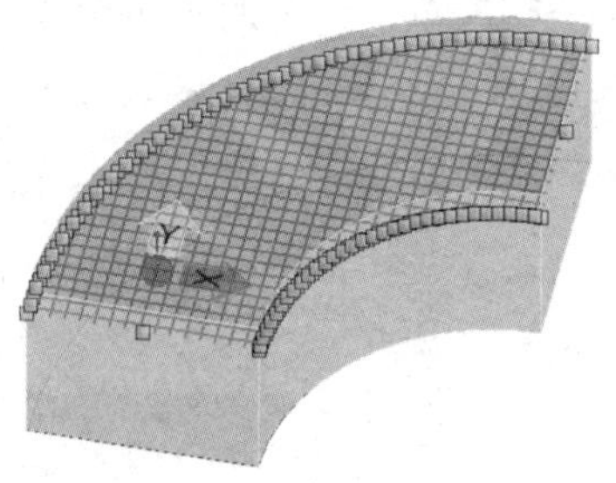

16.2 布置不规则钢筋

在软件中，布置不规则钢筋不像布置钢筋网片那样，通过一个面来直接布置钢筋，而是通过导向线来控制钢筋的位置。因此，用户只需要绘制出导向线的位置就可以绘制不规则钢筋。由于 MicroStation 中有专门从一个形体抽出线的命令，所以用户也省去了绘制导向线的工作。

16.2.1 命令介绍

在 ProStructures 中布置不规则钢筋的命令如下图所示。

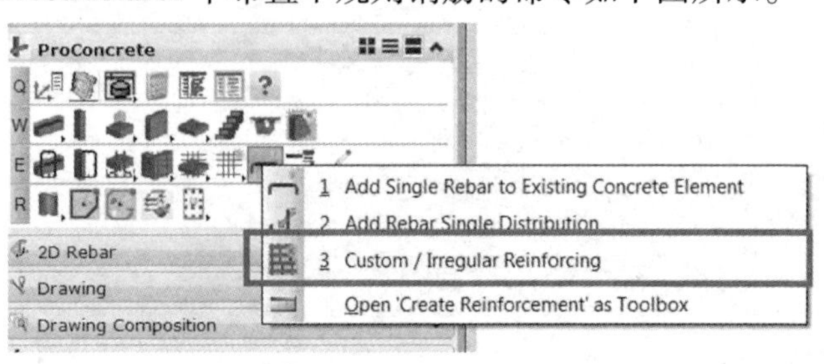

16.2.2 操作流程

本节以下图所示的形体为例说明在 ProStructures 中布置不规则钢筋的流程。

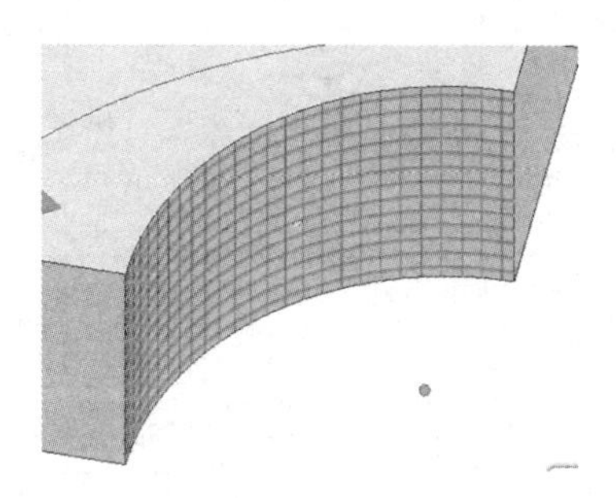

1. 抽取导向线

第 1 步：单击抽取导向线的命令按钮。

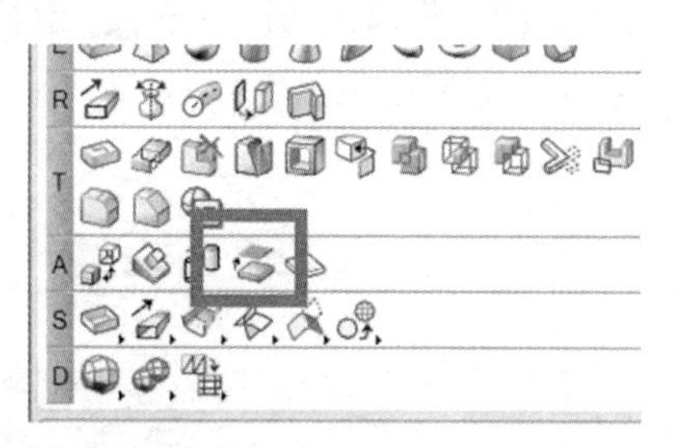

第 2 步：设置相关参数，如下图所示，也可以参考抽取面命令的相关章节。

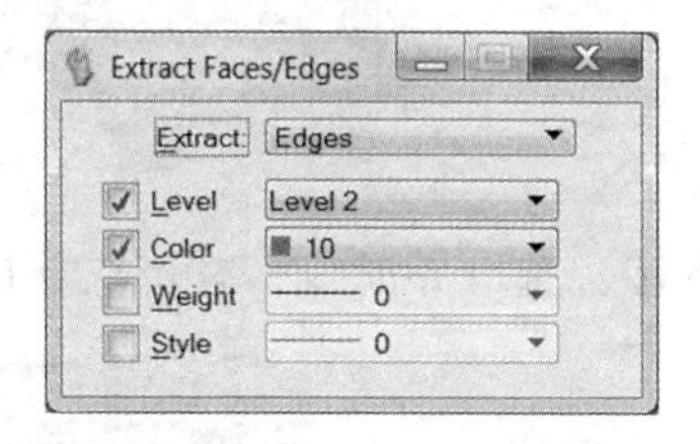

第 3 步：抽取所需要的边。

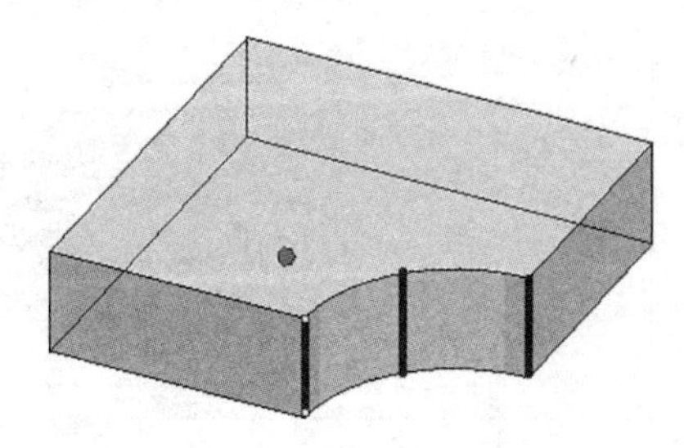

2. 布置横向钢筋

第 1 步：单击布置异形钢筋的命令，并设置相关参数。

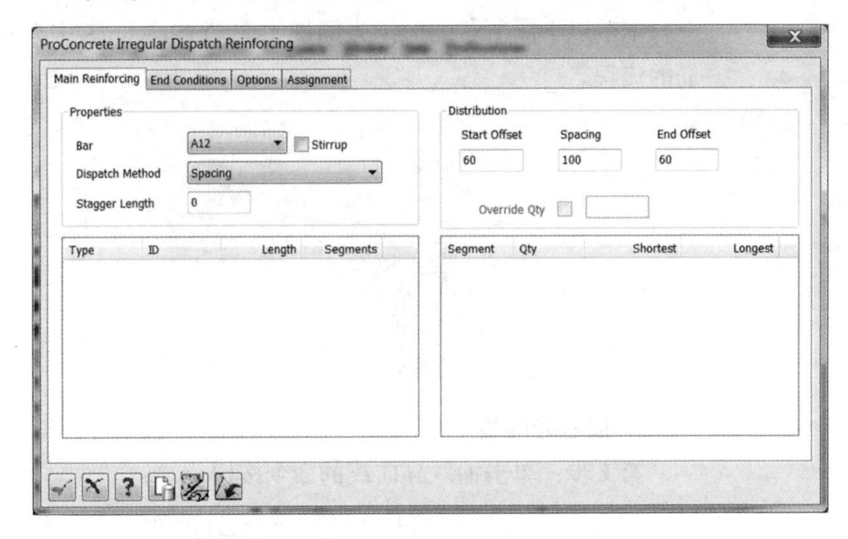

第 2 步：选择混凝土构件。

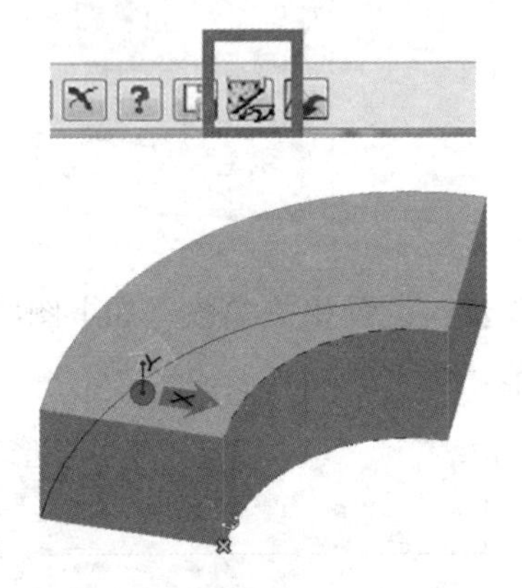

第 3 步：选取导向线，并依次选择这个方向的导向线。

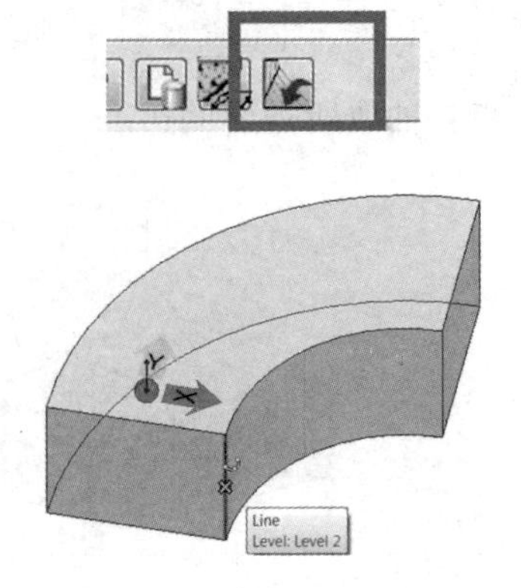

第 4 步： 调整导向线的方向。在初次布置后，效果如下图所示，软件只能根据导向线的位置，将钢筋布置成折线形状。

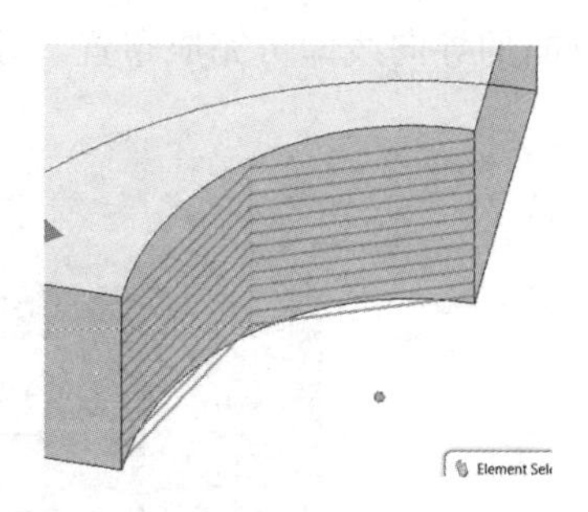

第 5 步： 在弹出的对话框中调整导向线的属性。如下图所示，选择“Make Arc Intermediate Point”，调整钢筋的形状。

第 6 步： 布置完成。

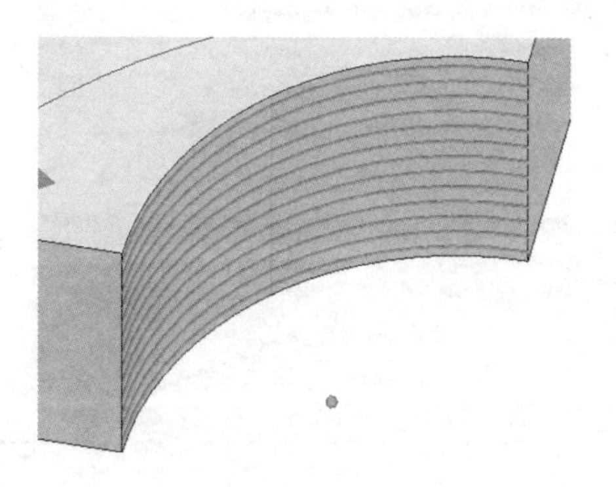

3. 布置纵向钢筋

在这个模型中，纵向钢筋的导向线已经抽取完成，用户只需要单击这个方向的导向线即可完成布置。导向线如下图所示。

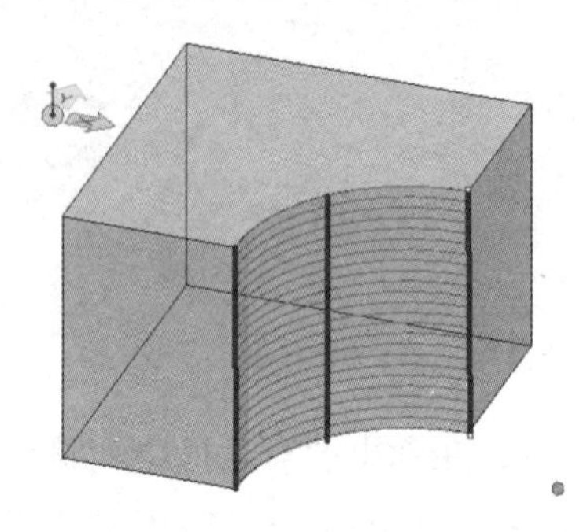

单击上面两条线就可以完成布置了。

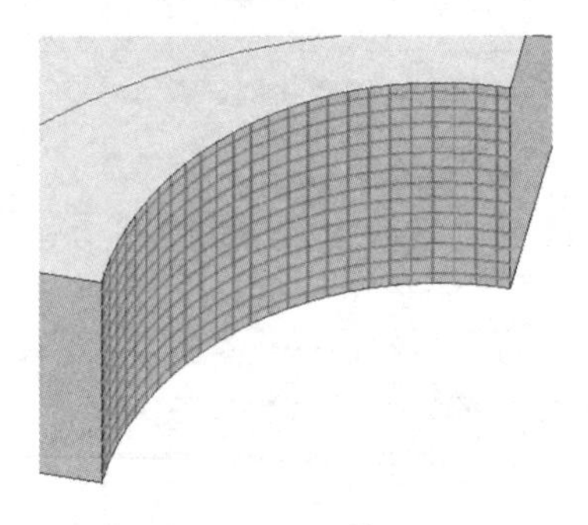

16.2.3 参数介绍

1. “钢筋主要参数”选项卡

在“钢筋主要参数”选项卡中，可设置所有钢筋的参数。

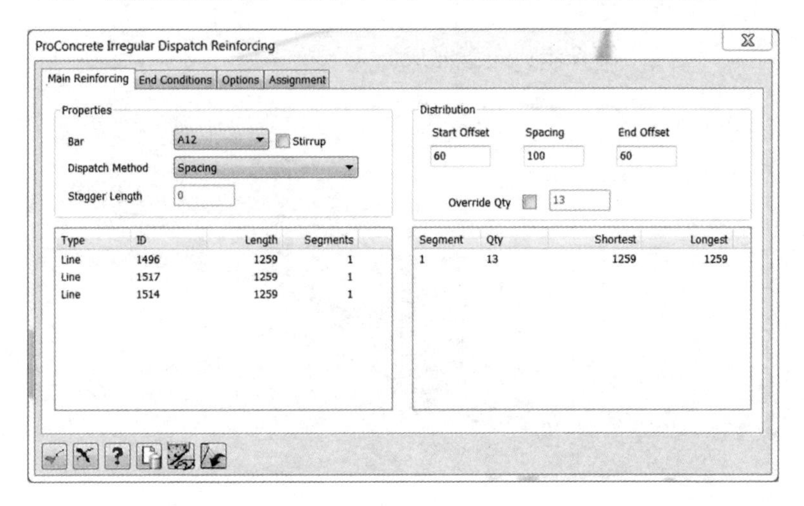

（1）“Bar”：用于选择钢筋的类型。

（2）“Stirrup”：用于设置箍筋，选中该项，系统会将布置的钢筋认为是箍筋。

（3）“Dispatch Method”：用于确定钢筋距离的设置方式，可选择间距、定点等方式。

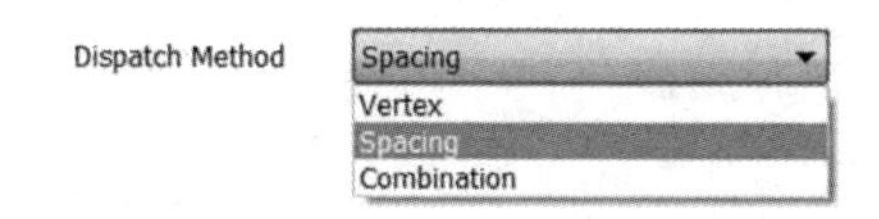

（4）“Stagger Length”：用于确定错位长度，此处的错位长度表示相邻两根钢筋之间错位的长度。

（5）“Start Offset”：用于设置钢筋起始端的偏移值。

（6）“Spacing”：用于设置钢筋的间距。

（7）“End Offset”：用于设置钢筋末端的偏移值。

2. “弯钩设置”选项卡

“弯钩设置”选项卡中的参数与混凝土其他构件布置钢筋的意义完全相同，请参考其他相关章节，在此不再赘述。

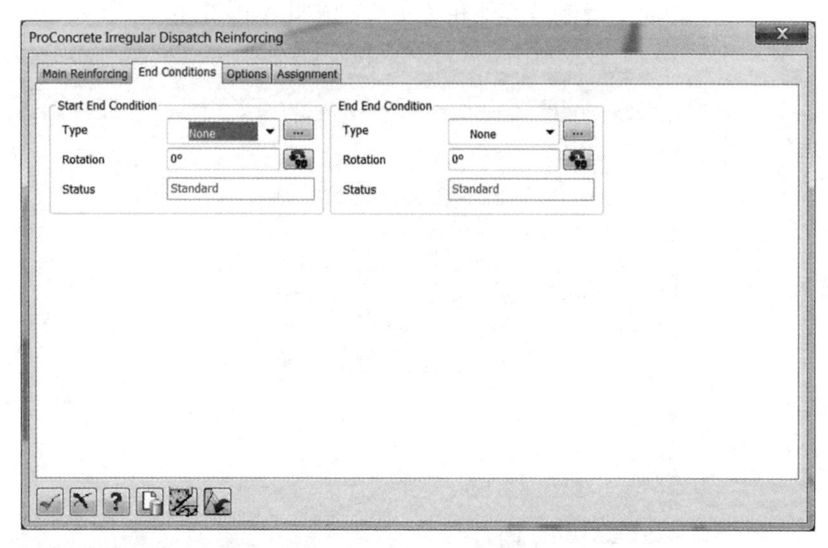

3. “选项”选项卡

“选项”选项卡中的参数与混凝土其他构件布置钢筋的意义完全相同，请参考其他相关章节，在此不再赘述。

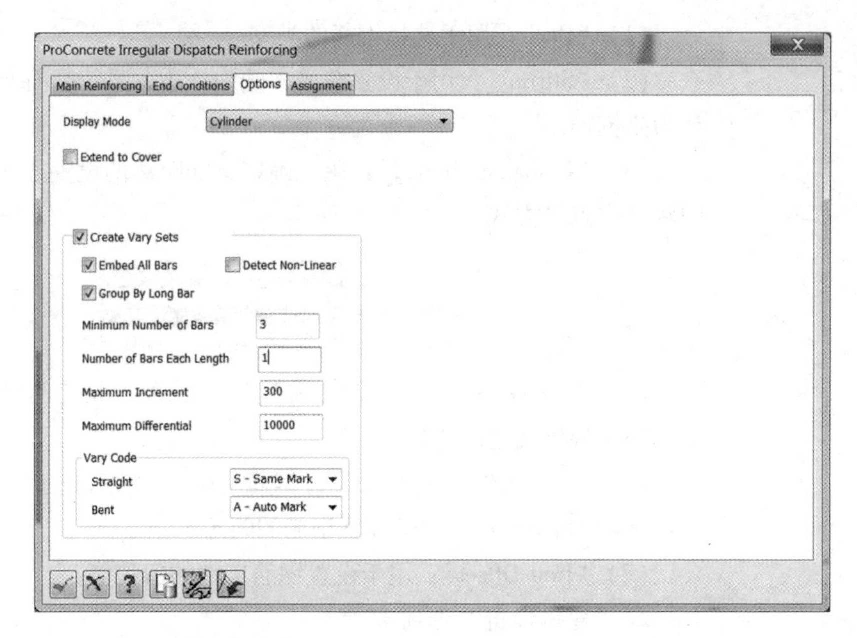

4. “分配”选项卡

“分配”选项卡中的参数与混凝土其他构件布置钢筋的意义完全相同，请参考其他相关章节，在此不再赘述。

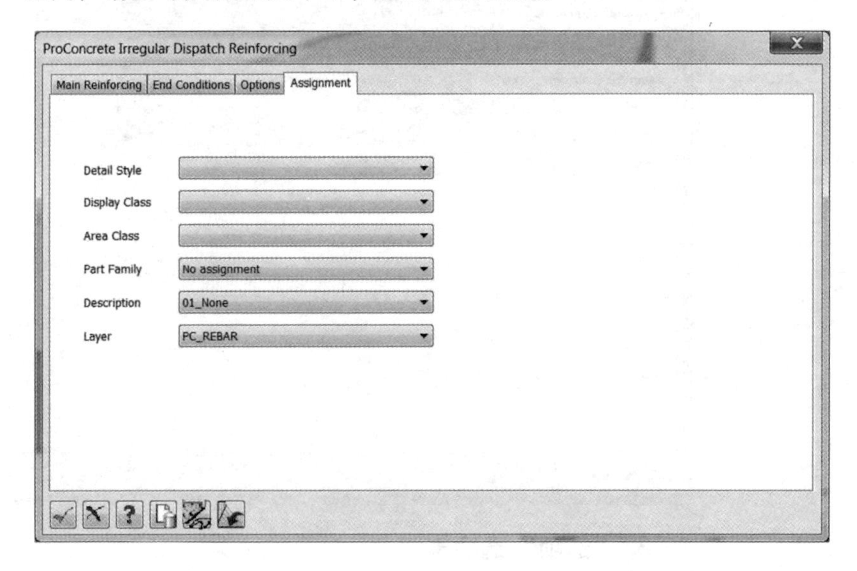

16.2.4 常用实例

本节主要介绍实际工程中经常用到的异形构件布置效果。

（1）弧形屋面配筋。

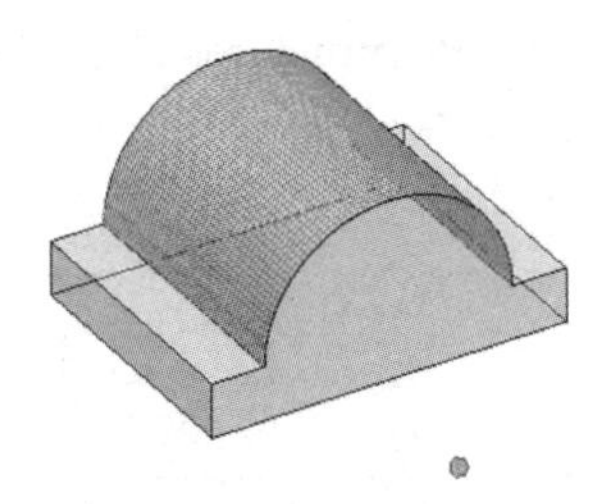

（2）烟囱形构件配筋。

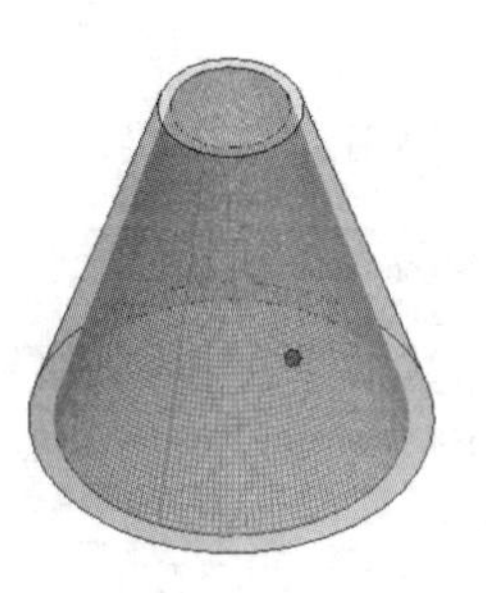

16.3 布置单根钢筋

实际应用中还会遇到一些特殊情况，采用钢筋网片和异形钢筋的布置方式，均不能满足需求。因此，软件也提供了布置单根钢筋的命令，用户可以先通过多段线定义钢筋的形状来绘制出任意形状的钢筋，甚至也可以通过随意点几个点来确定钢筋的形状。

16.3.1 命令介绍

在 ProStructures 中单独布置钢筋的命令在下图所示位置。

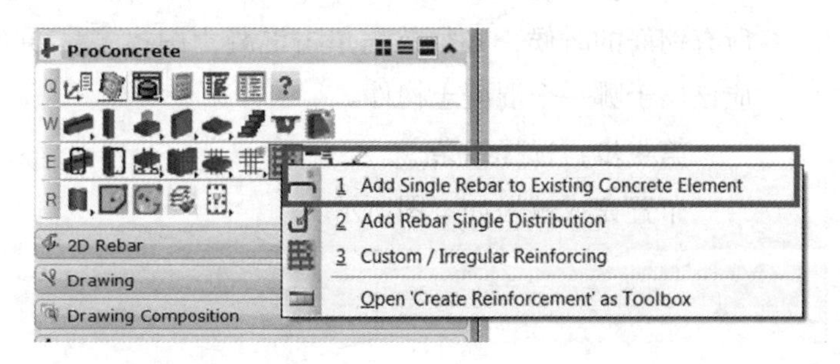

16.3.2 操作流程

第1步：绘制钢筋的形状。绘制曲线既可以通过 Smartline，也可以通过 B 样条曲线。B 样条曲线是工程中制作曲面最复杂的线型，所以从理论上说，ProStructures 能够绘制出实际工程中任意形状的钢筋，如下图所示。

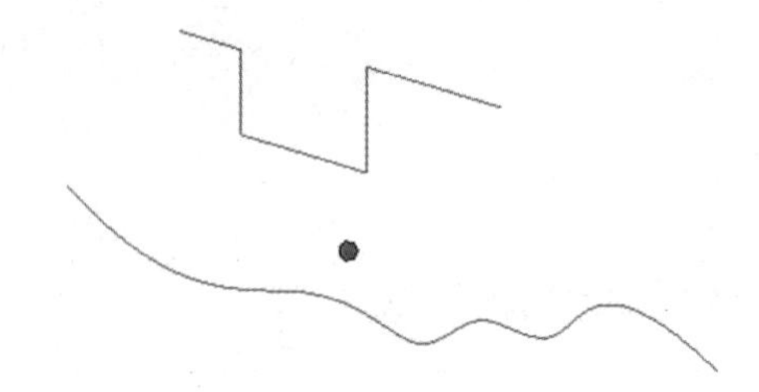

第 2 步：单击命令按钮，并设置相关参数。

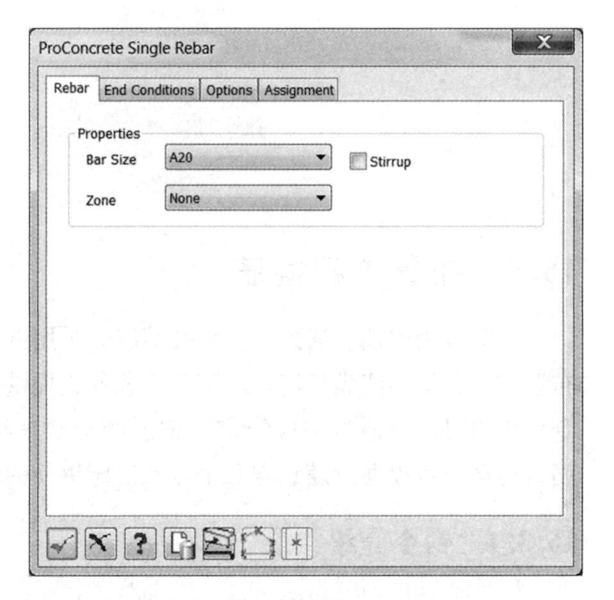

第 3 步：选择混凝土。由于钢筋必须依附于混凝土，所以在布置所有钢筋的时候，必须首先单击混凝土图标，同时能够确认钢筋应该属于哪一个混凝土构件。

第 4 步：选择线条。

布置完成效果如下图所示。

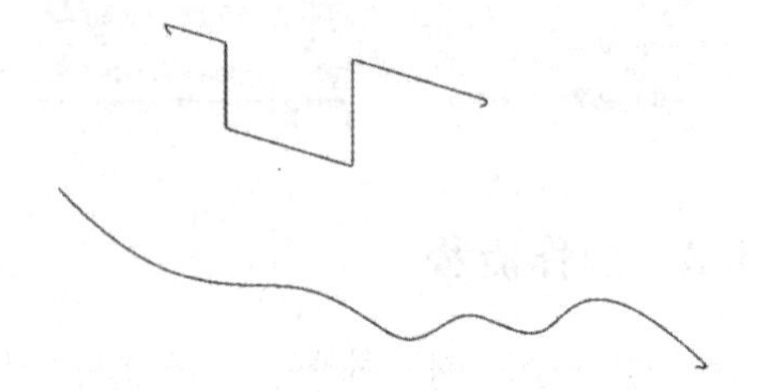

16.3.3 参数介绍

1. “钢筋设置”选项卡

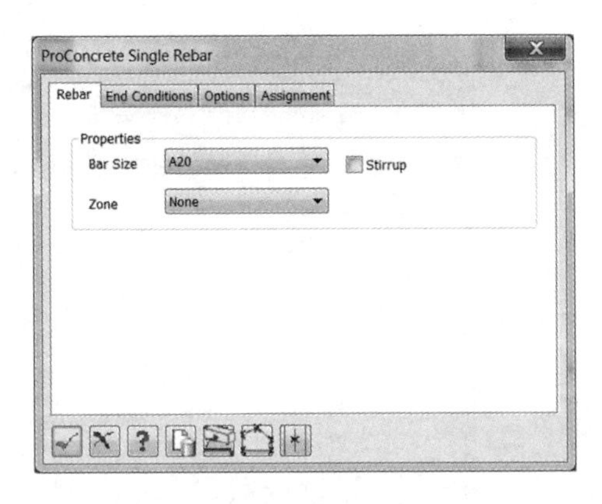

（1）“Bar Size”：用于选择钢筋的类型。

（2）“Stirrup”：用于确定是否为箍筋。选中该项，软件会认为这次布置的钢筋为箍筋；不选该项，则被认为是主筋。

（3）“Zone”：用于选择钢筋的位置，软件中有多个位置可供选择。

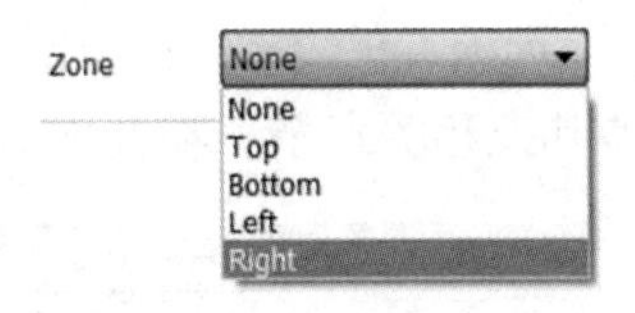

2. “弯钩设置”选项卡

“弯钩设置”选项卡中的参数与其他布置钢筋命令的弯钩参数完全相同，请参考其他相关章节，在此不再赘述。

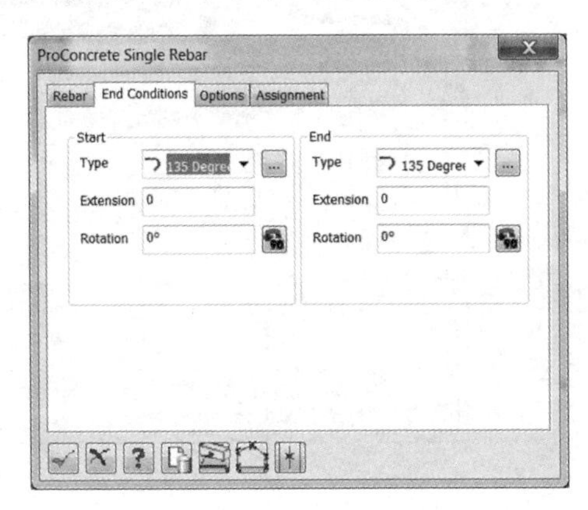

3. “选项”选项卡

“选项”选项卡中的参数与其他布置钢筋命令的弯钩参数完全相同，请参考其他相关章节，在此不再赘述。

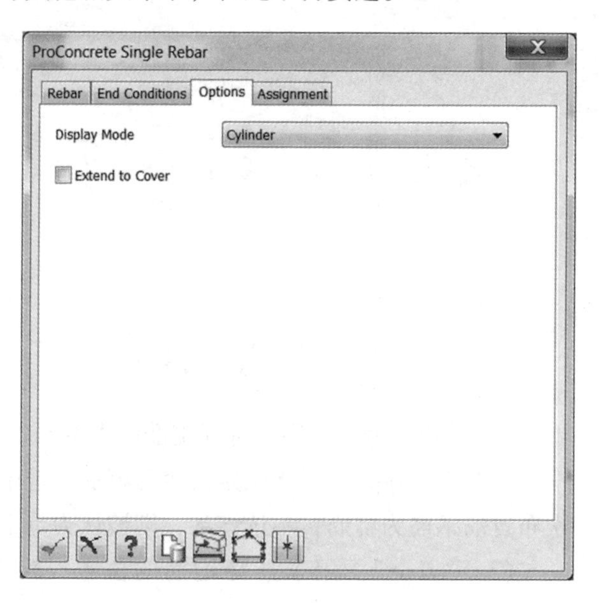

4. “分配”选项卡

“分配”选项卡的参数与其他布置钢筋命令的弯钩参数完全相同，请参考其他相关章节，在此不再赘述。

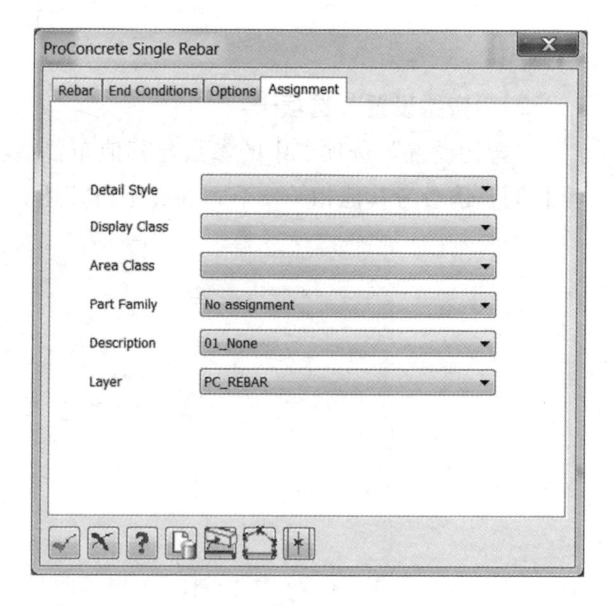

16.4 批量布置单根钢筋

对于特定形状且需要批量布置的钢筋，软件也提供了相应的命令，方便用户通过该命令快速实现这种需求的功能。

16.4.1 命令介绍

ProStructures 中批量布置单根钢筋的命令在下图所示位置。

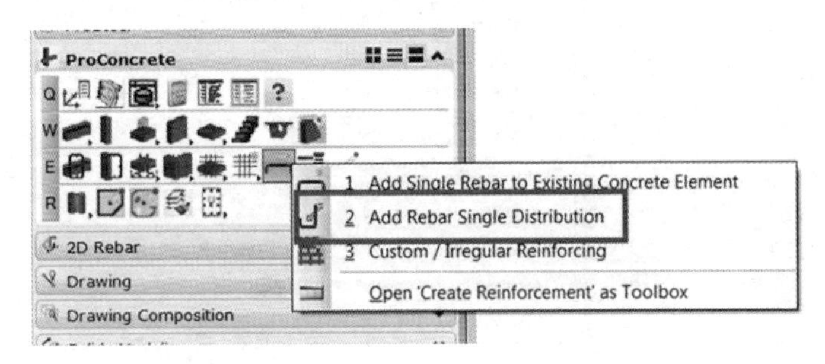

16.4.2 操作流程

第 1 步： 绘制钢筋的形状。

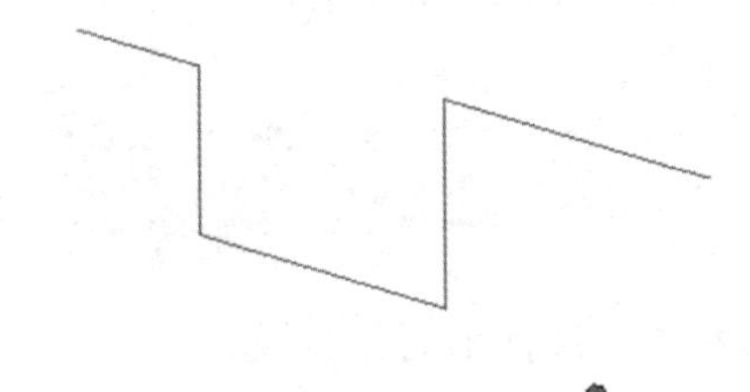

第 2 步： 绘制钢筋布置方向的直线。

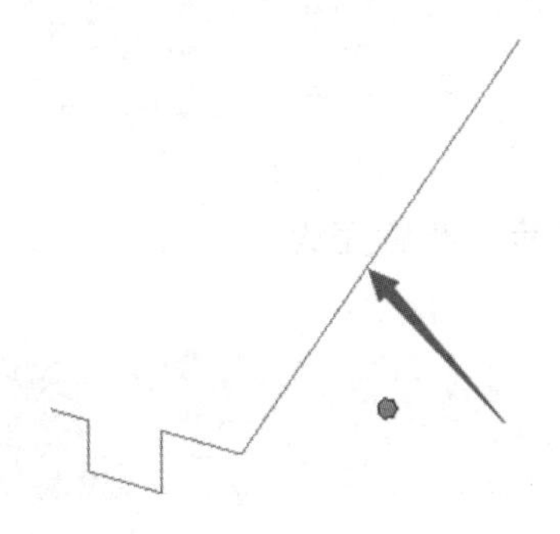

第 3 步：单击命令按钮并设置相关参数。

ProConcrete Single Rebar Distribution

Rebar | End Conditions | Options | Assignment

Properties

Bar Size A12 Stirrup

Zone None

Insertion Alignment Center

Distribution

Layout Method Round Up

Start Offset 0

Spacing 200

End Offset 0

Length 0

Rebar Transformation

X-Offset 0 Mirror X

Y-Offset 0 Mirror Y

Rotation 0°

Transform Align

第 4 步：选择混凝土构件 。

第 5 步：选择钢筋形状线。

Properties

Bar Size A12 Stirrup

Zone None

Insertion Alignment Center

第 6 步：选择钢筋分布线。

Distribution

Layout Method Round Up

Start Offset 0

Spacing 200

End Offset 0

Length 0

第 7 步：布置完成。

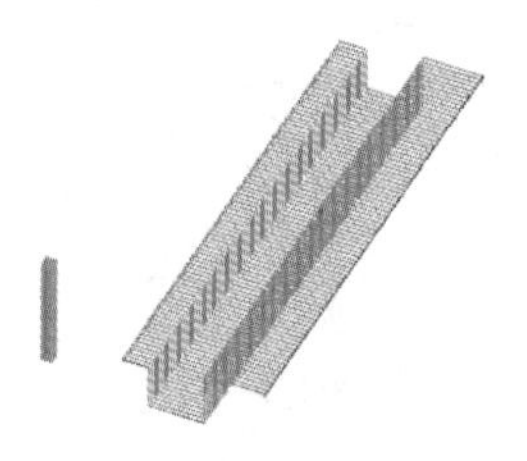

16.4.3 参数介绍

“钢筋设置”选项卡如下图所示。

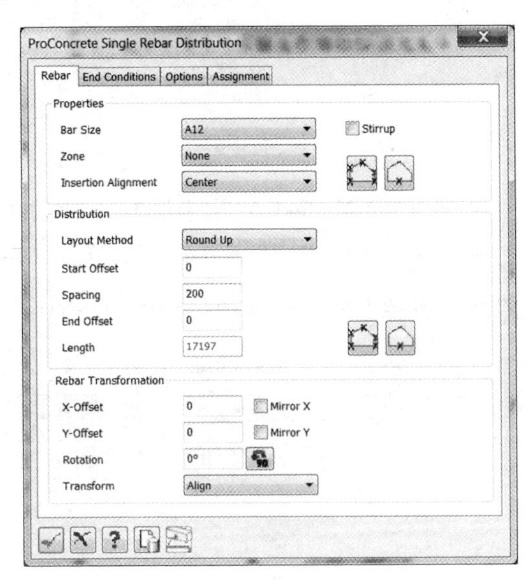

(1) 钢筋参数设置。

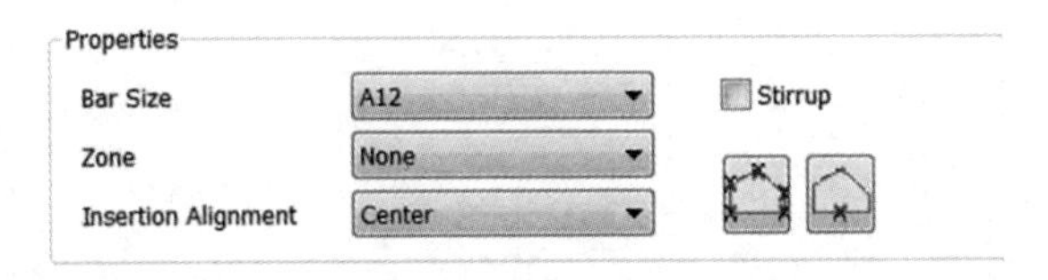

- “Bar Size”：用于选择钢筋型号。
- “Zone”：用于钢筋分布区域设置。

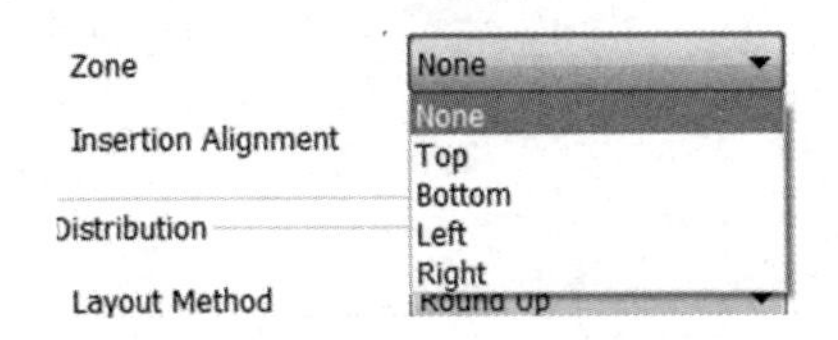

- “Insertion Alignment”：用于选择钢筋对齐方式，可以分为中心对齐、左侧对齐和右侧对齐。

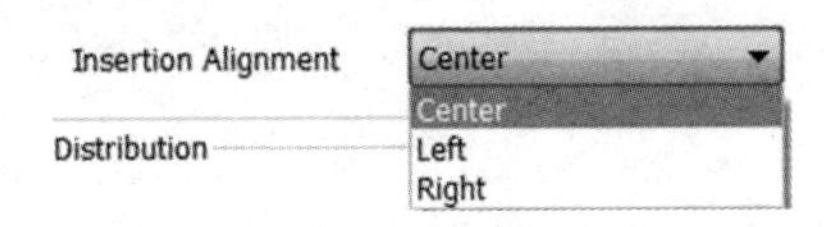

- ：用于选择钢筋的形状线。

（2）分布线相关参数。

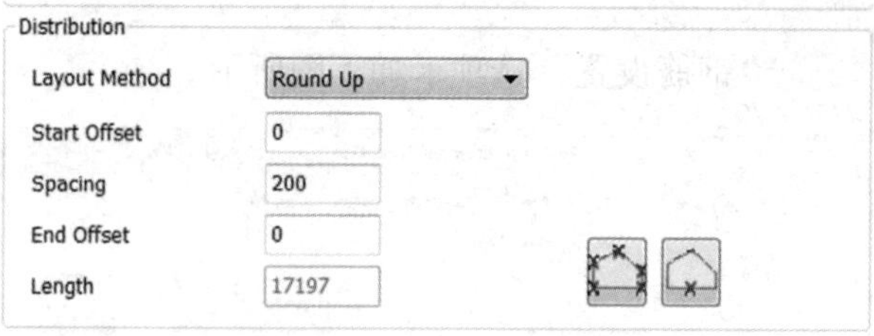

Distribution

Layout Method	Round Up
Start Offset	0
Spacing	200
End Offset	0
Length	17197

- “Layout Method”：用于设置分布线的布置方式。
- “Start Offset”“Spacing” 和 “End Offset”：分别用于设置钢筋在分布线方向的起始端偏移、间距和末端偏移。

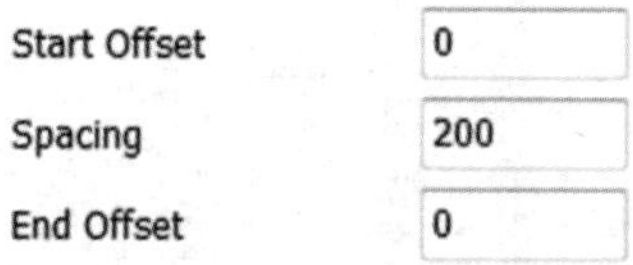

Start Offset	0
Spacing	200
End Offset	0

17 构件修改

ProStructures 中还提供了专门用于修改构件的命令，这些命令分为两部分：一部分是通用的，可以修改钢结构构件和混凝土构件；另一部分只能修改钢结构构件。本章仅介绍通用命令，钢结构专用工具将在钢结构部分介绍。

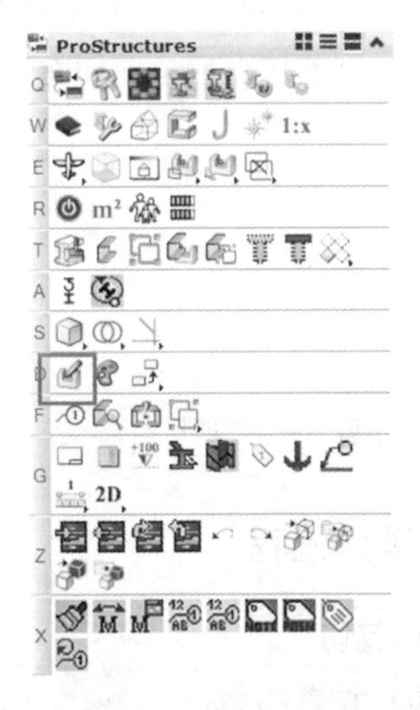

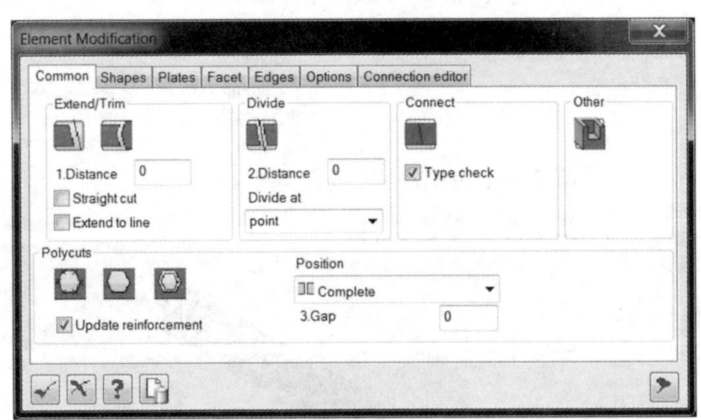

17.1 拉伸/剪切构件

拉伸/剪切构件（“Extend/Trim”）命令用于拉伸、剪切构件。系统在默认情况下是剪切构件，但是如果选中“Extend to line”则可以拉伸钢筋。

17.1.1 命令介绍

（1）：用于按线剪切、拉伸构件。

（2）：用于构件与构件之间剪切、拉伸构件。

（3）“1. Distance”：用于确定剪切完成后剪切面与剪切直线之间的距离。

（4）“Straight cut”：用于设置垂直剪切。剪切线与构件不垂直，选中该命令，则剪切以后，剪切面与构件依旧垂直。效果如下图所示。

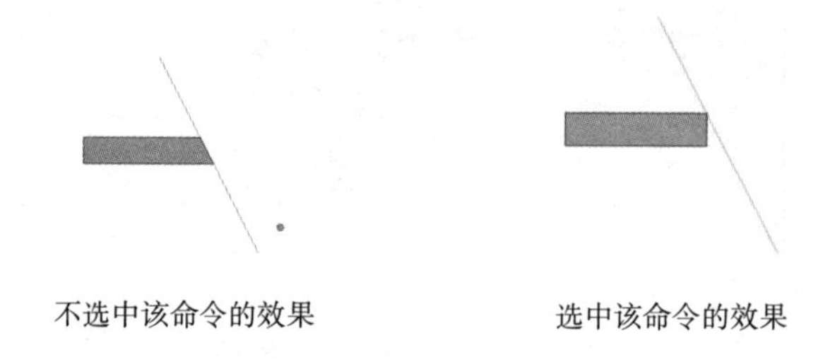

不选中该命令的效果　　　　选中该命令的效果

17.1.2 操作流程

1. 直线剪切

第 1 步：设置参数。

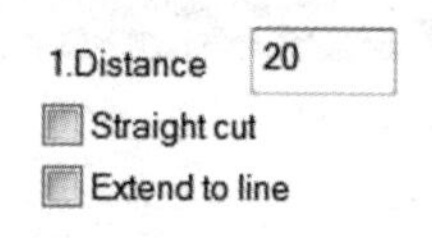

第 2 步：单击命令按钮。

第 3 步：单击构件。

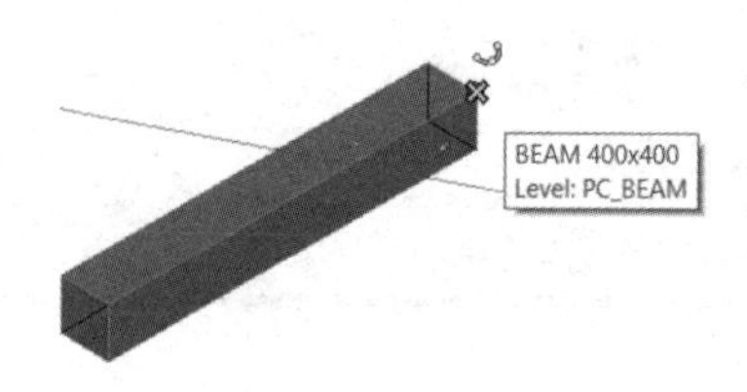

第 4 步：选择直线。

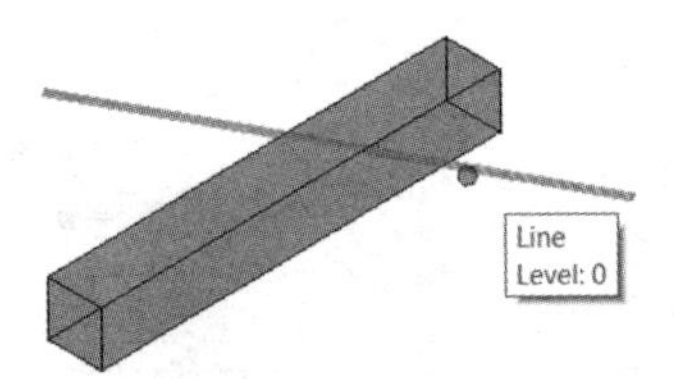

第 5 步：剪切完成。

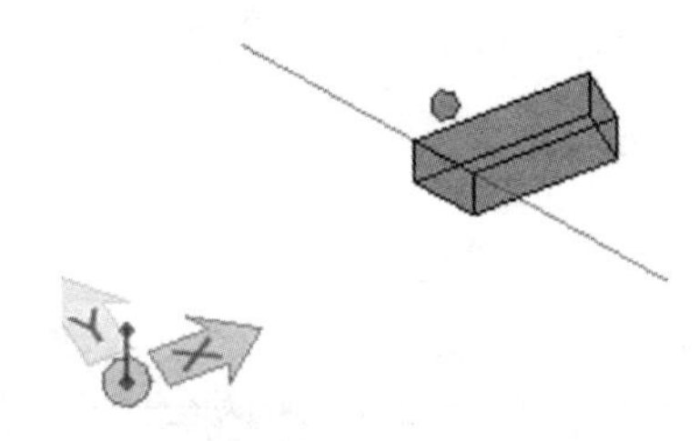

【提示】对于构件来说，通过这个命令裁剪掉构件的哪个部分、留下哪个部分，完全由用户选择的位置决定。这样就把选择的权利留给用户，不会强制规定用户到底应该选择哪个。

这种情况在布尔运算时会经常发生，所以用户在刚开始使用的时候，需要注意。

2. 构件相切

第 1 步：设置参数。

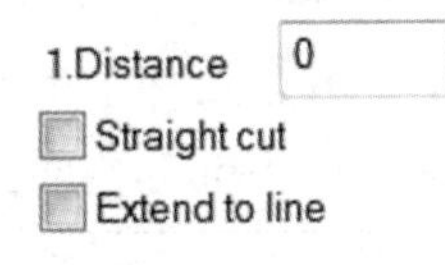

第 2 步：单击命令按钮 。

第 3 步：选择要相切的构件。

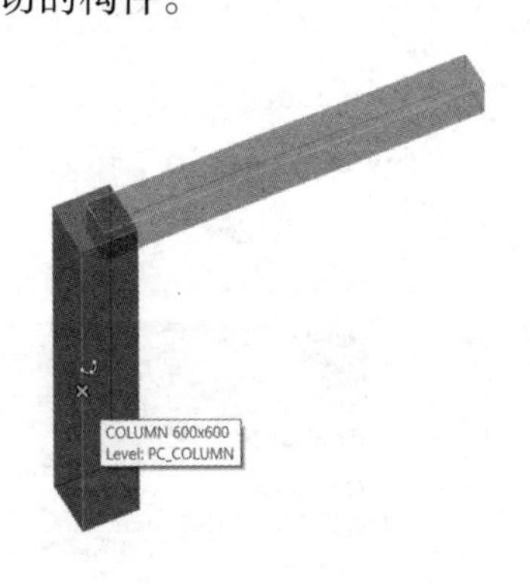

第 4 步：选择另外的构件。

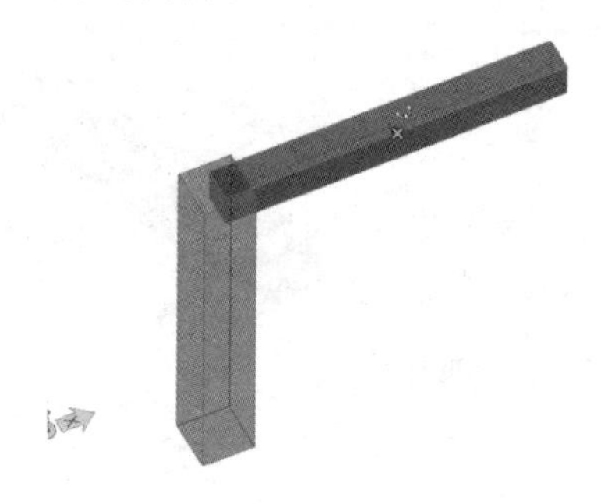

第 5 步：相切完成。

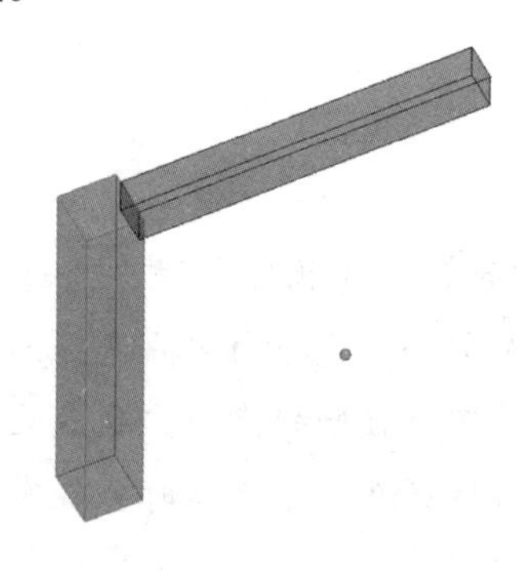

17.2 分割实体

分割实体（Divide）命令用来分割实体，是将一个构件按照一定的方法分成两个部分，这两个部分都会保留，而不是像剪切那样，剪切只会留下构件的一个部分，而其他部分将会被删除掉。

17.2.1 命令介绍

（1）[icon]：分割实体命令。

（2）“2. Distance”：用于设置分割实体后两个实体之间的距离。

（3）“Divide at”：用于设置分割实体的依据，可以按照点、线、平面来分割。

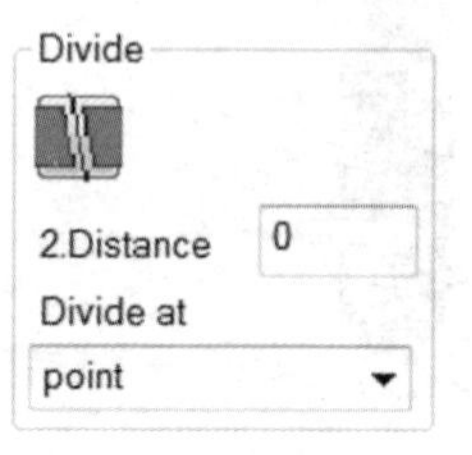

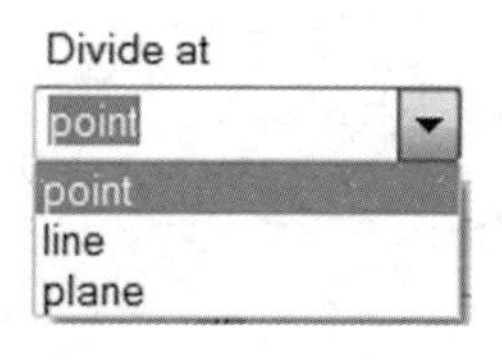

17.2.2 操作流程

第1步： 设置参数。

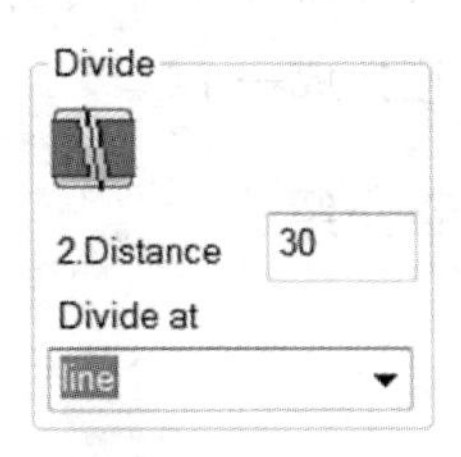

第2步： 单击命令按钮 。

第3步： 选择实体。

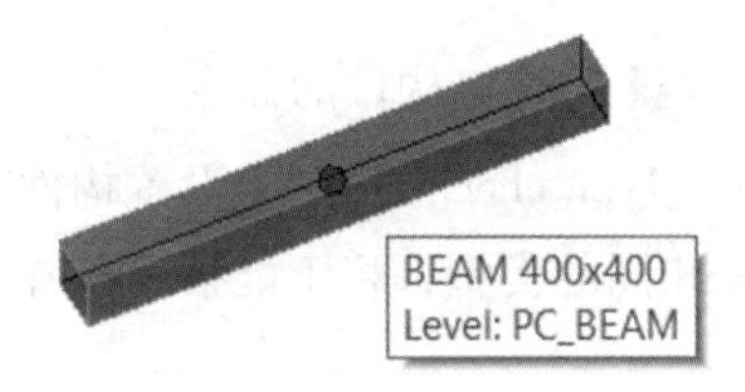

第4步： 选择分割实体的直线。如果没有直线也可以选择伴生对话框中的点（“Point”），通过两点来确定一条直线。

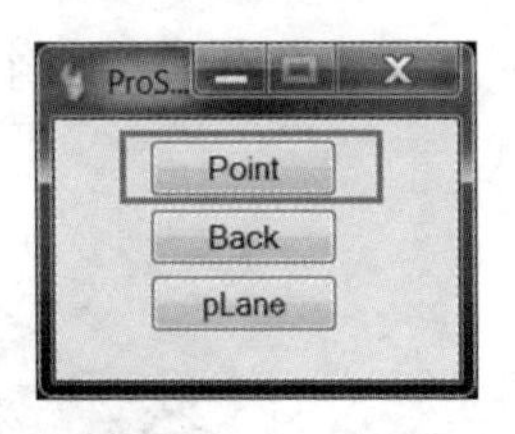

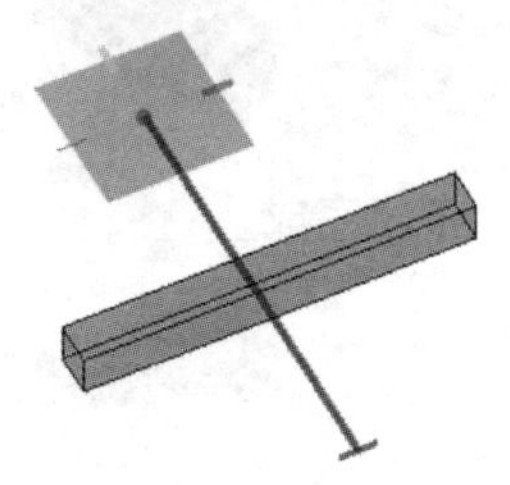

第5步： 分割完成。

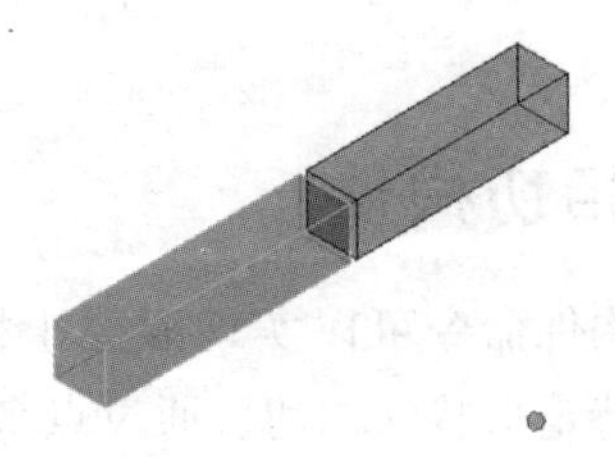

17.3 连接构件

连接构件（Connect）命令用来连接相同类型的构件，可以将两个相同的构件连接成一个。

17.3.1 命令介绍

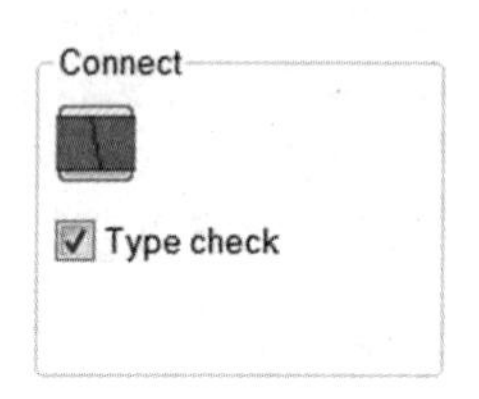

（1）：连接构件的命令。

（2）"Type check"：用于设置构件类型检测，如果被连接的两个构件不是相同的类型，将不能被连接在一起。

17.3.2 操作流程

第 1 步： 单击命令按钮。

第 2 步： 单击需要连接的两个构件。

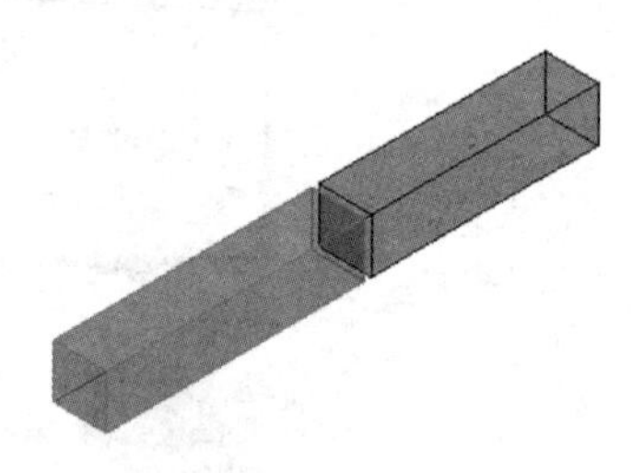

第 3 步： 连接完成。

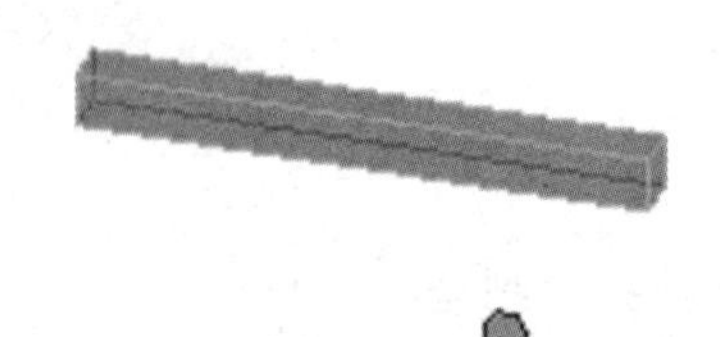

17.4 相切构件

相切构件命令可以实现混凝土构件的相切，包括构件之间的相切、通过特定形状的相切、通过点来相切三种情况。

Polycuts

Update reinforcement

Position

Complete

3.Gap 0

17.4.1 命令介绍

（1）：用于通过多点相切。

（2）：用于通过特定形状切割构件，例如矩形、圆、椭圆等形状。

（3）：用于构件与构件的相切。

（4）“Position”：用于选择剖切效果。

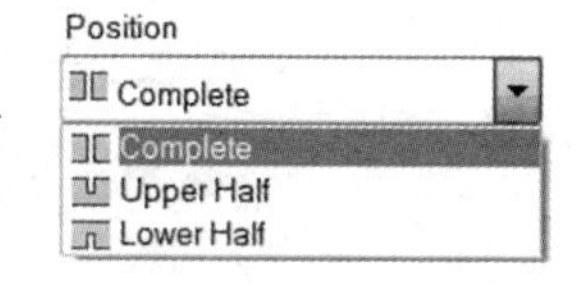

- Complete ：切透，将构件从上表面到下表面完全切透。
- Upper Half ：只切上半部分。
- Lower Half ：只切下半部分。

（5）“3. Gap”：用于设置间隙，等同于 Extend 中的距离。

（6）“Update reinforcement”：用于更新配筋，当构件发生剪切以后，构件的配筋也会进行更新。

17.4.2 操作流程

1. 构件相切

第 1 步： 单击命令按钮。

第 2 步： 设置参数。

Position

Complete

3.Gap 50

第 3 步： 选择构件。

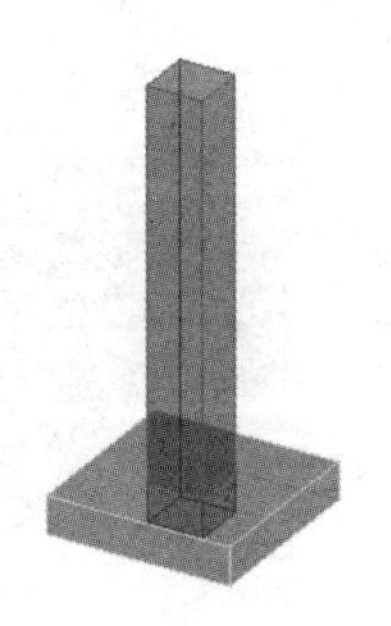

第 4 步： 相切完成。

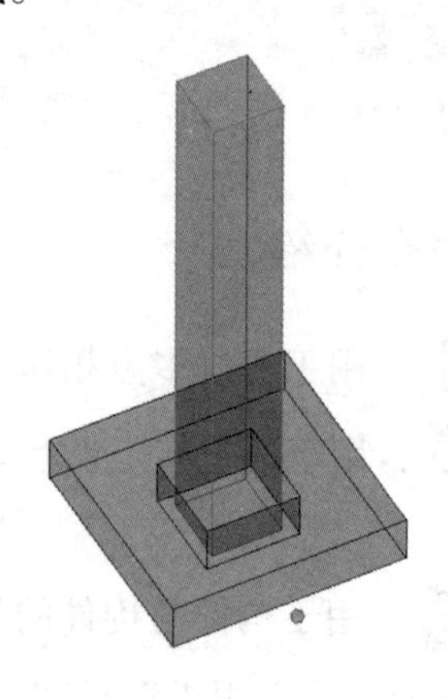

2. 特定形状相切

第 1 步： 设置参数。

Position
Complete
3.Gap 50

第 2 步： 单击命令按钮 。

第 3 步： 选择构件。

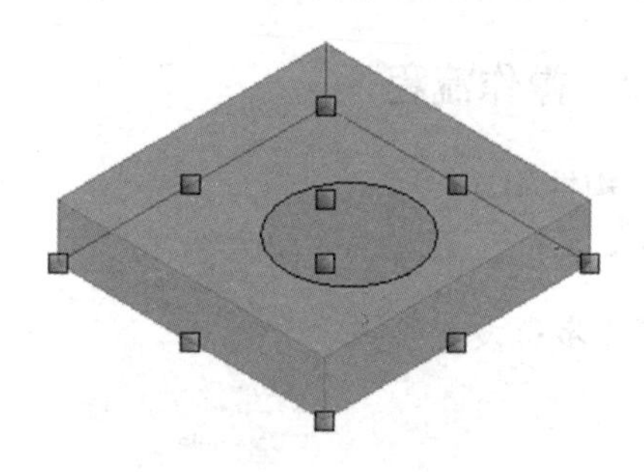

第 4 步： 选择多边形。

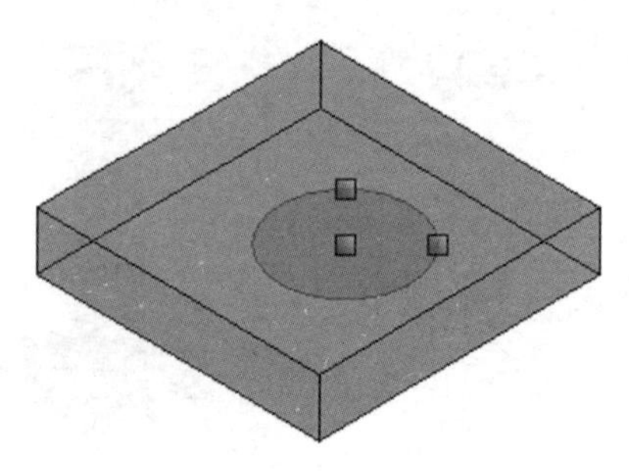

第 5 步：相切完成。

3. 多点相切

第 1 步：设置参数。

Position

Complete

3.Gap 50

第 2 步：单击命令按钮 。

第 3 步：选择构件。

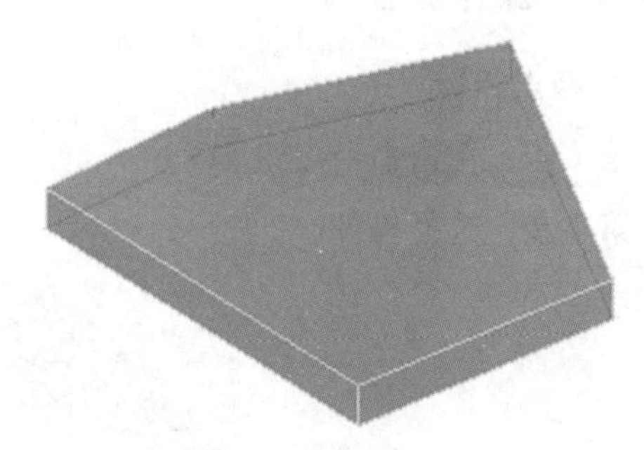

第 4 步：单击点来确定剪切范围。

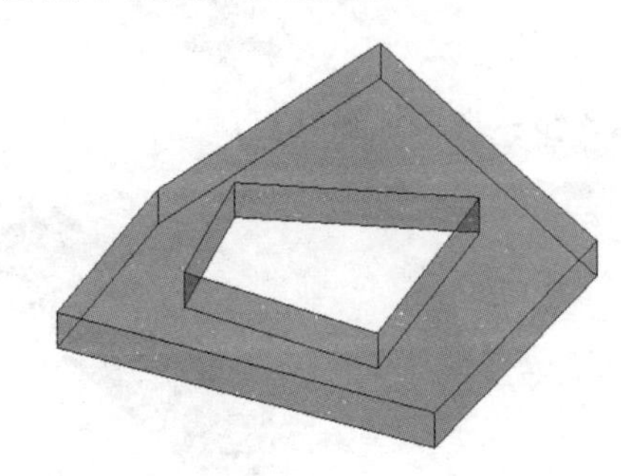

17.5 缩短构件

缩短构件（Shorten）命令用来缩短构件，软件提供三种方法来选择构件，可以按照两点、一定长度或者任意值来缩短构件。

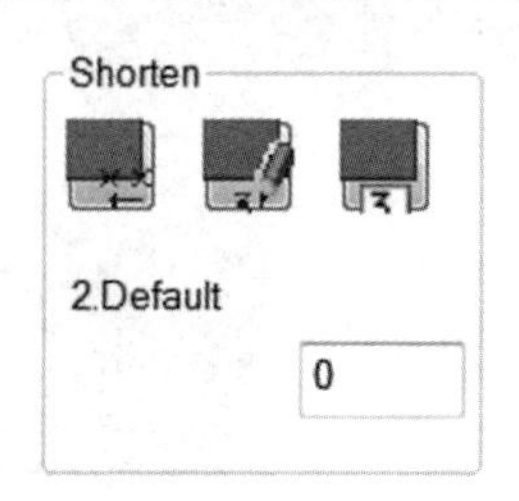

17.5.1 命令介绍

（1）：用于通过两点缩短构件。

（2）：用于通过默认值来缩短构件。

（3）：用于通过任意值来缩短构件。

（4）“2. Default”：用于设置缩短构件的默认值。

17.5.2 操作流程

1. 两点缩短

第 1 步： 单击命令按钮。

第 2 步： 选择构件。

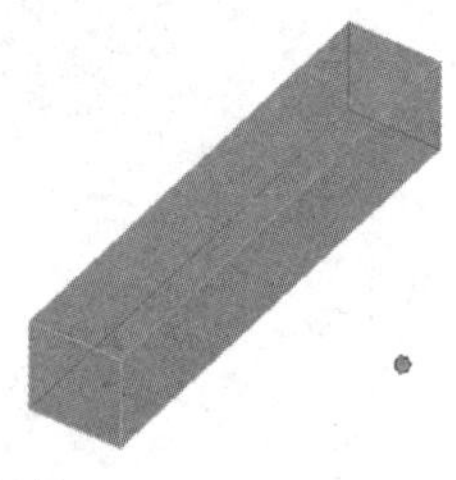

第 3 步： 选取缩短几点。

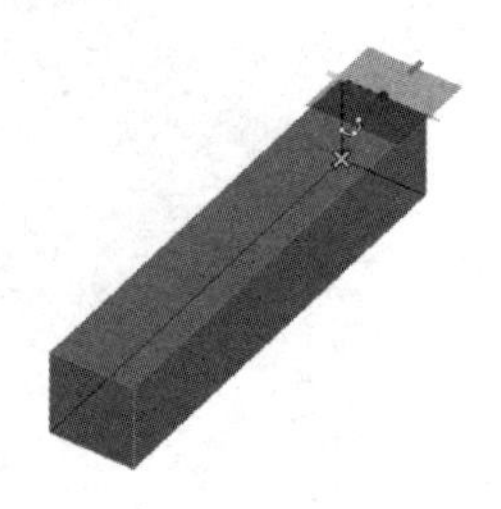

第 4 步：选择要缩短到的位置。

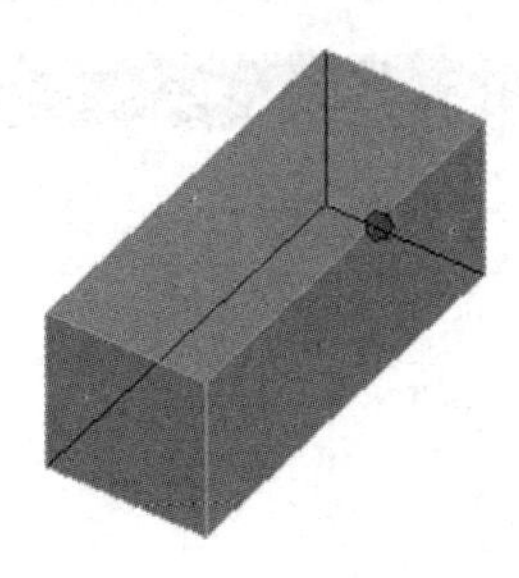

2. 默认值缩短

第 1 步：填写默认值。

2.Default

500

第 2 步：单击命令按钮 。

第 3 步：选择构件。

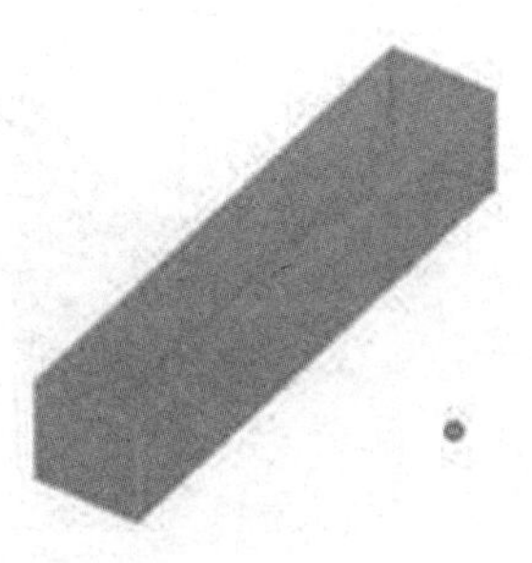

第 4 步：缩短完成。

3. 任意值缩短

第 1 步：单击命令按钮 。

第 2 步：选择构件。

第 3 步：在弹出的对话框中输入需要缩短的值并且回车确认。

第 4 步：缩短完成。

17.6 拉伸构件

拉伸构件命令（Lengthen）用来拉伸构件，其命令按钮和操作方法与缩短构件命令完全一致，可以参考缩短构件命令使用。

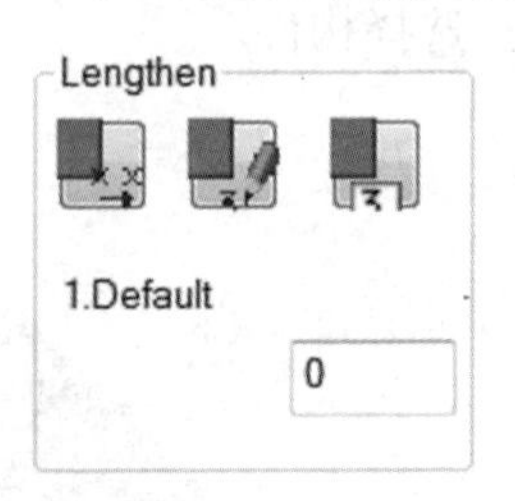

18　自定义构件

在 ProStructures 中，用户不但可以输入软件内置的参数化构件，例如矩形或圆形的梁、柱、板等构件，也可以根据用户自己的需求定义不同形状的截面供自己调用。ProStructures 中内置了四种样式的截面，包括用户自定义截面、焊接型钢、组合型钢、屋面板。其中焊接型钢、组合型钢、屋面板将在ProSteel 章节详细讲解，本章只讲述与钢筋混凝土结构相关的用户自定义截面。

在用户自定义截面中，软件也内置了两种类型：一种是参数化截面，实际上软件已经内置了这些截面的形状，用户只需要选择不同的截面，输入相关参数即可；另一种是任意截面的构件，用户只需要绘制出该截面的形状即可。

本章将详细讲解这两种截面的定义方法以及使用方法。

18.1　基本介绍

18.1.1　命令位置

由于自定义构件可以被 ProSteel 和 ProConcrete 同时调用，所以这个命令既没有放置在 ProSteel 中，也没有放置在 ProConcrete 中，而是放置在两者的共用部分 ProStructures 中。

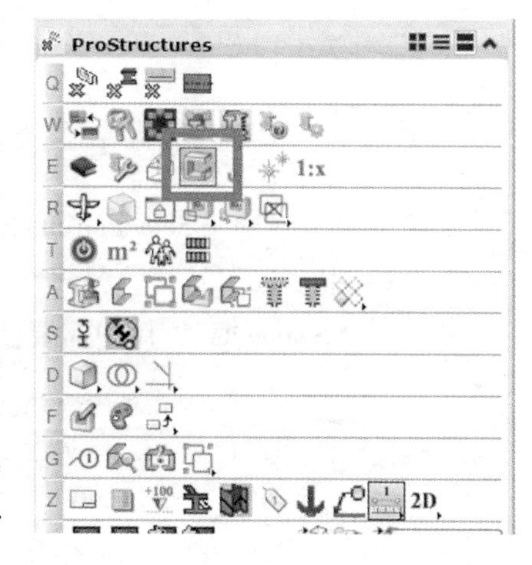

单击右图所示图标后，会弹出一个对话框。在这个对话框中有两个选项卡，即“User Shape Manager”和“Settings”。“User

Shape Manager”选项卡用来定义各种形式的自定义截面；“Settings”选项卡用来设置一些基本的特性，例如构件材质、用于绘制构件截面的线的类型等。

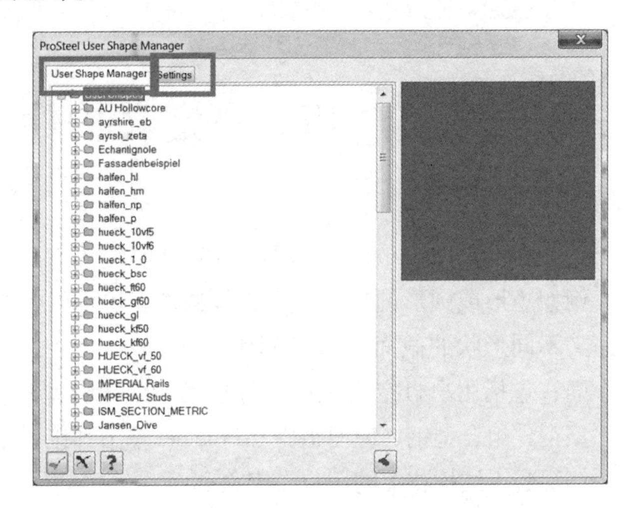

18.1.2 基本设置

单击“Settings”选项卡，会看到下图所示界面。

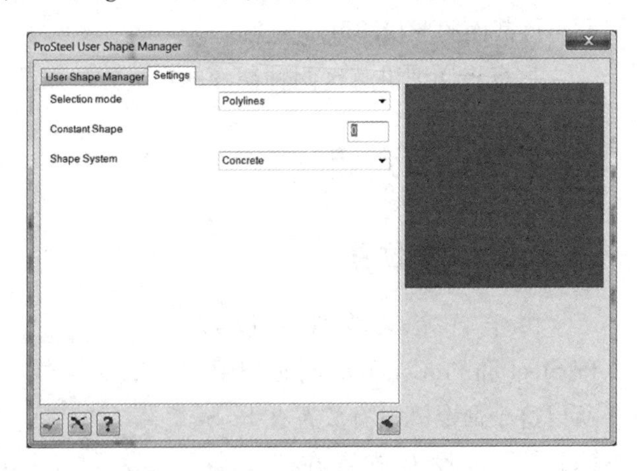

（1）“Selection mode”：用于设置绘制截面的线的种类。如果选中“Polylines”，是多线型，用户需要使用 Smartline 绘制。如果选中“Segments”，用户需要使用单线绘制截面。

（2）“Shape System”：用来设置自定义构件的材料性质。

Shape System
Concrete
Steel
Concrete
Steel and Concrete

- “Steel”：选中该选项，用户自定义的构件材质将会被默认为钢结构，使用时只会出现在 ProSteel 中，而不会出现在 ProConcrete 中。
- “Concrete”：选中该选项，用户自定义的构件材质将会被默认为混凝土结构，使用时只会出现在 ProConcrete 中，而不会出现在 ProSteel 中。
- “Steel and Concrete”：选中该选项，用户自定义的构件材质将会被软件默认为既是钢结构又是混凝土结构，使用时会同时出现在 ProSteel 和 ProConcrete 中。

18.1.3 保存位置

用户自定义截面后，软件会将用户的操作自动保存在 WorkSpace 的特定位置。具体路径为：

C:\ProgramData\Bentley\ProStructures 08.11.14.107\WorkSpace\ProStructures\Data

在这个文件夹中，还有其他的文件夹，如下图所示。

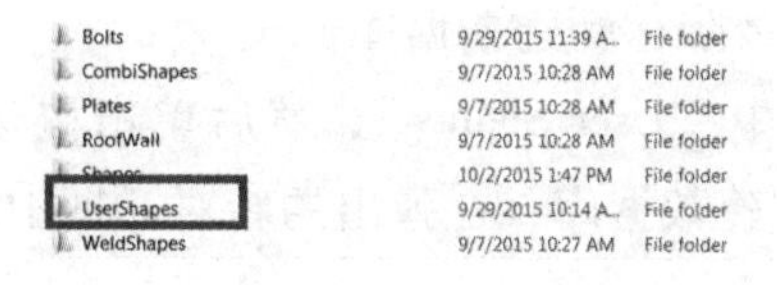

“UserShapes” 文件夹中有用户定义的所有的截面文件。

AU Hollowcore	10/2/2015 2:02 PM	File folder
ayrsh_zeta	9/7/2015 10:27 AM	File folder
ayrshire_eb	9/7/2015 10:27 AM	File folder
Echantignole	9/7/2015 10:27 AM	File folder
Fassadenbeispiel	9/7/2015 10:28 AM	File folder
halfen_hl	9/7/2015 10:27 AM	File folder
halfen_hm	9/7/2015 10:27 AM	File folder
halfen_np	9/7/2015 10:28 AM	File folder
halfen_p	9/7/2015 10:28 AM	File folder
hueck_1_0	9/7/2015 10:27 AM	File folder
hueck_10vf5	9/7/2015 10:27 AM	File folder
hueck_10vf6	9/7/2015 10:27 AM	File folder
hueck_bsc	9/7/2015 10:27 AM	File folder
hueck_ft60	9/7/2015 10:27 AM	File folder
hueck_gf60	9/7/2015 10:27 AM	File folder
hueck_gl	9/7/2015 10:27 AM	File folder
hueck_kf50	9/7/2015 10:27 AM	File folder
hueck_kf60	9/7/2015 10:27 AM	File folder
HUECK_vf_50	9/7/2015 10:28 AM	File folder
HUECK_vf_60	9/7/2015 10:27 AM	File folder
IMPERIAL Rails	9/7/2015 10:27 AM	File folder
IMPERIAL Studs	9/7/2015 10:28 AM	File folder
ISM_SECTION_METRIC	9/18/2015 11:09 A...	File folder
Jansen_Dive	9/7/2015 10:28 AM	File folder
Jansen_Falt	9/7/2015 10:27 AM	File folder
Jansen_Form	9/7/2015 10:27 AM	File folder
Jansen_Jani	9/7/2015 10:27 AM	File folder

18.2 参数化截面定义

18.2.1 操作流程

第 1 步：单击自定义型钢的命令按钮，弹出对话框，并且选中“User Shapes”。

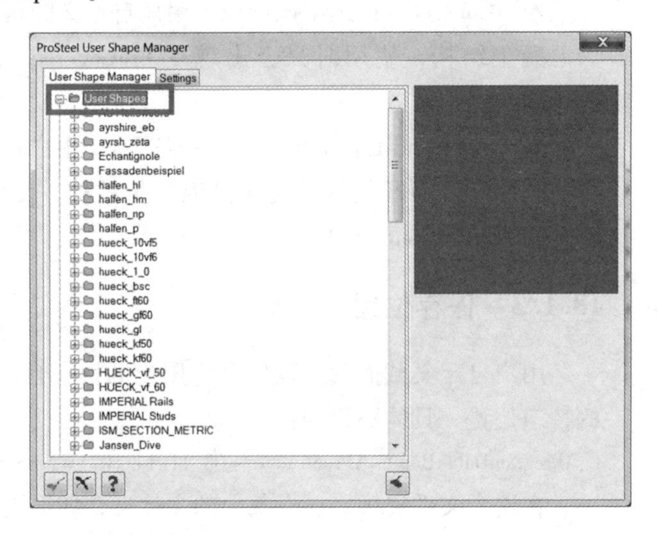

第 2 步：新建数据库。

选中“User Shapes”，然后单击鼠标右键，再单击“Create catalog”创建数据库，在弹出的新对话框中填写新创建的数据库的名称。

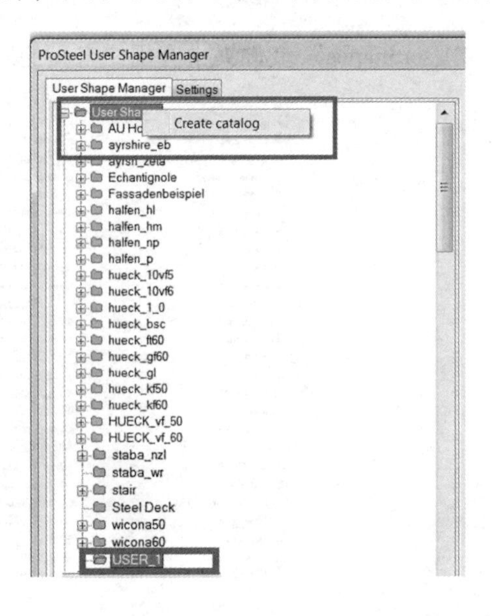

第 3 步：新建截面。

选中上图中的“USER_1”，单击鼠标右键，再选择“Create User shape”，并且输入新建截面的名称。

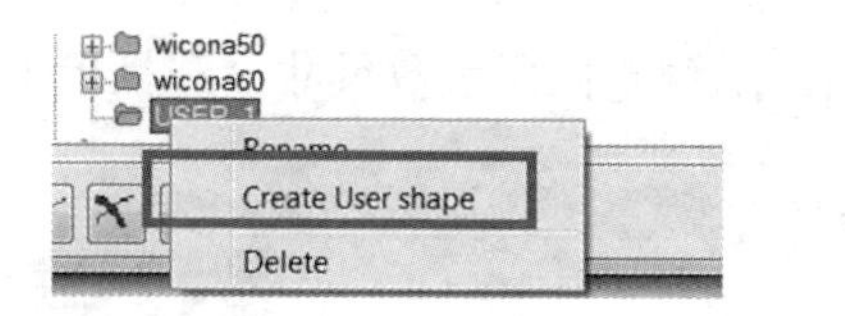

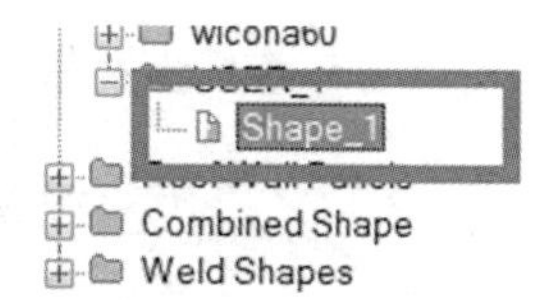

第 4 步：选择“Create param. user shape”。

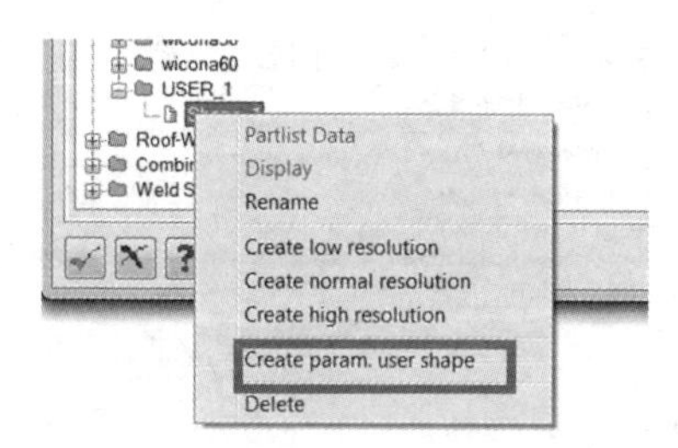

第 5 步：选择合适的截面类型，并且输入需要的截面名称。

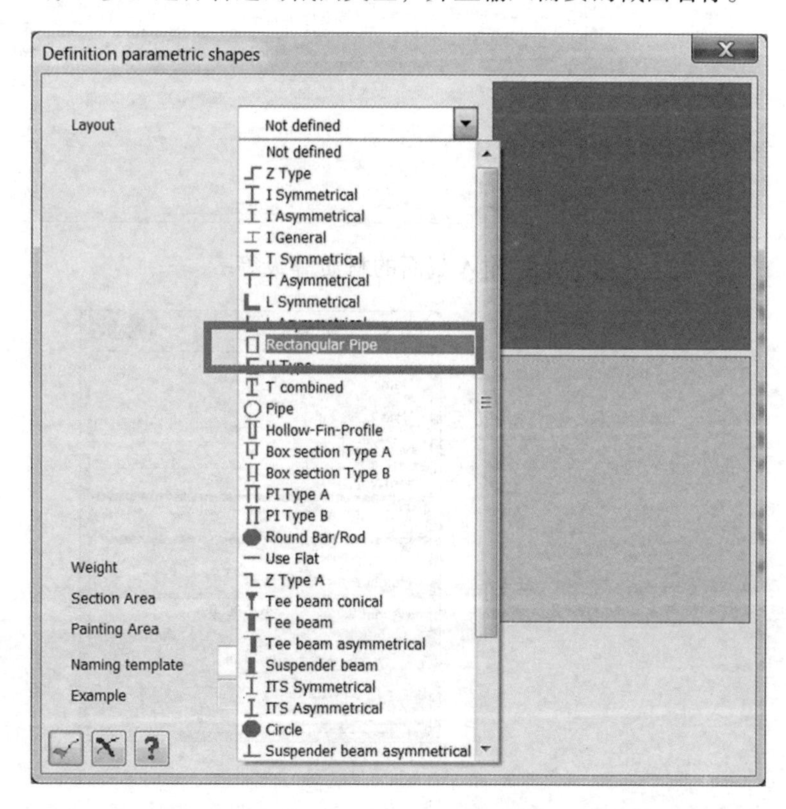

第 **6** 步：根据提示输入截面参数尺寸，并且单击“确认”按钮。

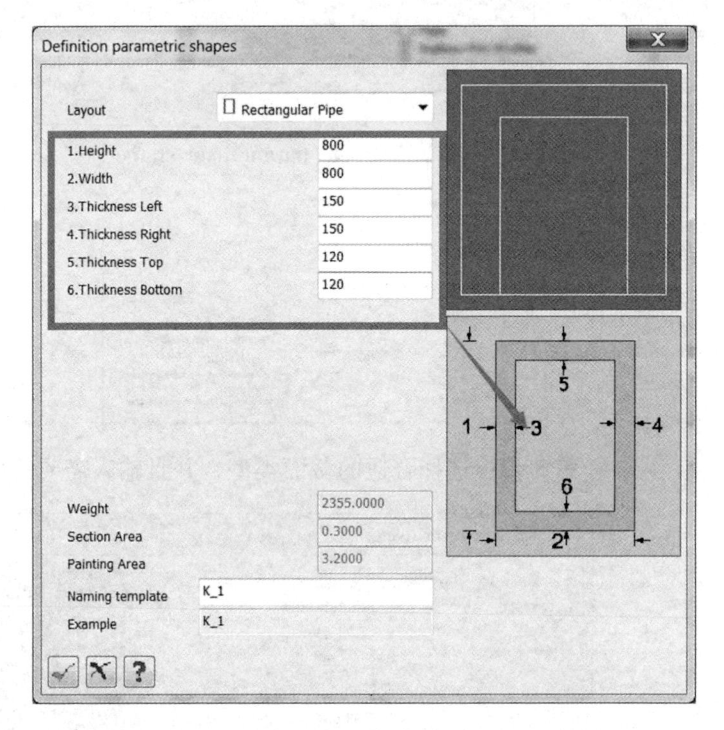

第 **7** 步：输入截面的材质等级等。

第 8 步： 完成定义，效果如下图所示。

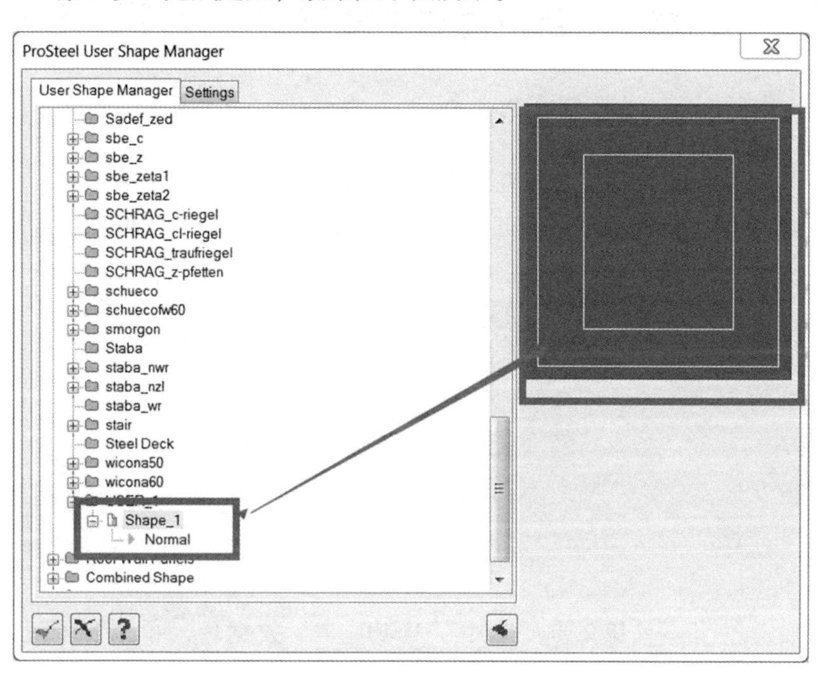

18.2.2 自定义截面的使用

自定义截面使用方法和软件内置截面的使用方式大体相同，主要的区别在于选择构件截面类型的时候，不能选择参数化截面，而要选择用户自定义截面。

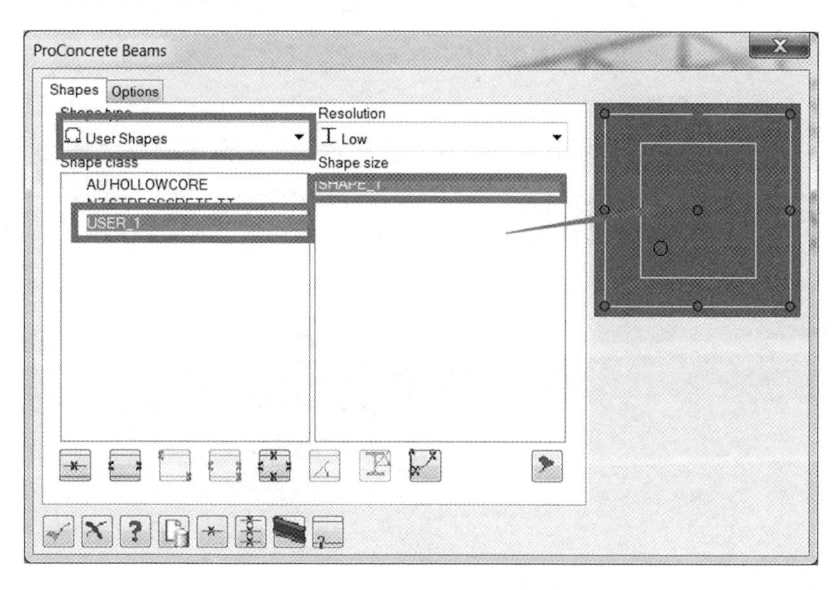

18.3 用户自定义截面

18.3.1 操作流程

第 1 步：在二维视图上绘制用户需要的截面形状。在绘制这个截面时，用户既可以绘制外截面，也可以绘制内截面，在生成三维形体时，软件可以根据内外轮廓，对三维形体进行布尔运算，将内轮廓所生成的形体自动删除。

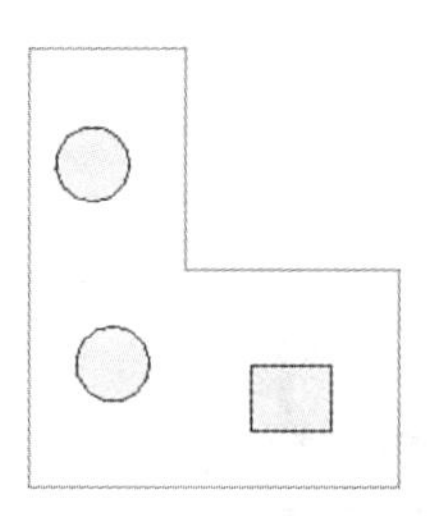

第 2 步：选中“USER_1”数据库，单击鼠标右键，再单击“Create User shape”并输入名称。

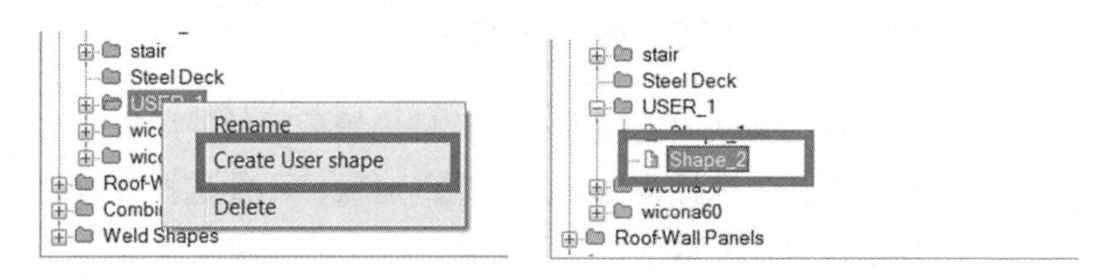

第 3 步：选中“Shape_2”，单击鼠标右键，选择创建低精度构件。

【提示】软件在此提供了低、中、高三种显示精度可供选择。用户选择低精度即可，因为现有硬件条件下，低显示精度已经能够完全满足显示程度的需求。

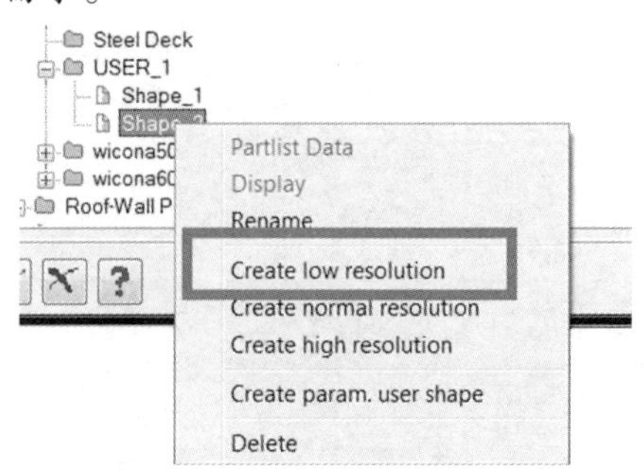

第 4 步：选择截面的外轮廓。

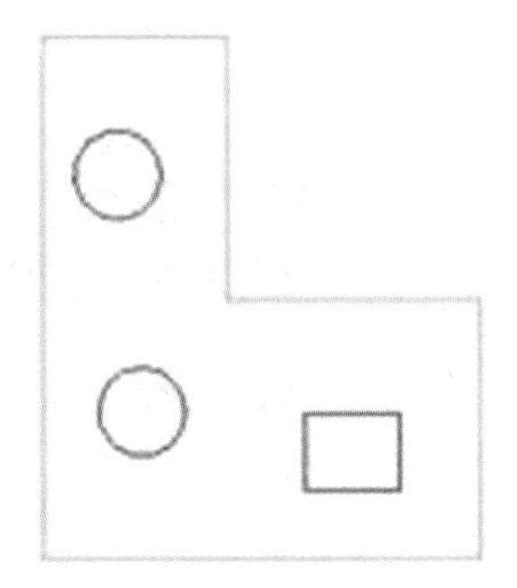

第 5 步：选择内轮廓，选择完成后单击“结束选择内轮廓”按钮。

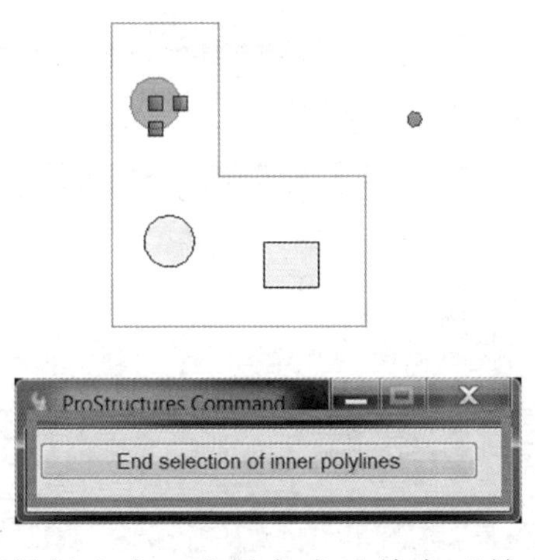

第 6 步：选择插入点，选择完成后单击“结束插入点输入”按钮。

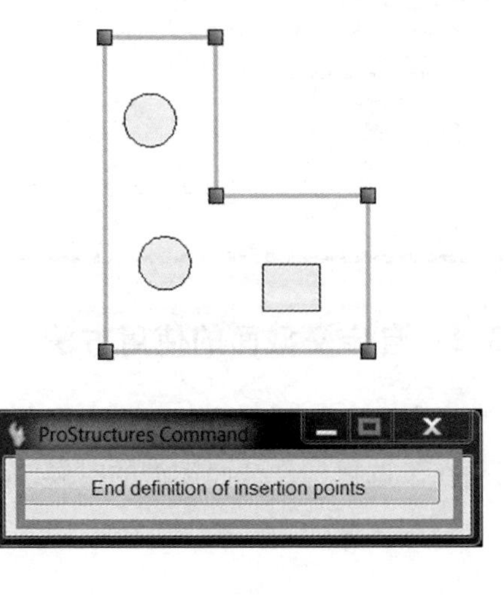

第 7 步： 定义构件的名称以及参数等信息，然后单击“确认”按钮。

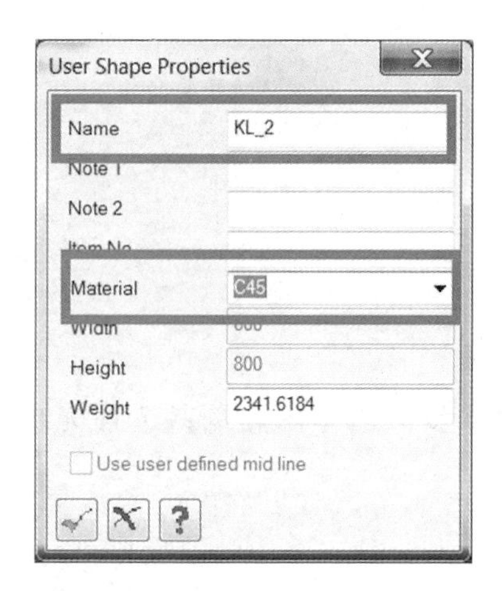

第 8 步： 定义完成。

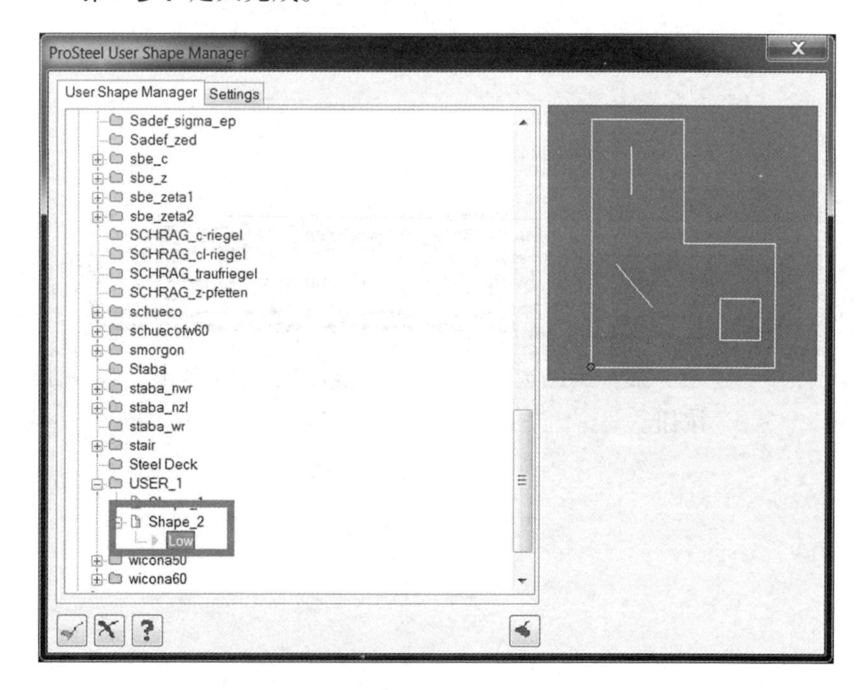

18.3.2 自定义截面的使用方法

自定义截面使用方法和软件内置截面的使用方式大体相同，主要的区别在于选择构件截面类型的时候，不能选择参数化截面，而要选择用户自定义截面。

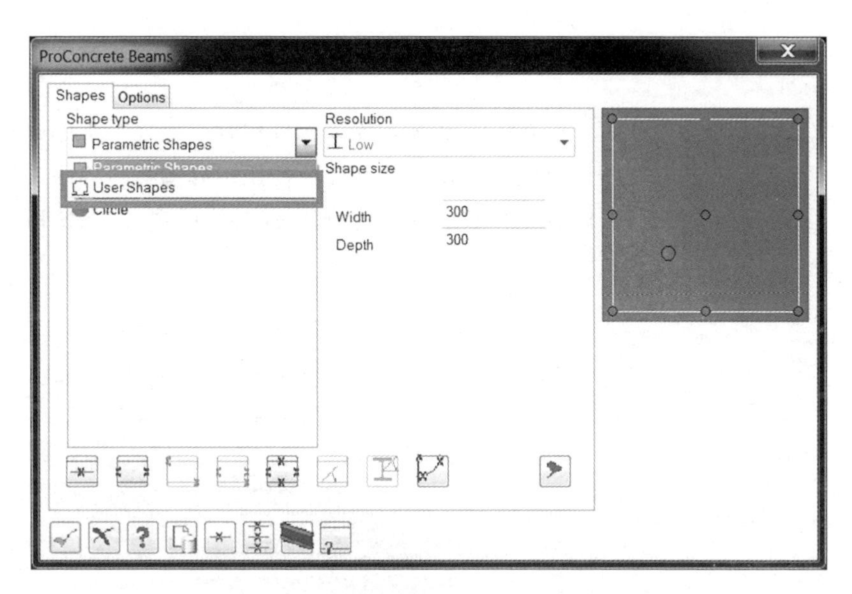

选择自定义截面中的“USER_1”和“SHAPE_2”。

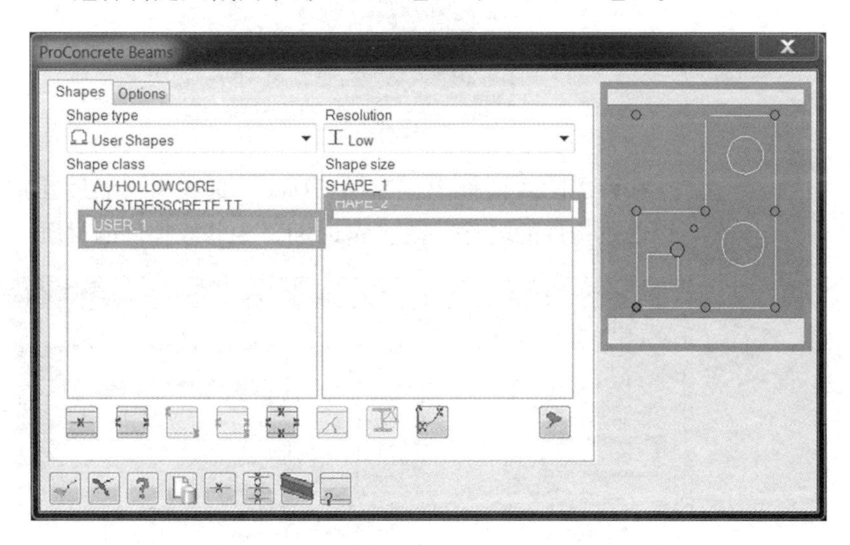

使用的效果如下图所示。

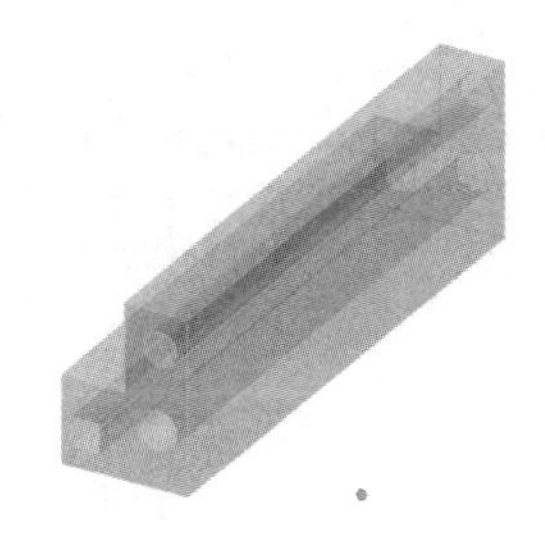

18.3.3 材质修改

在定义过程中，必须预先为构件设置一个混凝土的材料等级。但是，在使用过程中，用户往往需要使用不同的材料等级。修改材料的时候，可以选中构件，单击鼠标右键，然后选择“PS Properties”即可修改。

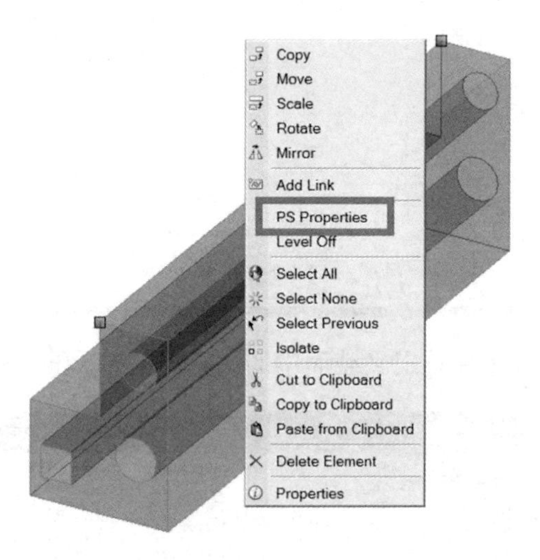

在弹出的对话框中，选择“Date”选项卡，然后在“Name”中可以修改构件的名称，在“Material”中修改构件的材质。

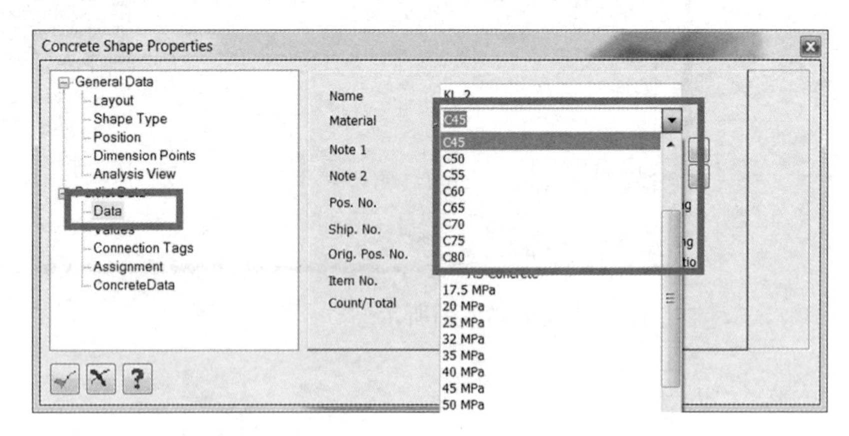

19 编　　号

为钢筋混凝土编号是完成三维模型的最后一步，ProStructures 可以自动给构件编号，也允许用户手工编号。自动编号时程序会自动识别相同的构件，并统计零件的总量。这些信息均将被输入到材料表数据库中。

零件编号后，在模型和布置图中，用户可以引出编号，并标明零件的编号和详细信息。

19.1　操作流程

第 1 步：单击编号命令按钮。

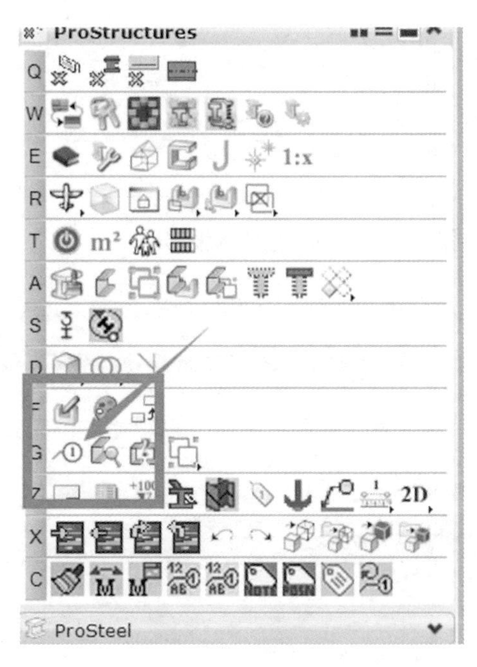

第 2 步： 设置参数。

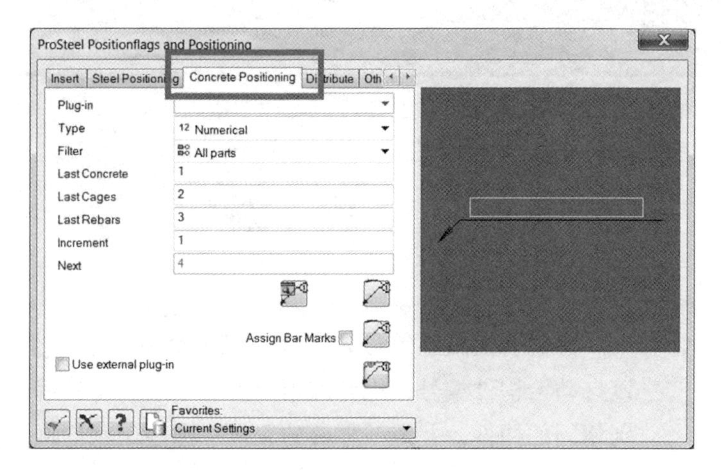

第 3 步： 生成混凝土构件编号。

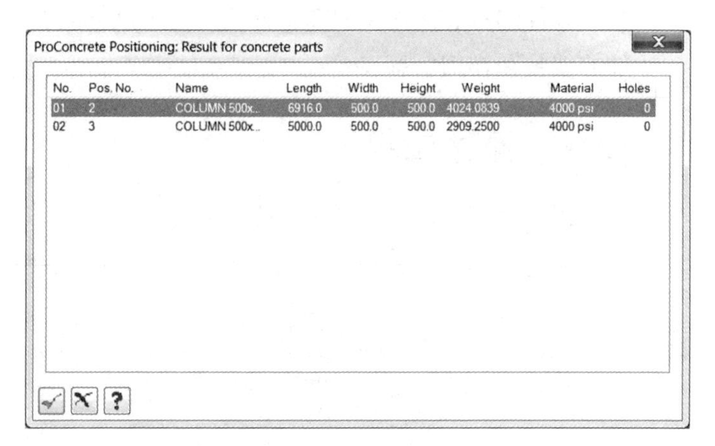

第 4 步： 生成钢筋笼编号。

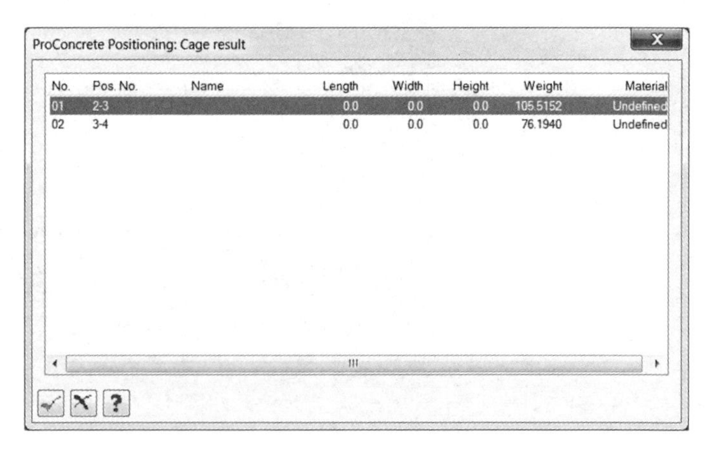

第 **5** 步：生成钢筋表编号。

ProConcrete Positioning: Results of reinforcements

No.	Pos. No.	Name	VC	Length	Shape	BarMark	Qty	Diameter	Weight	Material
1	2-3-4	R10		6827.0	00	R10A1	12	10.0	50.5471	PR
2	3-4-5	R10		4920.0	00	R10A2	12	10.0	36.4277	PR
3	3-4-6	R10		1960.0	T1	R10A3	81	10.0	97.9549	PR

第 **6** 步：完成编号。

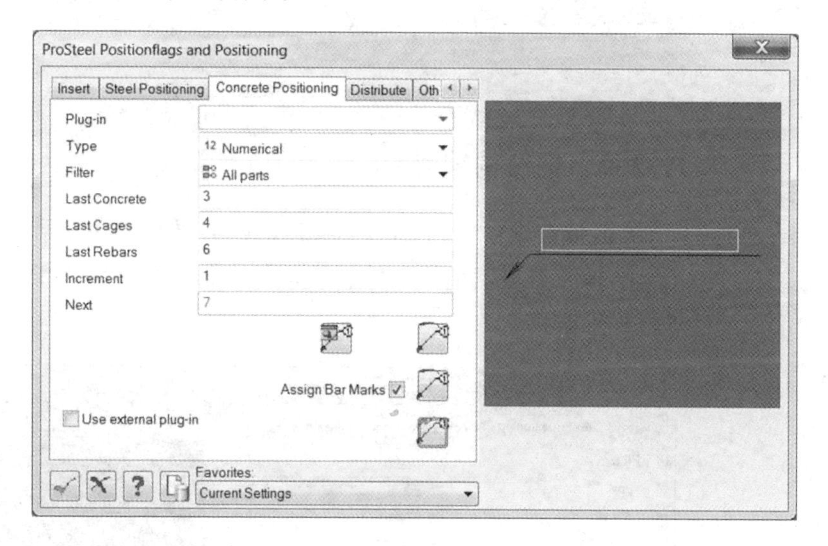

19.2　编号方法

19.2.1　手动插入编号

当编号完成后，用户指定引出编号的显示样式，可以将引出编号手工添加到模型或智能图纸中，以显示编号和相关属性。“零件引出编号样式”对话框中可以定义不同的样式。通过选中的编号样式，可以提取出相应的编号。

如果选择的零件没有编号，用户可以将设置的编号输入到零件的编号属性中。

该命令用在钢结构中，所以将在 ProSteel 模块中详细介绍。

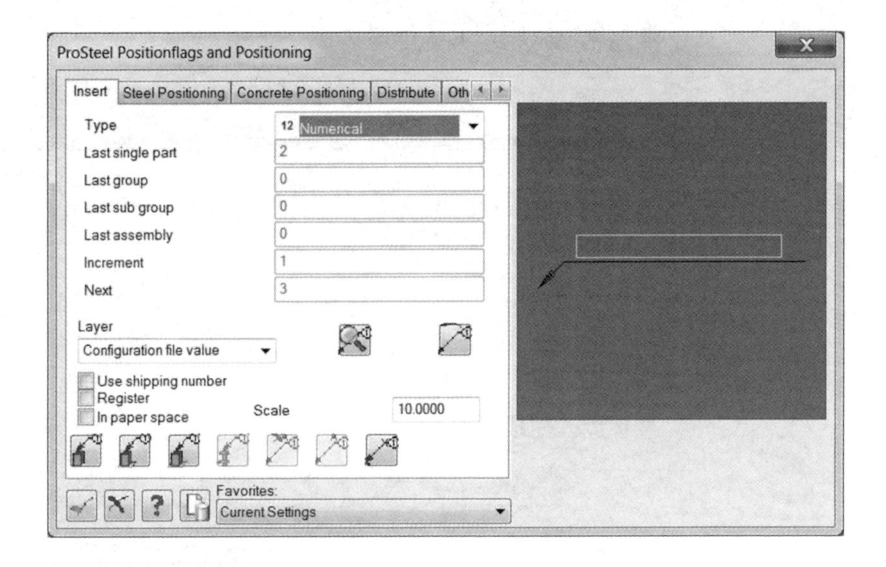

19.2.2 钢结构编号

“钢结构编号”（“Steel Positioning”）选项卡用来给钢结构构件包括钢结构节点、钢结构零件、组构件进行编号，将在 ProSteel 模块中进行详细介绍。

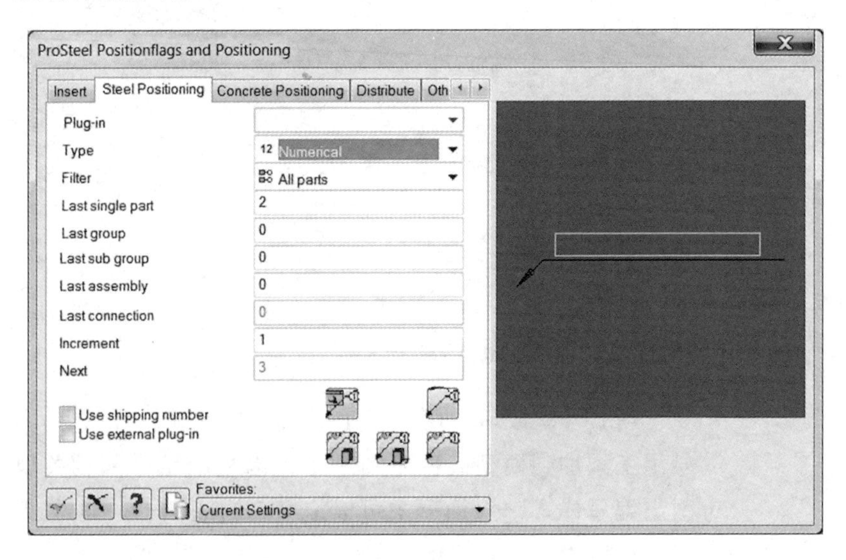

19.2.3 混凝土编号

“混凝土编号”（“Concrete Positioning”）选项卡用来给钢筋混凝土结构进行编号。

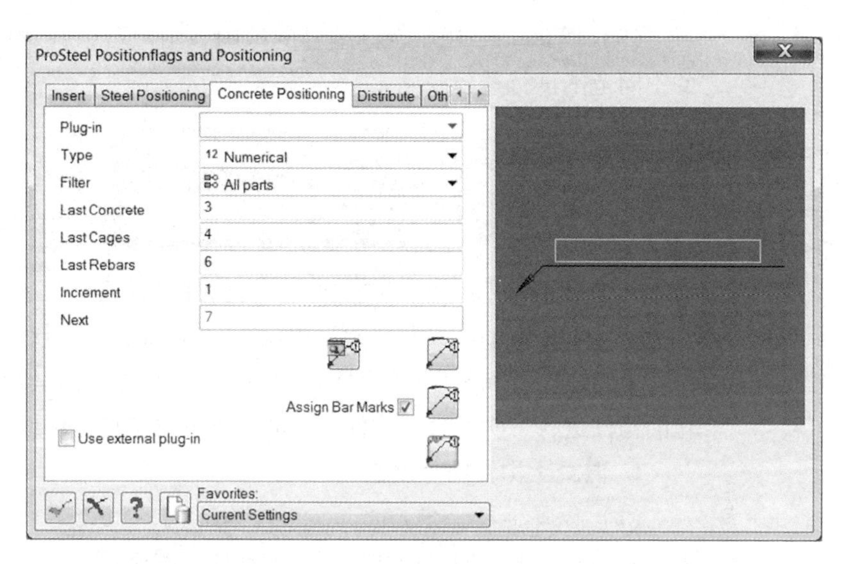

（1）“Plug－in”：用于设置使用外部编号。用户可以根据自己的需求，选择自己的编号样式，但是需要用户提前进行编写。同时，需要选中对话框中的“Use external Plug－in”。

（2）“Type”：用于设置编号的类型。用户可以根据自己的需求选择编号的类型。

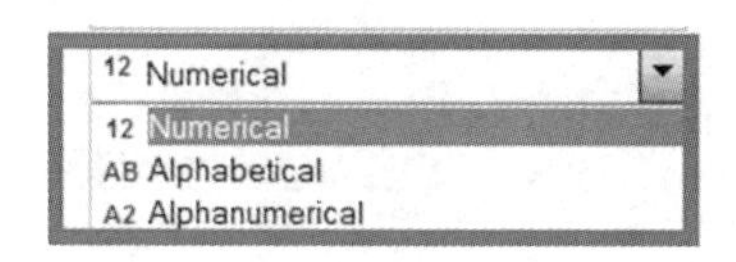

- “Numerical”：用于设置编号类型为数字。选中该项，对构件的编号将采用数字，如 1，2，3，…，以此类推。
- “Alphabetical”：用于设置编号类型为字母。选中该项，对构件的编号将采用字母，如 A，B，C，…，以此类推。
- “Alphanumerical”：用于设置编号类型为混合型。选中该项，对构件的编号将采用 A1、B2 等样式。

（3）“Last Concrete”：表示上一次编号的最后一个混凝土构件的编号。

（4）“Last Cages”：表示上一次编号的最后一个钢筋笼的编号。

（5）“Last Rebars”：表示上一次编号的最后一个单个钢筋的编号。

（6）“Increment”：用于设置钢筋编号的增量。

（7）“Next”：用于设置下一个构件的编号数。

（8）“Filter”：用于选择编号的范围。用户可以针对模型内构件的不同范围进行选择。

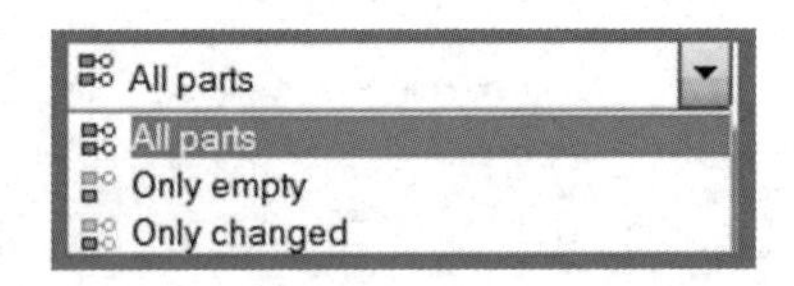

- “All parts”：用于对模型中所有构件进行编号。
- “Only empty”：只对模型中没有编过号的构件进行编号。
- “Only changed”：针对模型中虽然已经编过号，但是又发生变化的构件进行二次编号。构件以前的编号可以选择保留或者删除。

1. 混凝土构件编号设置

（1）设置工具。在 ProConcrete 中有专门的工具用来确认钢筋混凝土构件参与编号的类型和顺序。工具如下图所示。

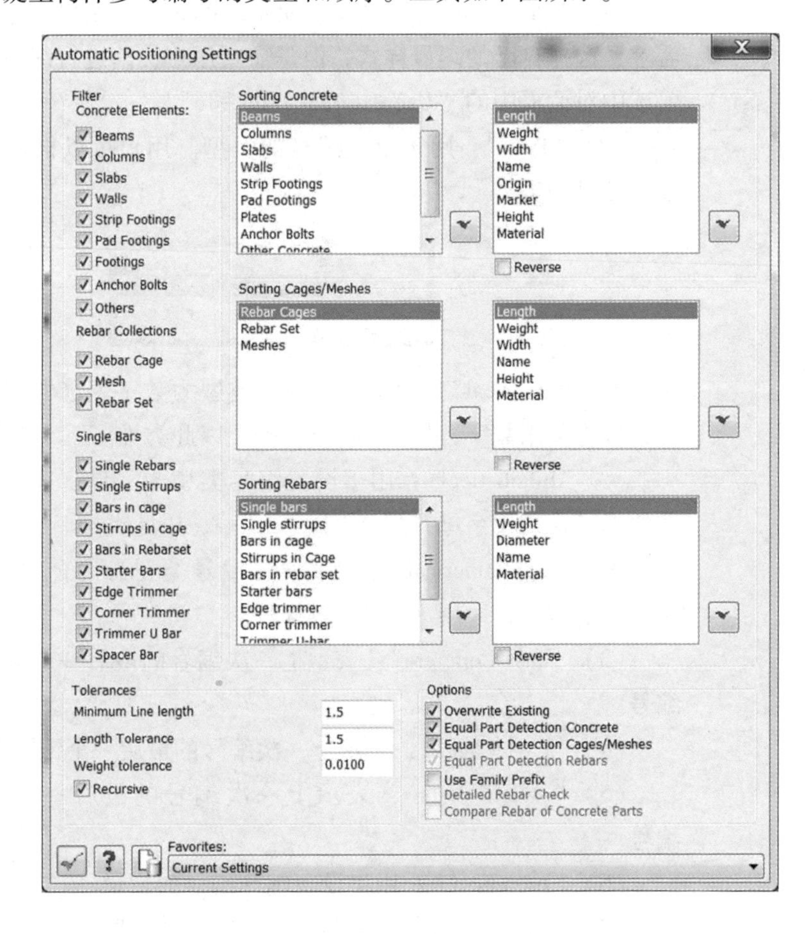

（2）混凝土构件编号的确认。

1）混凝土构件的类型。在“Concrete Elements”中，用户可以选择需要编号的混凝土构件的类型，如果都选中，软件将对模型中所有的混凝土构件进行编号；用户也可以选中其中的一个或者几个构件类型进行编号，没有选中的构件类型，将不会被编号。

【提示】没有编号的构件将不会被统计在材料表中。因此，一定要根据自己的需求精确选择混凝土构件类型。

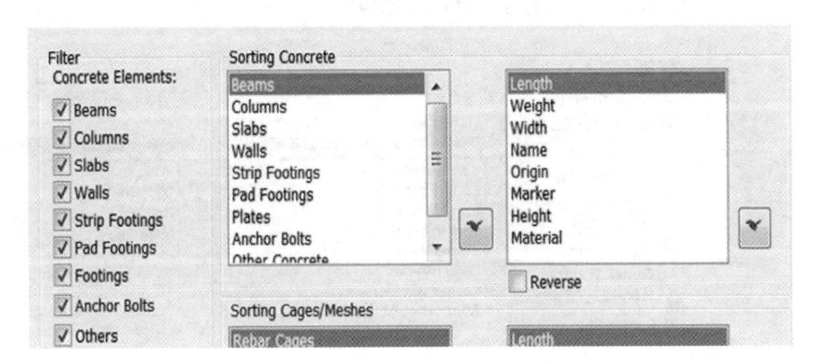

2）构件编号顺序。在“Sorting Concrete”中，用户可以选择与确定不同类型的构件的编号顺序。软件默认在三维模型中，软件会对梁构件编号，然后对柱构件编号，再对板构件编号，以此类推。

此外，用户还可以采用选择框右边的上下箭头来调整不同构件的位置，以调整软件对不同构件的编号顺序。

对于相同类型的构件，软件也提供了相应的工具，用户可以调整不同的参数，以精确确定不同的编号顺序。用户还可以利用选择框右边的上下箭头调整不同参数的位置。

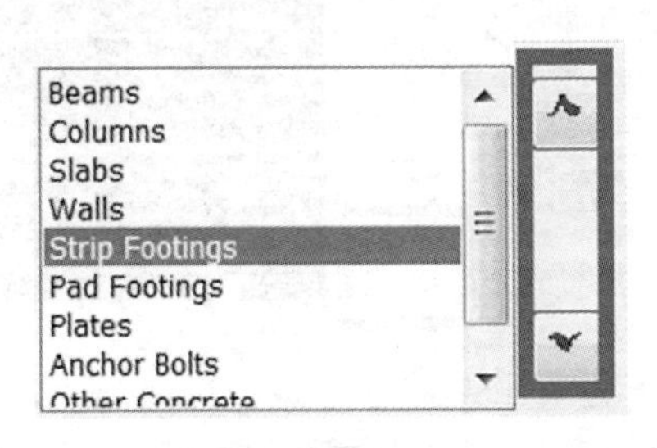

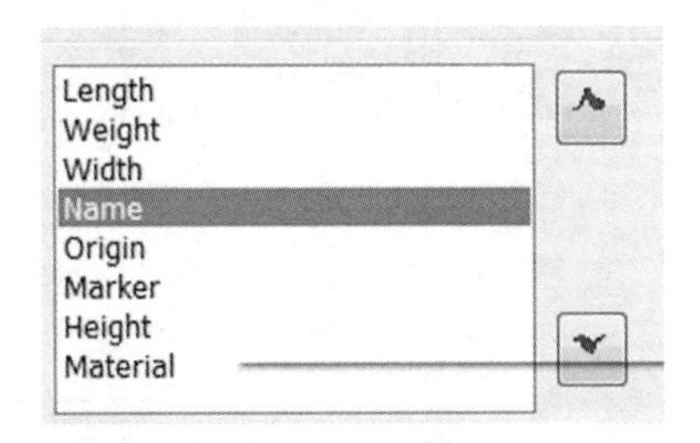

（3）钢筋笼编号。

钢筋笼编号命令可以调整钢筋笼的类型和相关参数。其选择和操作方法与混凝土构件的相同。

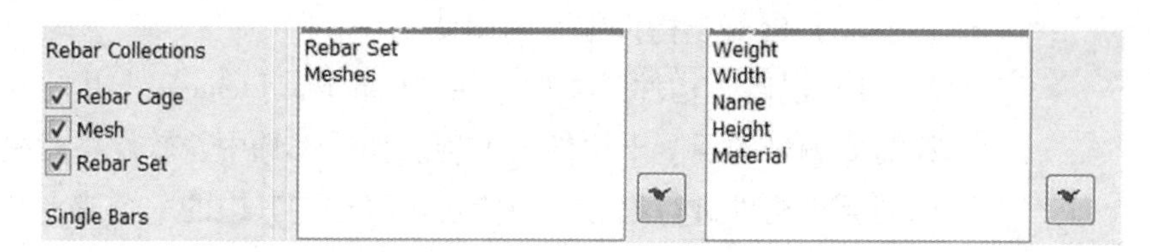

（4）单钢筋编号。

单钢筋编号命令可以调整单钢筋的类型和相关参数。其选择和操作方法与混凝土构件的相同。

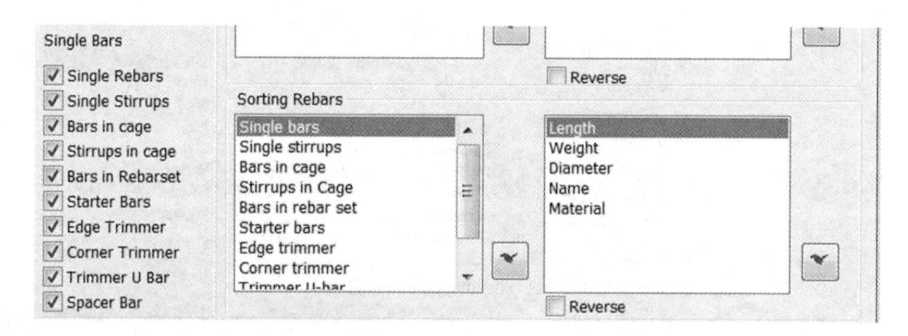

2. 钢筋形状设置

（1）命令选择。

单击下图中的命令按钮，即可打开设置钢筋形状的对话框。

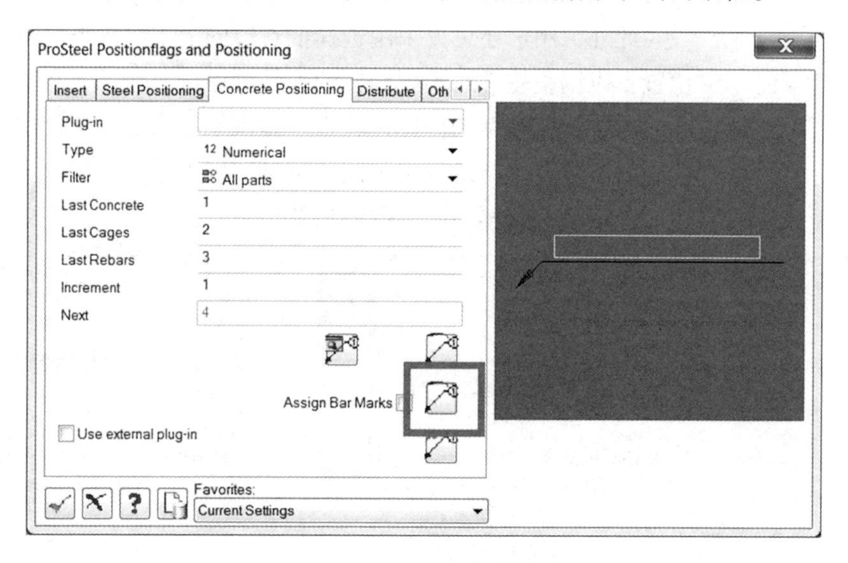

(2) 钢筋形状设置对话框。

Bar Factory Settings
Shape Definition　Browse
*Bar Mark Settings
Alpha Code　A　Mark Straight Bars
Bar Mark　(S)(A)#　Build Macro　Mark Straight Vary Bars
Example　6A1
Draping Bar Settings
Drape Process　As Actual STR　Radial Bars exceeding Prefab limits will be treated as actual STR bars.

1) “Shape Definition”：用于选择钢筋形状。软件中内置了各个主要国家的钢筋形状文件，包括美国、日本、英国、中国等，用户根据实际需要，选择钢筋形状文件，单击“Browse”即可。同时会弹出一个对话框，如下图所示。

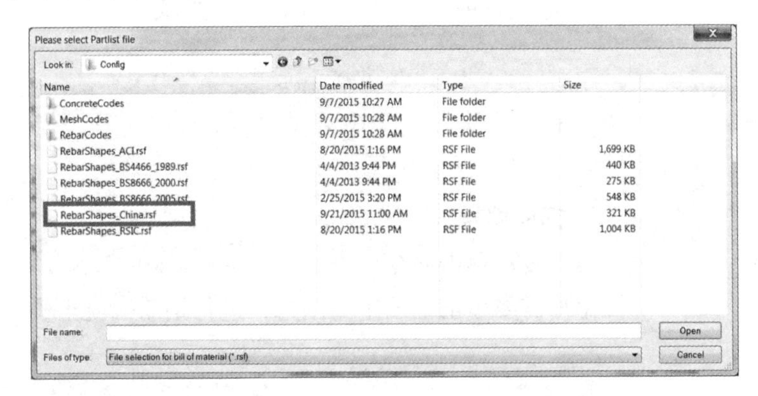

中国用户选择“RebarShapes_Chian. rsf”文件即可。选择后单击“Open”。

2) 钢筋形状及标号设置。

*Bar Mark Settings
Alpha Code　A　Mark Straight Bars
Bar Mark　(S)(A)#　Build Macro　Mark Straight Vary Bars
Example　6A1

- “Alpha Code”：用于设置钢筋编号的类型，用户可以自行选择。

- "Bar Mark"：用于设置钢筋标志，用户可以通过"Build Macro"来调整钢筋标志的内容。

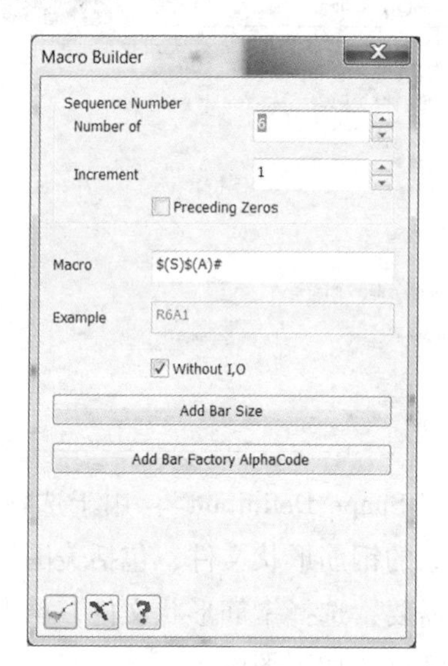

- 标记直钢筋可勾选如下图所示选项。

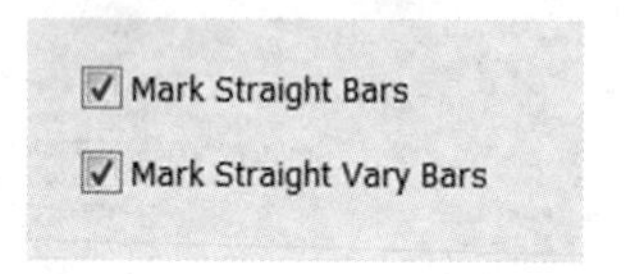

3. 钢筋编号

第 1 步：单击命令。

用户需要单击下图中的图标，进行钢筋混凝土构件的编号。

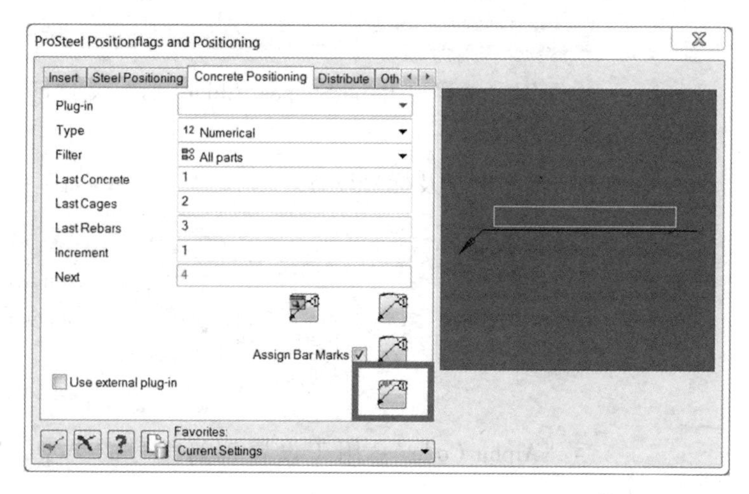

第 2 步：选择需要编号的构件类型。

单击编号命令后，软件会弹出右图所示伴生对话框，用来确定用户需要编号的构件类型和数量。

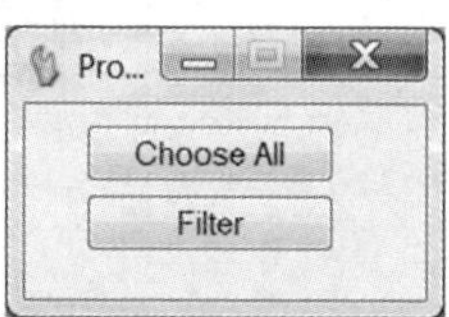

（1）“Choose All”：全部选择。单击该按钮，软件会对整个模型中的所有混凝土构件进行编号。

（2）“Filter”：过滤选择。单击该按钮，软件会弹出过滤选择对话框，用户可以批量选择需要编号的构件。过滤选择命令的操作方法，请参照前述章节，在此不再赘述。

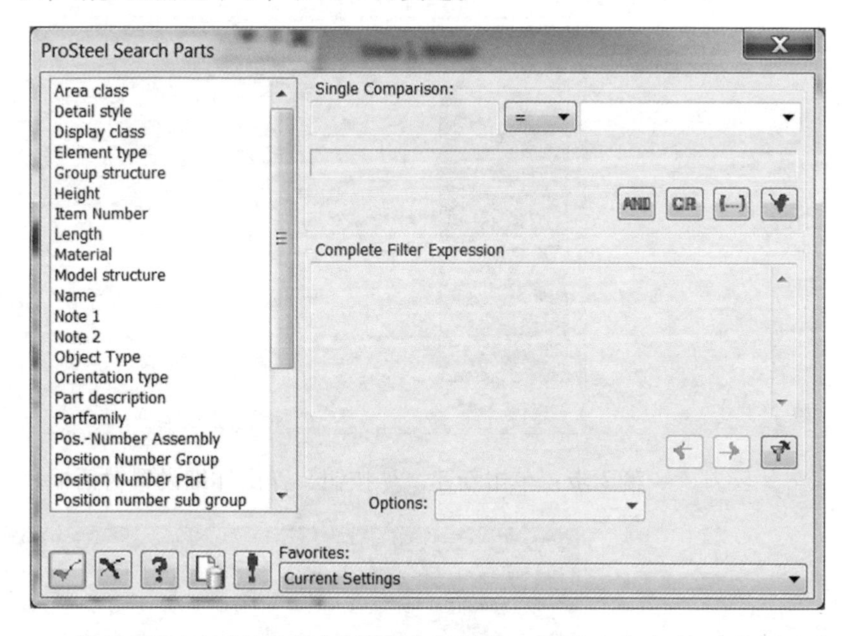

此外用户还可以用鼠标左键进行选择，软件会仅仅针对鼠标选中的构件进行编号，而其他没有被选中的构件则不会被编号。

4. 钢筋弯钩设置

在钢筋编号时，需要对钢筋形状进行设置，以便在生成钢筋表时能够直接调用这个形状。

【提示】 在编号过程中的“Results of reinforcements”表中，就有钢筋形状的设置，钢筋形状设置完成后，软件会将这些信息保存在后台的 WorkSpace 中，可以重复调用，用户不需要重复设置。

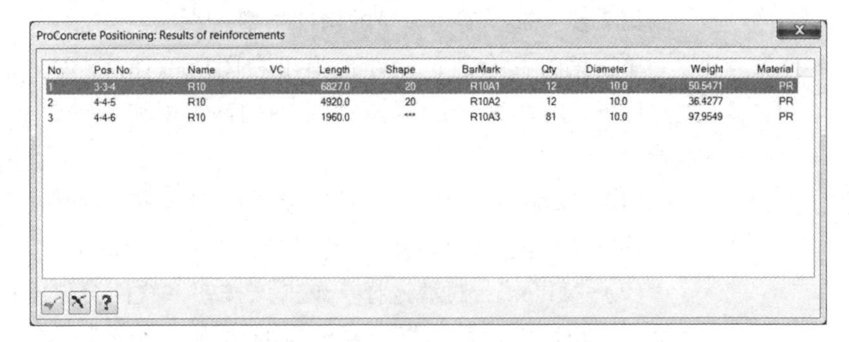

第 1 步：双击“Shape”下面的星号，弹出钢筋弯钩设置对话框。

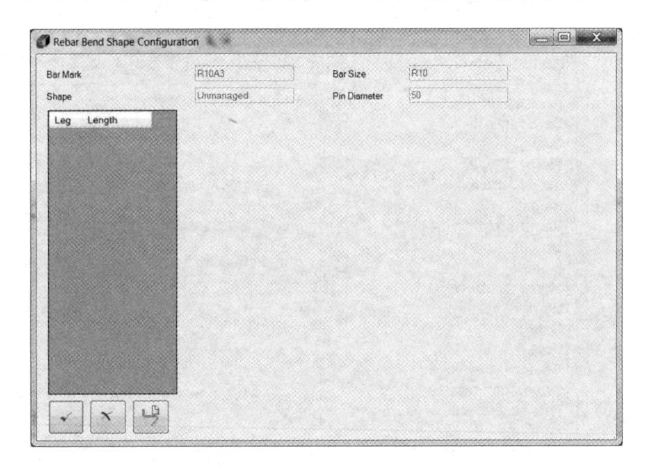

第 2 步：单击新建按钮，弹出详细设置对话框。

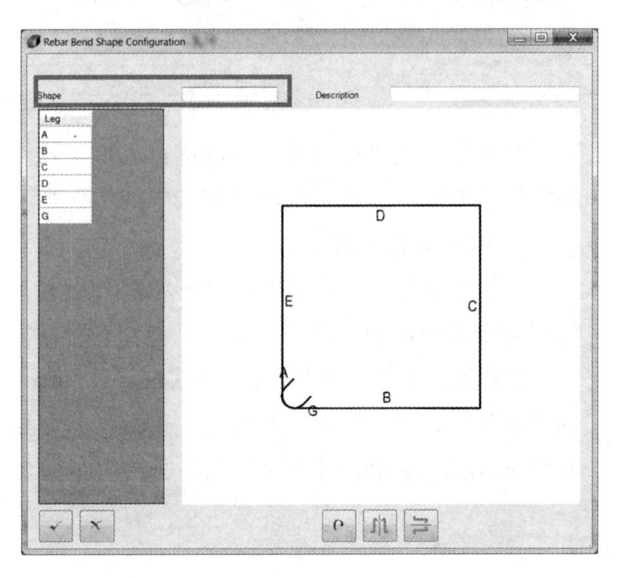

在“Shape”信息框中，用户需要自行填写不同弯钩样式的名称，然后单击“确认”按钮。

【提示】这些名称会被软件记录并保存，用户只需要填写一次即可。

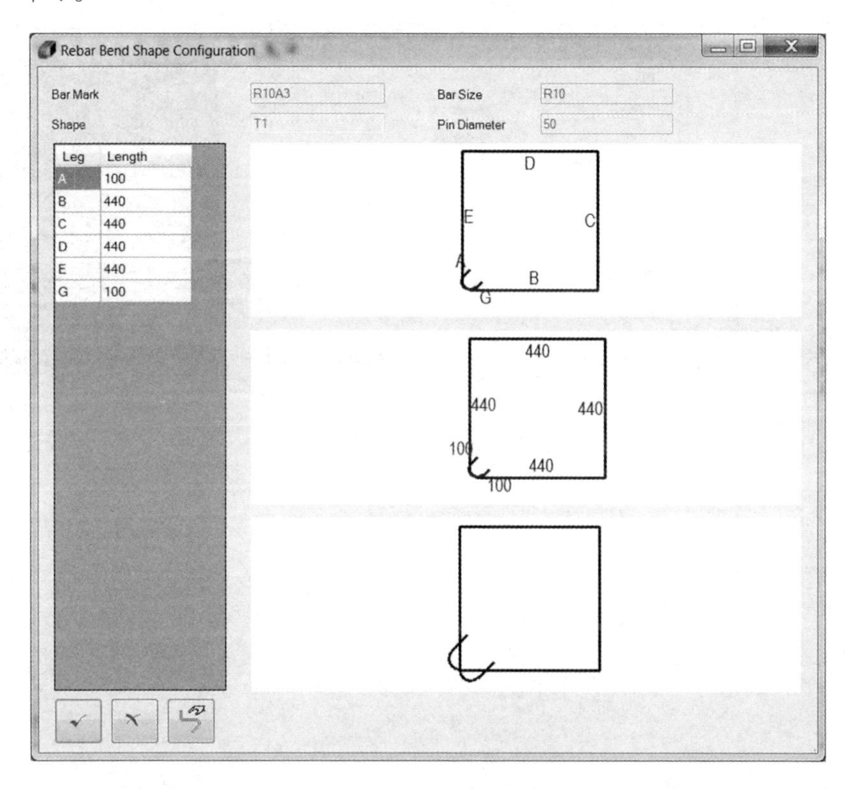

单击确认以后，这个形状的钢筋的每一个长度，系统都能够自动算出来。材料表会自动调用这些参数以生成钢筋表，指导现场加工。

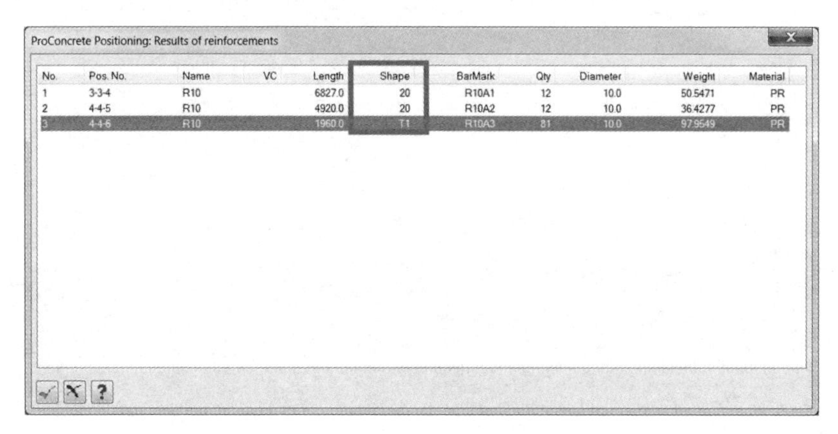
ProConcrete Positioning: Results of reinforcements

No.	Pos. No.	Name	VC	Length	Shape	BarMark	Qty	Diameter	Weight	Material
1	3-3-4	R10		6827.0	20	R10A1	12	10.0	50.5471	PR
2	4-4-5	R10		4920.0	20	R10A2	12	10.0	36.4277	PR
3	4-4-6	R10		1960.0	T1	R10A3	81	10.0	97.9549	PR

第 3 步：编号完成。

在软件编号完成以后，会弹出编号的原始对话框，表示系统对模型中的构件编号完成。

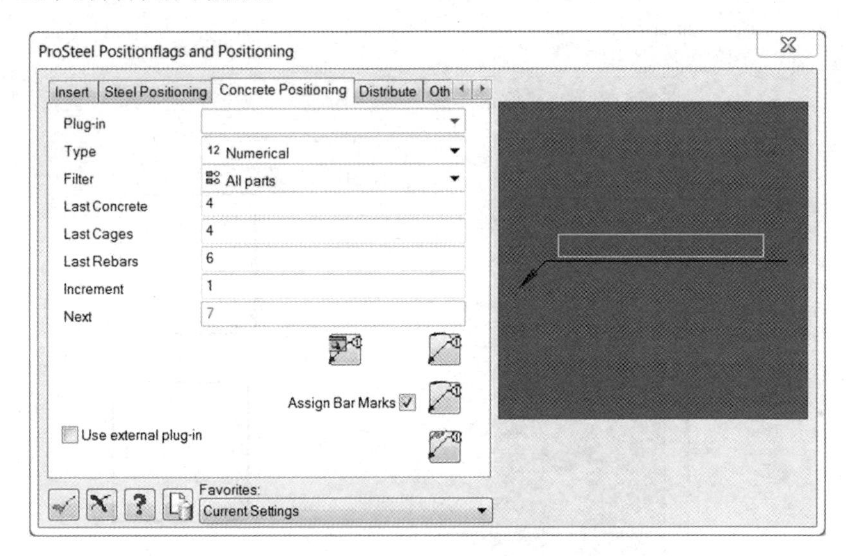

20　材料表生成

在 ProConcrete 中，生成钢筋和混凝土材料表需要通过两步来实现，即生成材料表数据库和生成材料表。

生成材料表数据库实际上是将选择的所有零件的材料信息归并起来并生成一个数据库文件。这时候的材料表库文件是“原始的”，因为它们并没有按照一定的规律分类排序。

【提示】只有编过号的零件才会生成到该数据库文件中，而螺栓会以一个特殊的状态也包含在这个数据库文件里。

生成的材料表将会根据选择的材料表模板创建。创建时根据材料表模板中所包含的过滤条件筛选材料表库文件中的数据，然后组成用户所需要的材料报表。而这些材料表模板是可以通过内嵌的“材料表模板编辑器”订制或修改的。

材料报表的表头中包含“项目名称”“施工单位”等信息，而材料报表的模板是可以通过“材料表模板编辑器”修改的，因此，即使在开始建模的时候不设置“项目管理”，也能在此处设置各个不同项目的类似的表头信息。

20.1　生成材料表数据库

20.1.1　生成材料表数据库的命令

在 ProConcrete 中，实现生成材料表数据库的命令如下图所示。

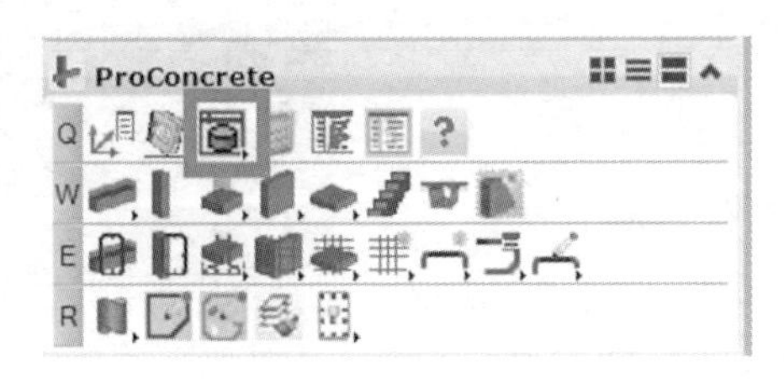

20. 1. 2　生成材料表数据库流程

第 1 步：单击数据命令。

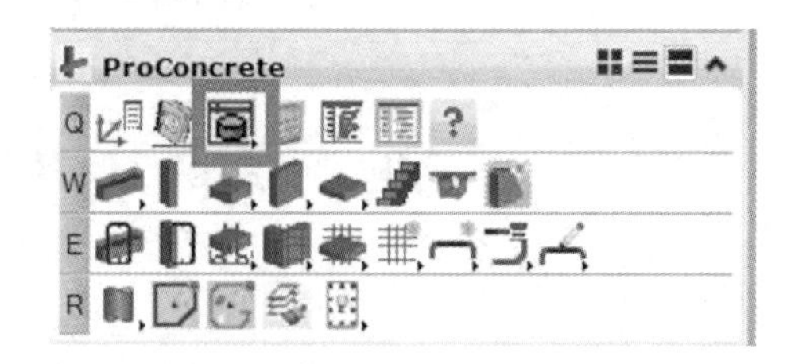

第 2 步：选择生成模型的范围。

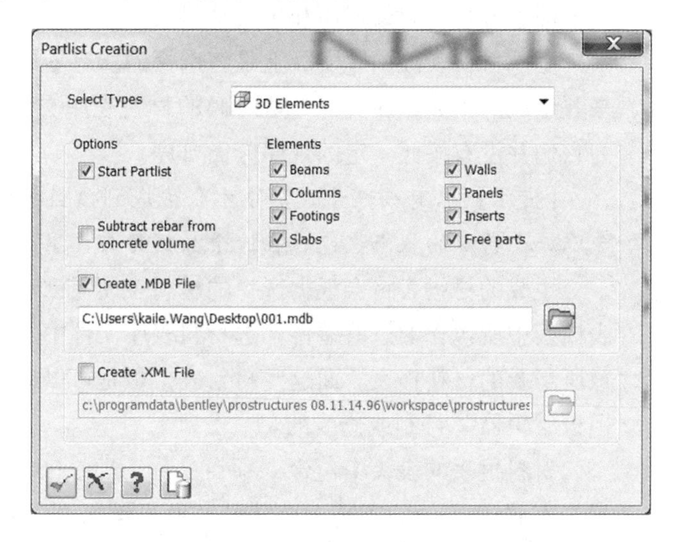

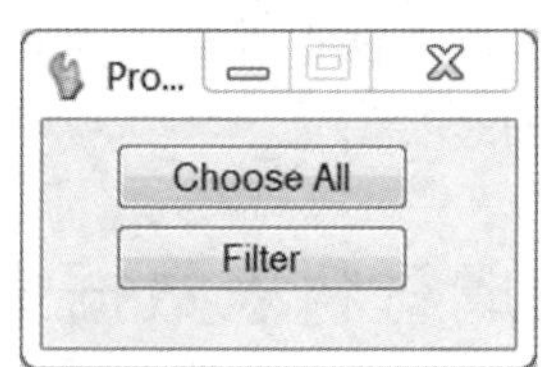

第 3 步：生成材料表数据库。

20.1.3 命令详解

1. Partlist Creation

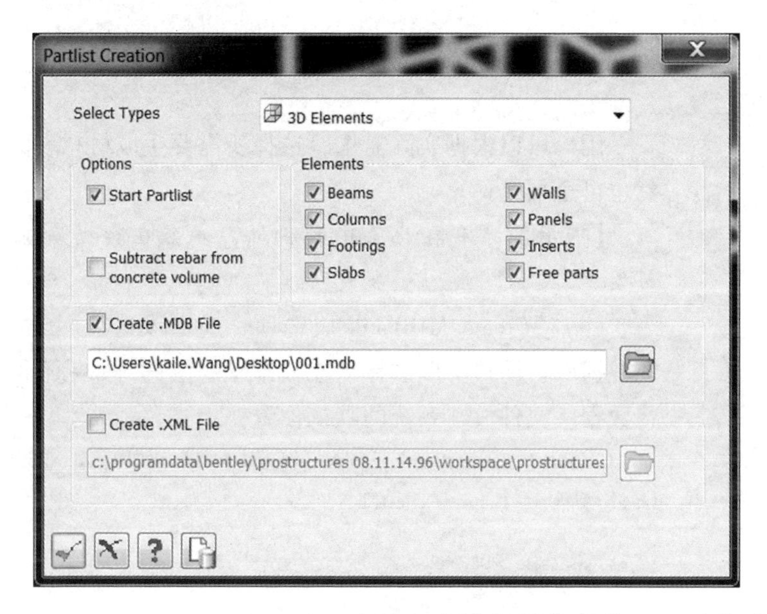

（1）“Select Types”：用于选择生成数据的构件类型，系统默认在3D模型中已编过号的构件中生成数据库。

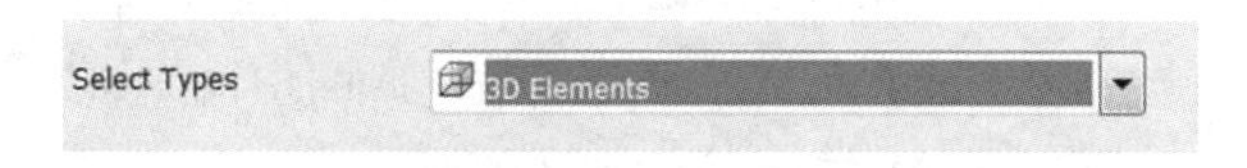

（2）“Options”选项框。

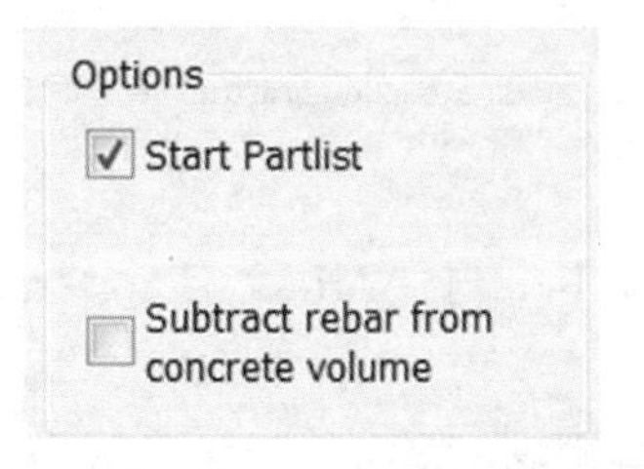

- “Start Partlist”：选中该选项后，当生成数据库以后，软件会自动开启生成材料表的工作，省去用户再去寻找生成的材料表的命令。
- “Subtract rebar from concrete volume”：选择该选项后，软件能够在计算混凝土体积的时候，自动将钢筋的体积扣减，这样算出来的混凝土体积就是施工现场实际的用量。

(3)“Elements”选项框。

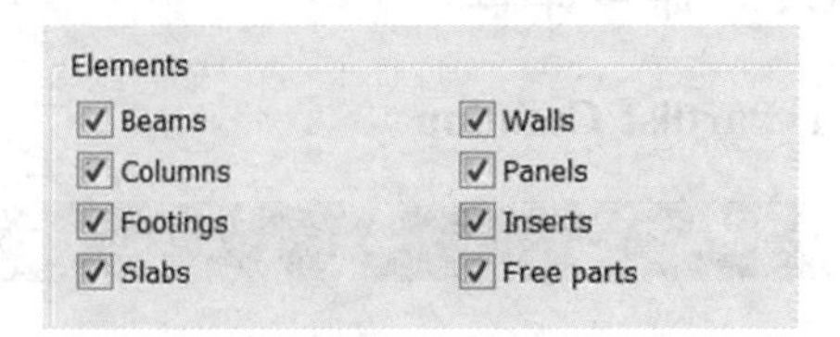

用户可以根据实际需求，选择所需要生成材料表的构件种类，当然也可全部选择。

【提示】只有在此选中的构件，才会在数据库中汇总并生成材料表。

(4)“Create. MDB File”选项。选中该选项，会生成 MDB 文件的数据库。用户可以选择生成数据库的位置，如果不做选择，软件会将数据库文件放在系统的默认位置：

C:\ProgramData\Bentley\ProStructures 08. 11. 14. 107\WorkSpace\ProStructures\Localised\USA_Canada\ PartList

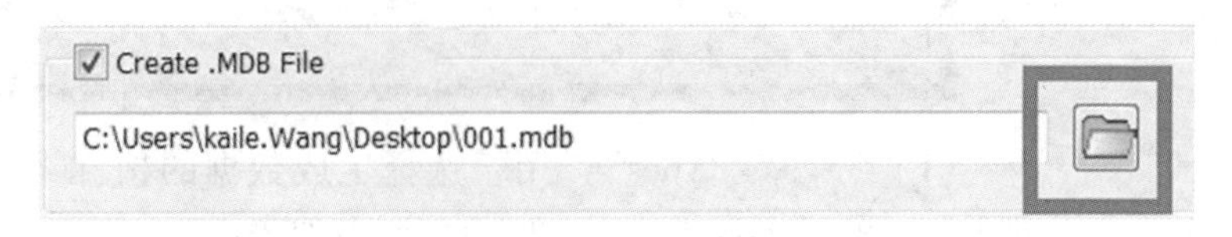

(5)“Create. XML File”选项。选中该选项，会生成 XML 文件的数据库。用户可以选择生成数据库的位置，如果不做选择，软件会将数据库文件放在系统的默认位置。

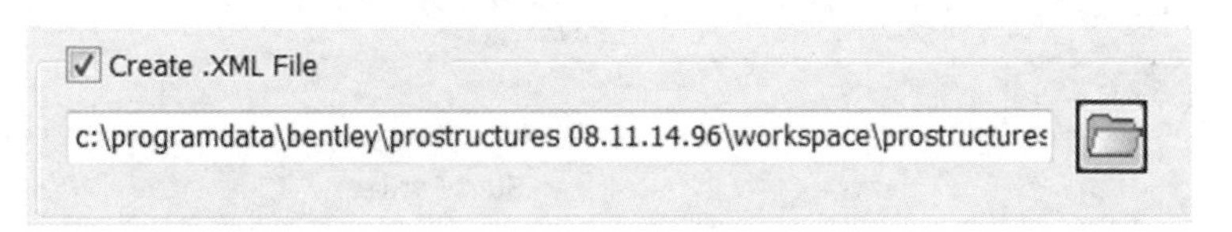

【提示】由于 XML 文件编辑能力很差，所以不建议用户勾选此项。

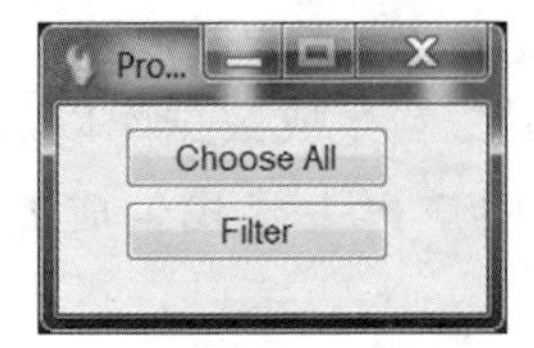

2. 伴生对话框

(1)“Choose All”。单击该命令，会将视图中所有显示的构件全部选中并生成数据库。

【提示】软件只会将视图中显示的构件选中，而被用户刻意隐藏的构件，用户自己看不见，软件也会忽略。因此，用户在开始使用这个软件时，需要特别注意和小心。

(2)“Filter”。为了方便用户能够批量选择具有一定规律的构件，软件内嵌了过滤选择的命令以提高选择效率。

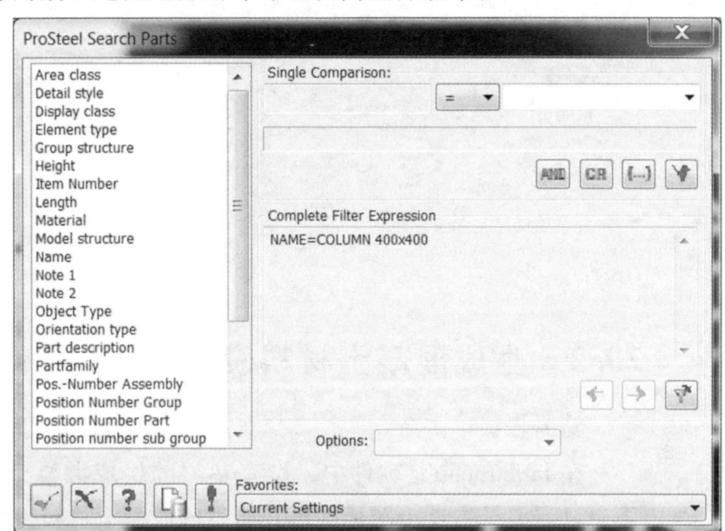

其具体操作方式，请参考前述章节。

3. 数据库文件

软件默认会生成 MDB 数据库文件，在这个数据库文件中包含了混凝土构件的数据、钢筋的数据等。

（1）混凝土构件数据库。在混凝土构件数据库中，只是罗列了按照一定规则统计的构件的数据，软件并没有在这一步对数据进行排列、归纳和排序，而这些工作，将会在生成材料时进行。

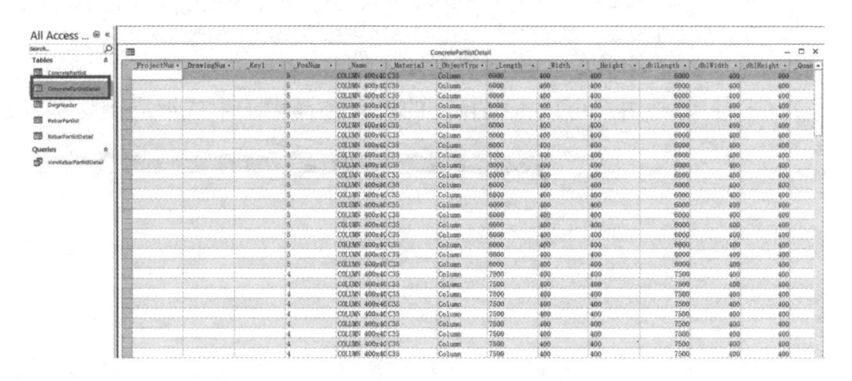

（2）钢筋数据库。钢筋数据库中会列出钢筋的所有数据，包括钢筋的单重、长度、数量以及钢筋形状、每一处的长度，等等。但是没有钢筋表的形状，而钢筋表的形状，软件会在生成材料表时，通过 RSF 文件套用在此处的形状和长度中。

RebarPartlist

_ProjectNum	_DrawingNum	_PosNum	_Quantity	_BarSize	_BarGrade	_BarCoating	_Length	_BarMark	_RowNumber	_Shape	_SingleBarW	_Weight	_Standard
		1-3-1	48	A12	HPB235		5700	AA121	0	00	5.0616002083	242.95680237	C:\Users
		1-3-2	48	A12	HPB235		5650	AA122	0	00	5.0171999931	240.8256073	C:\Users
		1-3-3	96	A14	HPB235		4300	AA143	0	00	5.2030000687	499.45800659	C:\Users
		2-4-4	16	A12	HPB235		4201	AA124	0	00	3.7304880619	59.687808990	C:\Users
		2-4-5	60	A12	HPB235		4200	AA125	0	00	3.7295999527	223.77600098	C:\Users
		2-4-6	16	A12	HPB235		4151	AA126	0	00	3.6860880852	58.977409363	C:\Users
		3-4-7	60	A12	HPB235		4150	AA127	0	00	3.685199976	221.11199951	C:\Users
		4-2-8	480	A14	HPB235		3000	AA148	0	00	3.6300001144	1742.4000244	C:\Users
		4-2-9	240	A14	HPB235		3000	AA149	0	00	3.6300001144	871.20001221	C:\Users
		5-1-10	120	A14	HPB235		3030	AA1410	0	11	3.6663000584	439.95599365	C:\Users
		2-4-11	280	A14	HPB235		2901	AA1411	0	00	3.3892099867	948.97882080	C:\Users
		3-4-12	120	A14	HPB235		2800	AA1412	0	00	3.3880000114	406.55999756	C:\Users
		5-1-13	120	A14	HPB235		2787	AA1413	0	00	3.3722701073	404.6723938	C:\Users
		5-1-14	120	A14	HPB235		1813	AA1414	0	11	2.1937301189	263.24758911	C:\Users
		3-4-15	124	A12	HPB235		1450	AA1215	0	00	1.2876000404	159.66239929	C:\Users
		5-1-16	2280	A8	HPB235		1490	AA816	0	T1	0.5885499716	1341.894043	C:\Users
		1-3-17	124	A12	HPB235		1400	AA1217	0	00	1.2431999445	154.15679932	C:\Users
		5-1-18	120	A14	HPB235		1153	AA1418	0	00	1.3951300383	167.41560364	C:\Users
		1-3-19	3268	A8	HPB235		1170	AA819	0	T1	0.4621300075	1510.3061523	C:\Users
		4-2-20	120	A14	HPB235		950	AA1420	0	00	1.1495000124	137.94000244	C:\Users
		4-2-21	120	A14	HPB235		580	AA1421	0	00	0.6654999852	79.860000610	C:\Users
			1				0		0		0	0	
			1				0		0		0	0	
			1				0		0		0	0	

20.2 生成混凝土材料表

第 1 步： 单击命令。

在 ProStructures 软件中，设有专门的生成混凝土材料表的命令，用户只需要单击这个图标即可开始生成混凝土材料表的工作。

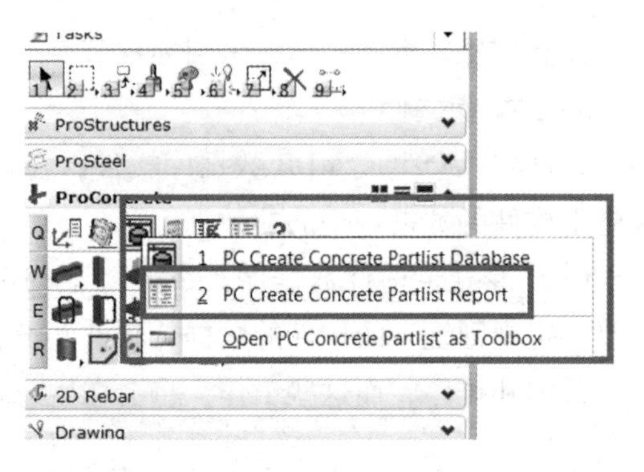

第 2 步： 添加数据库文件。

用户可以根据自己的需求选择用于生成混凝土材料表的数据库。

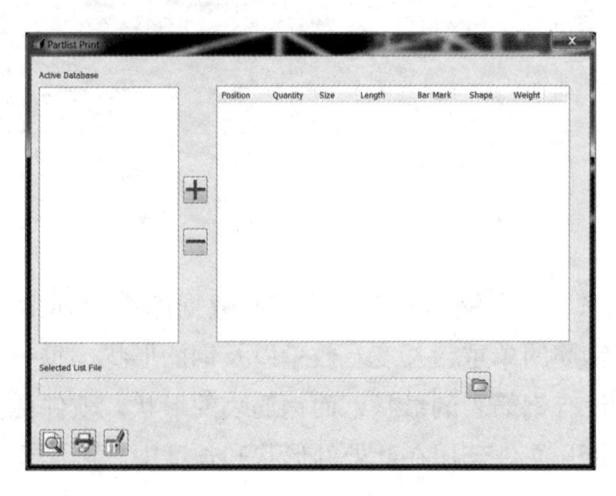

单击对话框中的 ➕ 按钮，添加数据库文件。添加完成后的效果如下图所示。

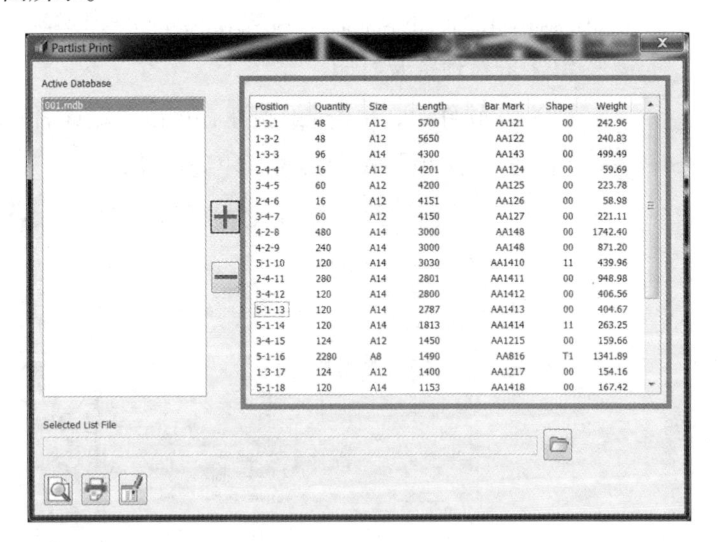

Position	Quantity	Size	Length	Bar Mark	Shape	Weight
1-3-1	48	A12	5700	AA121	00	242.96
1-3-2	48	A12	5650	AA122	00	240.83
1-3-3	96	A14	4300	AA143	00	499.49
2-4-4	16	A12	4201	AA124	00	59.69
3-4-5	60	A12	4200	AA125	00	223.78
2-4-6	16	A12	4151	AA126	00	58.98
3-4-7	60	A12	4150	AA127	00	221.11
4-2-8	480	A14	3000	AA148	00	1742.40
4-2-9	240	A14	3000	AA148	00	871.20
5-1-10	120	A14	3030	AA1410	11	439.96
2-4-11	280	A14	2801	AA1411	00	948.98
3-4-12	120	A14	2800	AA1412	00	406.56
5-1-13	120	A14	2787	AA1413	00	404.67
5-1-14	120	A14	1813	AA1414	11	263.25
3-4-15	124	A12	1450	AA1215	00	159.66
5-1-16	2280	A8	1490	AA816	T1	1341.89
1-3-17	124	A12	1400	AA1217	00	154.16
5-1-18	120	A14	1153	AA1418	00	167.42

添加数据库文件完成后，在对话框的左侧会显示添加的数据文件名称，在对话框的右侧会显示这个数据库文件中的钢筋信息。

第 3 步： 选择混凝土材料表样式。

（1）单击选择材料表按钮 📂 。

（2）选择材料表样式中的“Concrete”样式。

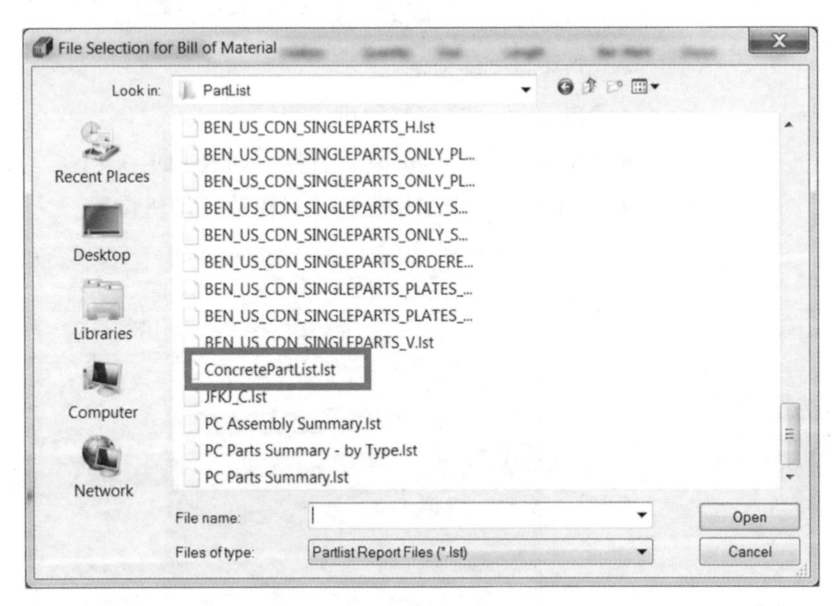

【提示】ProStructures 中所有的材料表样式都是“.lst”文件，而且必须保存在以下文件夹中才能被软件调用：

C:\ProgramData\Bentley\ProStructures\WorkSpace\ProStructures\Localised\USA_Canada\ PartList

第 4 步：预览及打印。

(1) 在软件中，单击 按钮，可以预览或者直接打印材料表。在“打印选项”页面可对打印进行设置。

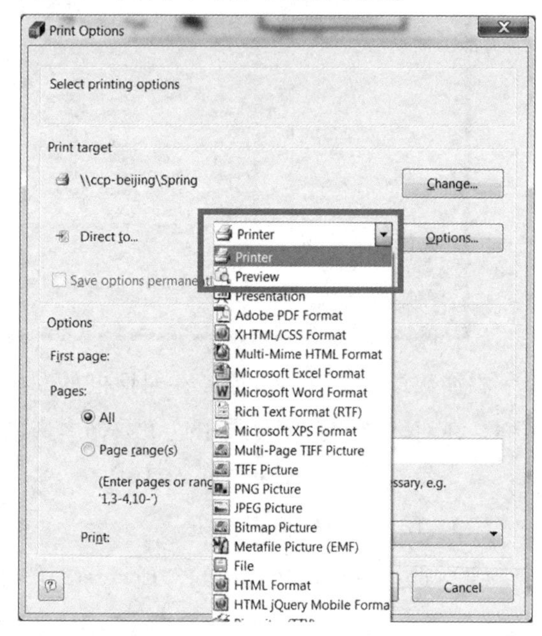

- “Preview”：预览。
- “Printer”：连接打印机。
- “Adobe PDF Format”：直接打印成 PDF 文档。
- “Charge”：单击该按钮，可更改打印机设置。

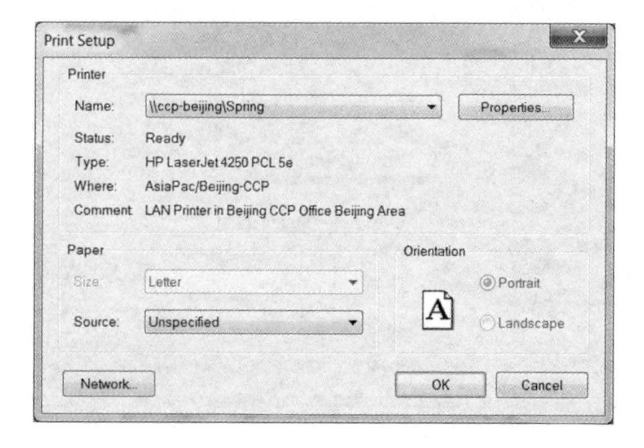

（2）材料表预览。

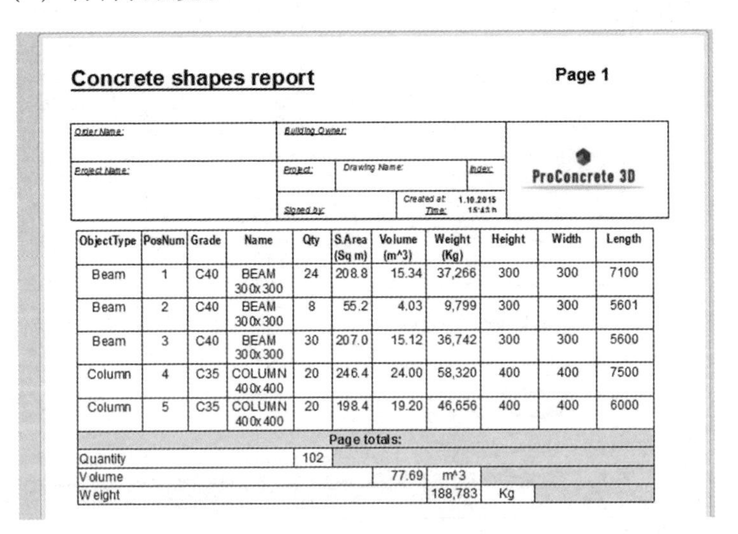

Concrete shapes report Page 1

Order Name: | Building Owner: | ProConcrete 3D
Project Name: | Project: | Drawing Name: | Index:
Signed by: | Created at: 1.10.2015 | Time: 15:45 h

ObjectType	PosNum	Grade	Name	Qty	S.Area (Sq m)	Volume (m^3)	Weight (Kg)	Height	Width	Length
Beam	1	C40	BEAM 300x300	24	208.8	15.34	37,266	300	300	7100
Beam	2	C40	BEAM 300x300	8	55.2	4.03	9,799	300	300	5601
Beam	3	C40	BEAM 300x300	30	207.0	15.12	36,742	300	300	5600
Column	4	C35	COLUMN 400x400	20	246.4	24.00	58,320	400	400	7500
Column	5	C35	COLUMN 400x400	20	198.4	19.20	46,656	400	400	6000
Page totals:										
Quantity				102						
Volume						77.69	m^3			
Weight							188,783	Kg		

（3）快速打印设置。按照正常的操作方式，用户在预览材料表后，需要关闭预览界面，然后重新单击预览打印按钮，在弹出的对话框中选择打印机或者 PDF 驱动，将材料表打印成 PDF 格式、JPG 格式或者直接驱动打印机等。但是这种操作方式略显麻烦，所以在此介绍一个比较简单的操作方式，即在预览界面直接打印成 PDF 格式或 JPG 格式。

1）单击下图中的打印预览图标。

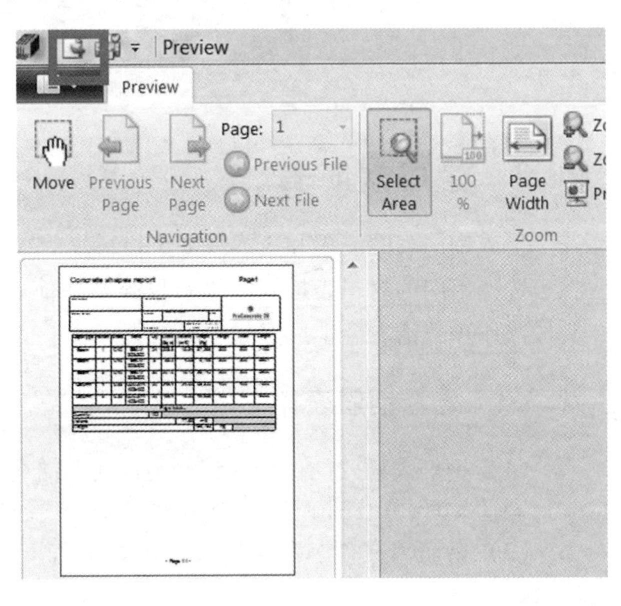

2）在弹出的对话框中选择合适的文件格式，如 PDF 格式或 JPG 格式。

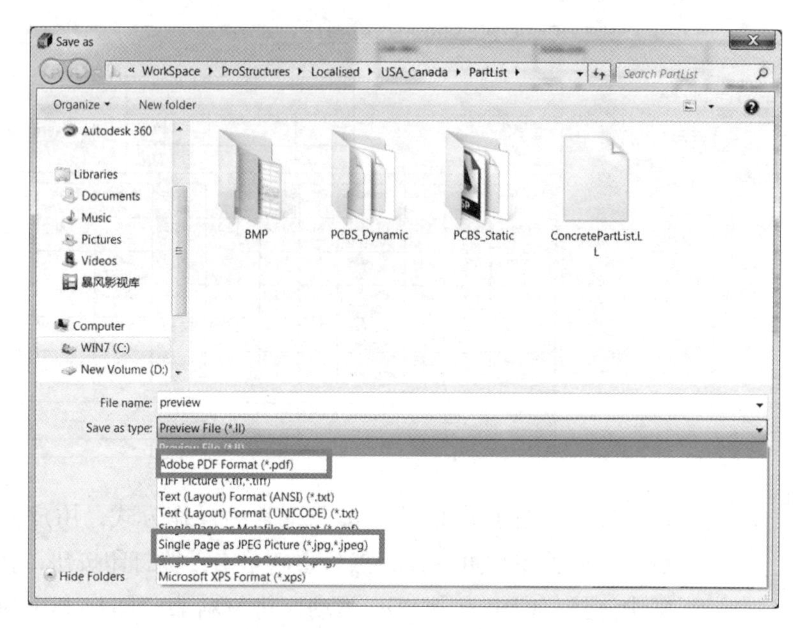

3）选择合适的文件名称和保存位置，即完成打印 PDF 或 JPG 文档。

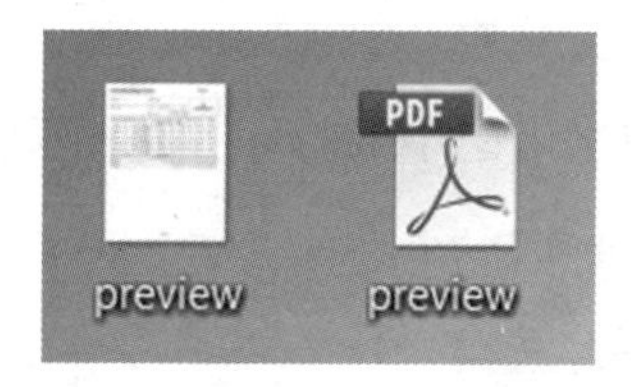

20.3 生成钢筋表

生成钢筋表的流程和生成混凝土材料表的基本一致，二者的区别在于选择不同的材料表样式。本节仅介绍如何选择钢筋材料表样式，其他操作步骤请参考生成混凝土材料表。

20.3.1 选择钢筋表样式

（1）钢筋表样式的位置。钢筋表样式存储在软件中的以下位置：C:\ProgramData\Bentley\ProStructures\WorkSpace\ProStructures\Localised\USA_Canada\ PartList

（2）钢筋表文件名称。软件中内置了若干钢筋表样式，如下图所示。

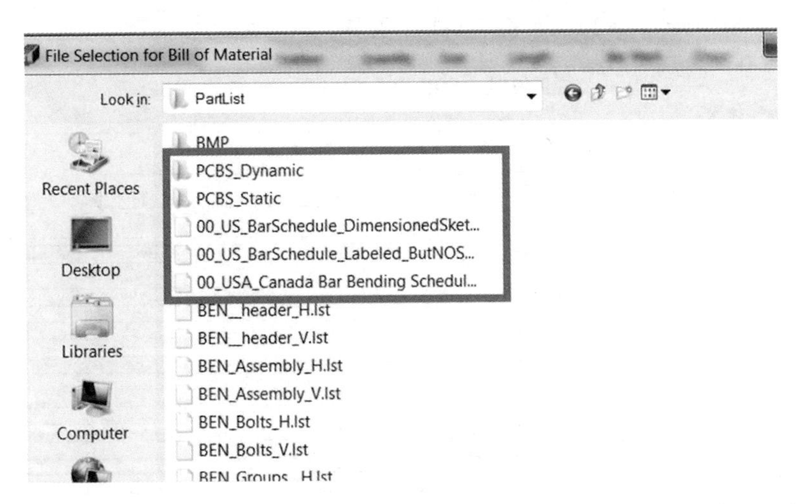

用户还可以根据自己的需求，重新定制用户的材料表样式，具体操作方式参见 20.4 材料表的修改。

20.3.2 钢筋表预览

（1）钢筋表样式一预览。

Bar Bending Schedule Page 1

Order Name:	Building Owner:		
Project Name:	Project:	Drawing Name:	Index:
	Signed by:	Created at: 1.10.2015 Time: 16:1 h	

Colour	Bar Mark	Qty	Product	A mm	B mm	C mm	D mm	E/R mm	Length mm	Bar Type	Remarks	Item Weight kg
	AA143	96.0	A14	4300					4300	(A)		499.5
	AA1410	120.0	A14	183	2848				3030	A		440.0
	AA148	240.0	A14	3000					3000	(A)		871.2
	AA148	480.0	A14	3000					3000	(A)		1742.4
	AA1411	280.0	A14	2801					2801	(A)		949.0
	AA1412	120.0	A14	2800					2800	(A)		406.6
	AA1413	120.0	A14	2787					2787	(A)		404.7

（2）钢筋表样式二预览。

Material Schedule Page 1

Order Name:	Building Owner:			
Project Name:	Project:	Drawing Name:	Index:	
	Signed by:	Created at: 1.10.2015 Time: 16:2 h		

Bar Mark	Qty	Length	Total Length	Unit Weight	Total Weight
Bartype:	**A14**				
AA143	96	4300	412800.0	5.2	499.5
AA1410	120	3030	363600.0	3.7	440.0
AA148	240	3000	720000.0	3.6	871.2
AA148	480	3000	1440000.0	3.6	1,742.4
AA1411	280	2801	784280.0	3.4	949.0
AA1412	120	2800	336000.0	3.4	406.6
AA1413	120	2787	334440.0	3.4	404.7
AA1414	120	1813	217560.0	2.2	263.2
AA1418	120	1153	138360.0	1.4	167.4
AA1420	120	950	114000.0	1.1	137.9
AA1421	120	550	66000.0	0.7	79.9
			4927.04		5961.7
Bartype:	**A12**				
AA121	48	5700	273600.0	5.1	243.0
AA122	48	5650	271200.0	5.0	240.8
AA124	16	4201	67216.0	3.7	59.7
AA125	60	4200	252000.0	3.7	223.8
AA126	16	4151	66416.0	3.7	59.0
AA127	60	4150	249000.0	3.7	221.1
AA1215	124	1450	179800.0	1.3	159.7
AA1217	124	1400	173600.0	1.2	154.2
			1532.83		1361.2
Bartype:	**A8**				
AA816	2,280	1490	3397200.0	0.6	1,341.9
AA819	3,268	1170	3823560.0	0.5	1,510.3
			7220.76		2852.2

Complete Weight 10175.1 Kg

（3）钢筋表样式三预览。

Bar Bending Schedule Page 1

Order Name:	Building Owner:			
Project Name:	Project:	Drawing Name:	Index:	
	Signed by:	Created at: 1.10.2015 Time: 16:3 h		

Colour	Bar Mark	Quantity	Product	E/R	Length	Bar Style	Remarks	Item Weight
	AA143	96	A14		4300	(4300)		499.5
	AA1410	120	A14		3030	183 (2848)		440.0
	AA148	240	A14		3000			871.2
	AA148	480	A14		3000			1,742.4
	AA1411	280	A14		2801	(2801)		949.0
	AA1412	120	A14		2800	(2800)		406.6

20.4 材料表的修改

在 ProStructures 中，软件已经内置了各种形式的材料表，包括钢结构的材料表、混凝土材料表和钢筋材料表。材料表可以供用户直接调用，用户也可以根据自己的需求对材料表进行汉化，或者按照自己的需求，添加相应的变量。

20.4.1 材料表的汉化

虽然软件自带的材料表全部是英文的，但是用户可以根据自己的需求将材料表汉化。

Bar Bending Schedule Page 1

Order Name:	Building Owner:		
Project Name:	Project:	Drawing Name:	Index:
	Signed by:	Created at: 23.6.2015 Time: 13:22 h	

Colour	Bar Mark	Qty	Product	A	B	C	D	E/R	Length	Bar Type	Remarks	Item Weight
	10MA1	41	10M	94	340	340	340	340	1546			49.8
		24	10M						2000			37.7

Result:

第 1 步： 新建自己的材料表。

【提示】 不建议在软件自带的材料表中进行修改，而是将材料表复制一份，重新命名修改。这样做的好处是可以作为公司级别的材料表供大家共同调用。

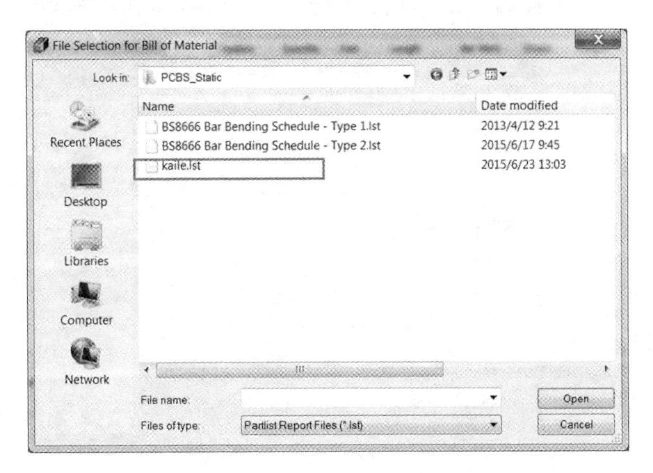

第 2 步：选择复制好的材料表并单击编辑命令。

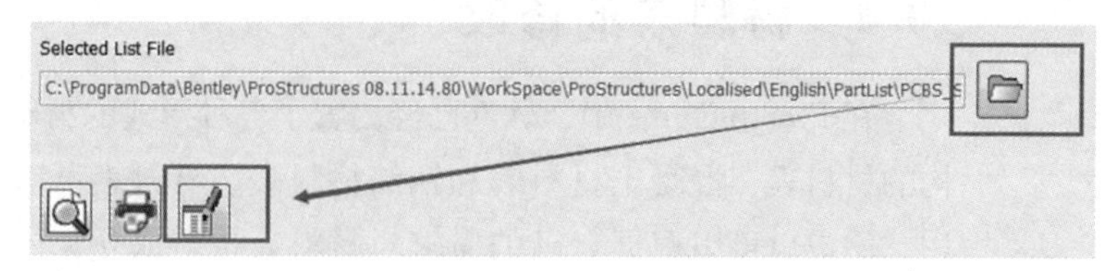

第 3 步：修改表头和表尾。

首先，双击要修改的区域。

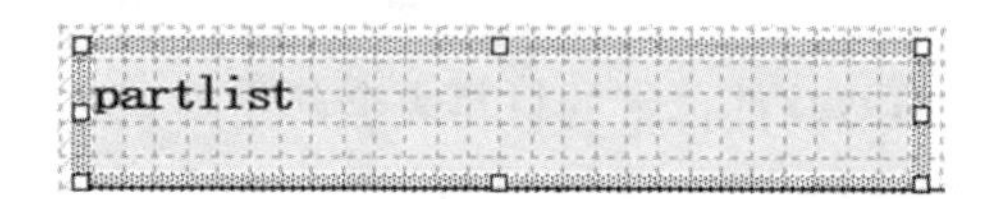

然后，在弹出的对话框中修改材料表字体、材料表中文字颜色、文字大小等，其他参数设置用法与 Microsoft Word 的相同。

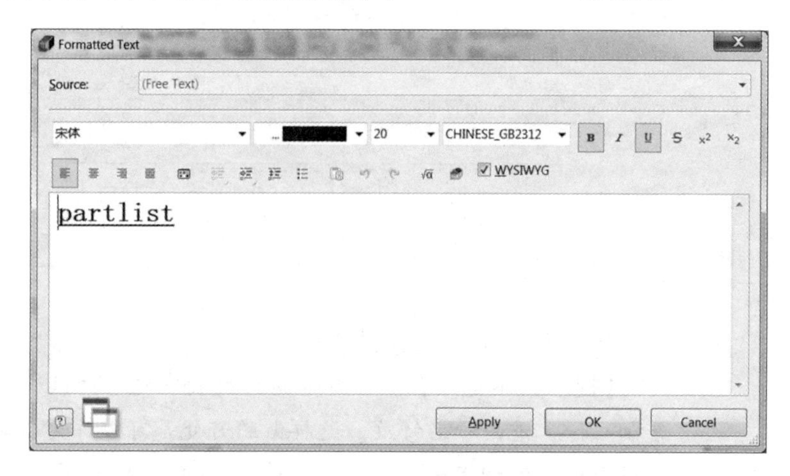

修改完成以后，单击“OK”按钮和“Apply”按钮。

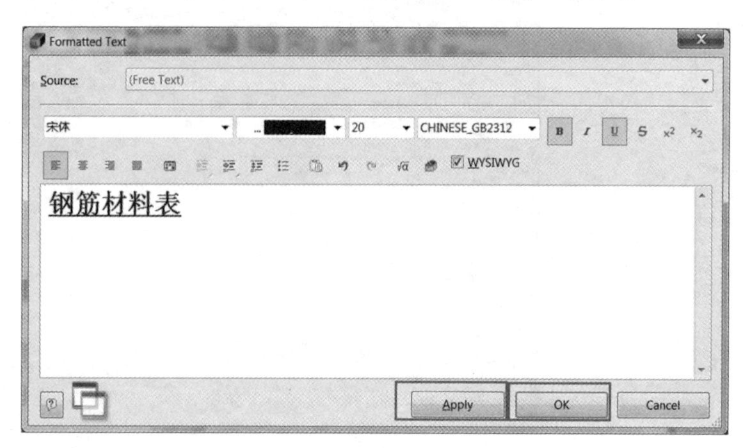

第 4 步：修改信息参数。

首先，双击信息区域参数。

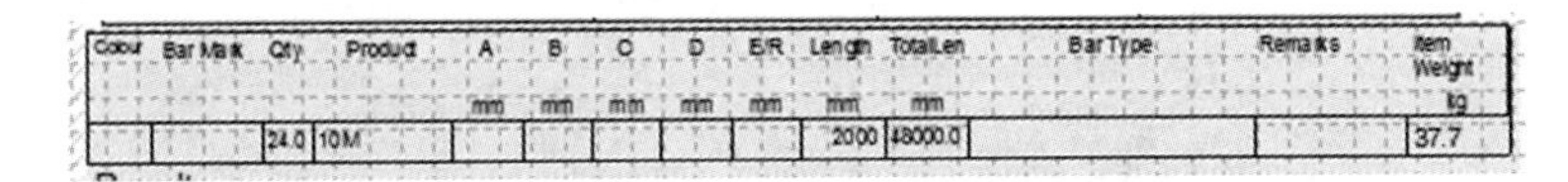

然后，在弹出的对话框中双击页面左侧的参数。

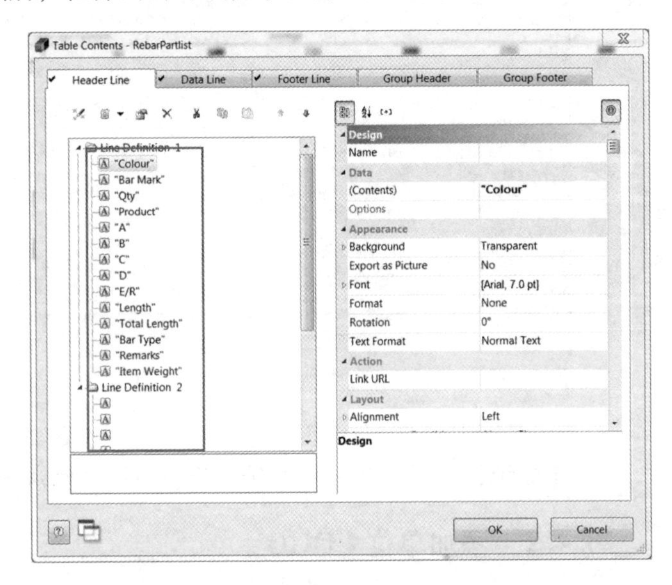

最后，在弹出的对话框中将英文表头信息改为中文。

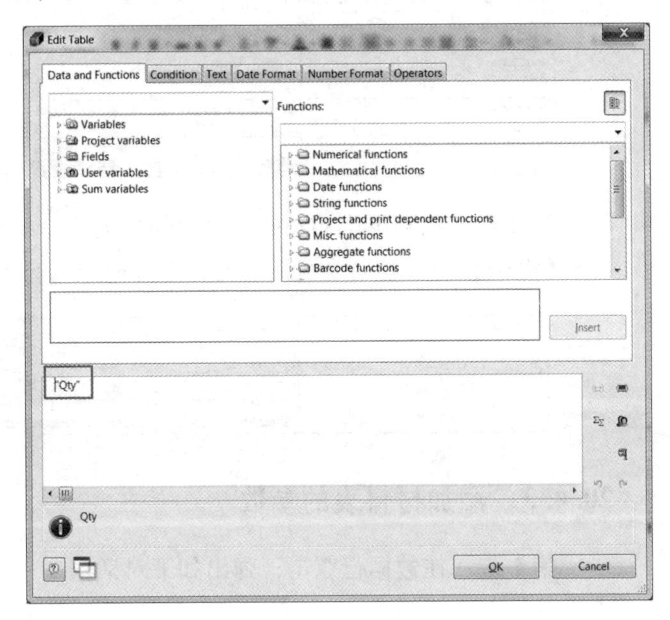

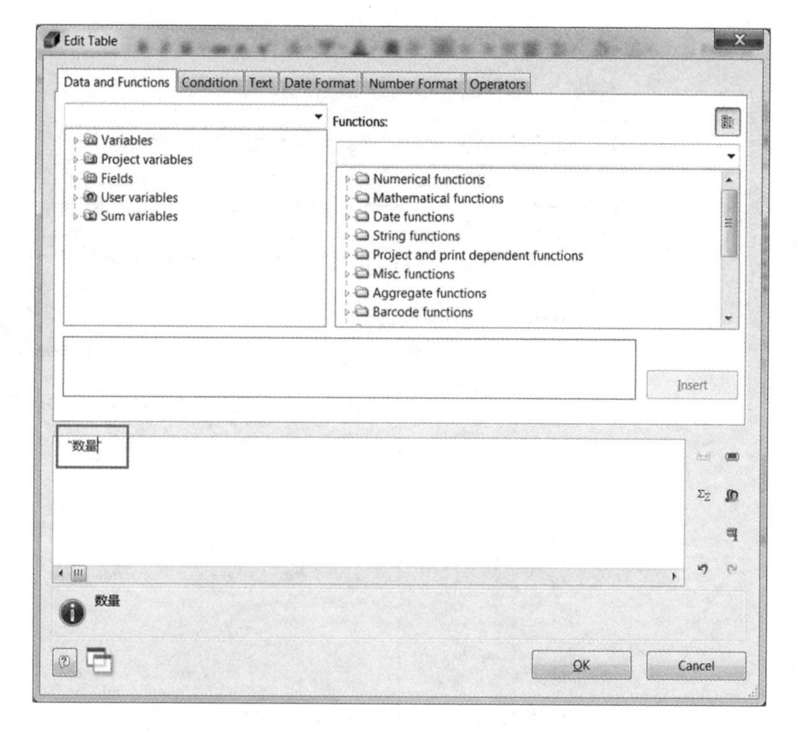

【提示】引号一定不能删除，否则系统将无法读取参数。

20.4.2 添加单位 LOGO

第 1 步：双击相关区域。

第 2 步：找到单位 LOGO 的路径并且上传。

【提示】为了说明功能，在此以本人的照片为例。

20.4.3 添加材料表的参数

第 1 步：在数据行双击，弹出如下对话框。

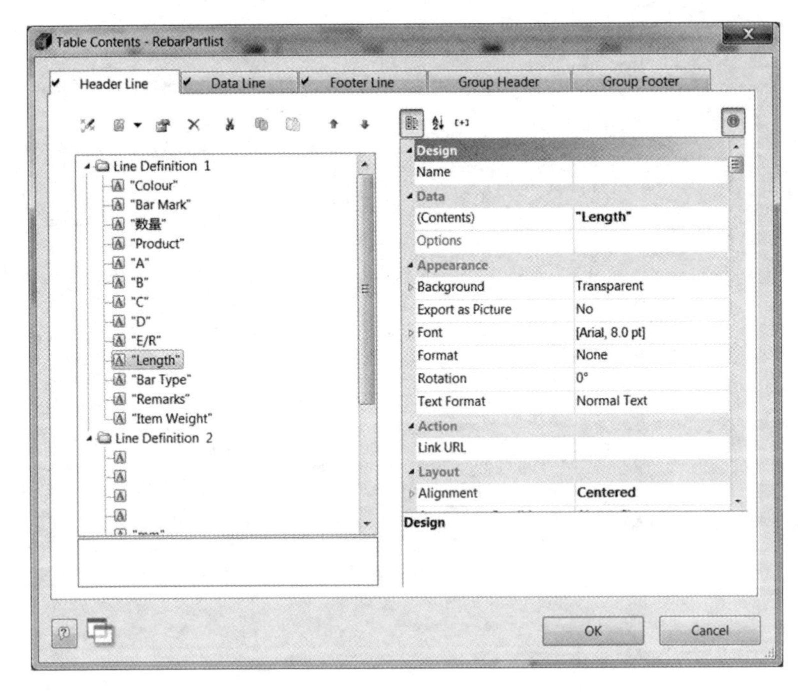

第 2 步： 在“Head Line”选项卡中的“Line Definition 1”行选中任意一个参数复制并粘贴。

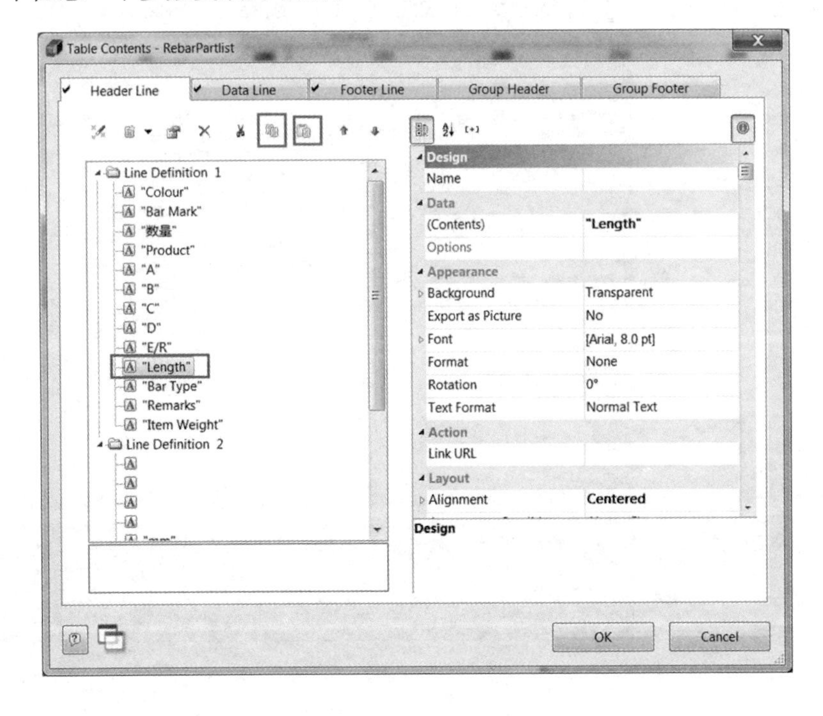

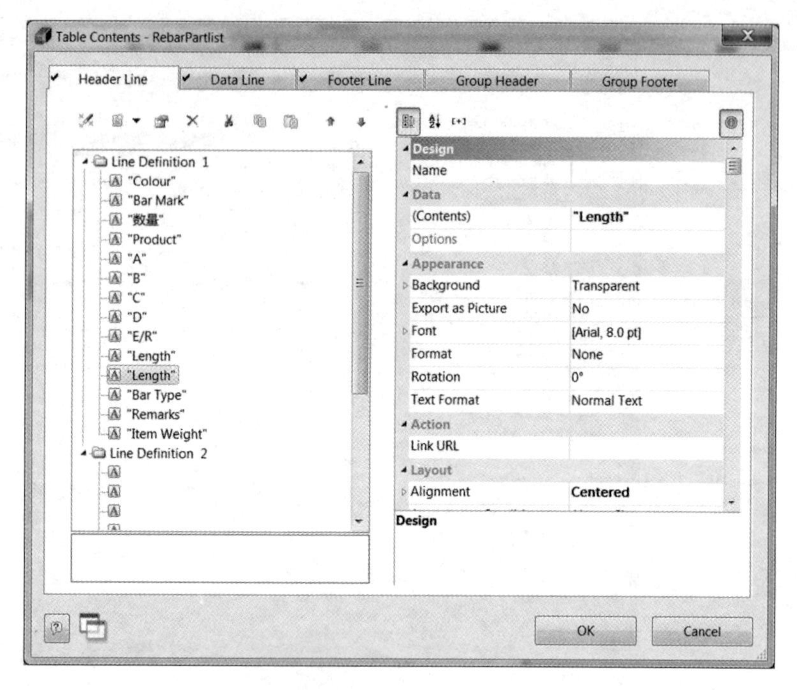

双击粘贴后的参数并进行修改。

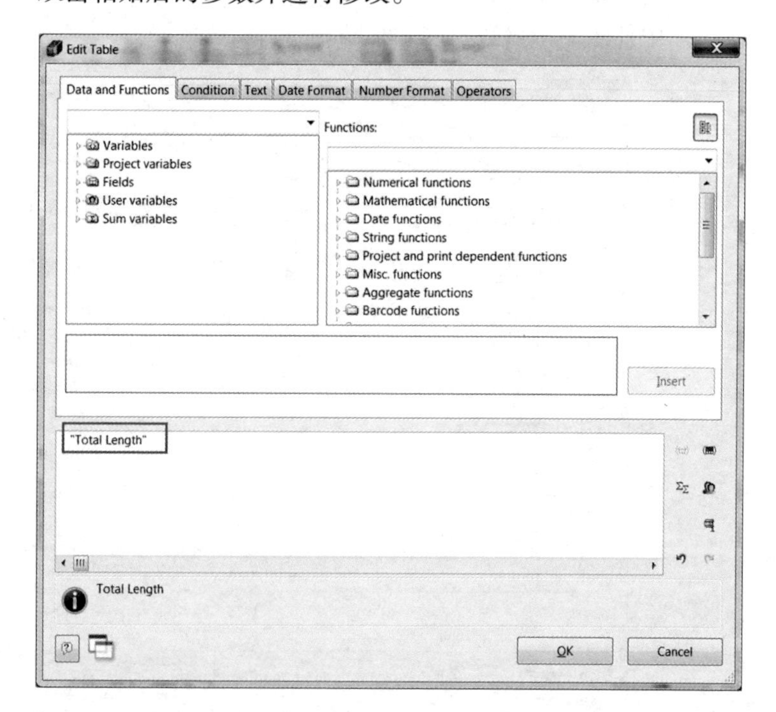

第 3 步：在“Line Definition 2”行选中与第一行相同的参数，复制并粘贴。这一行参数用来修改材料表中的单位，如果没有则可以删除表中的单位。

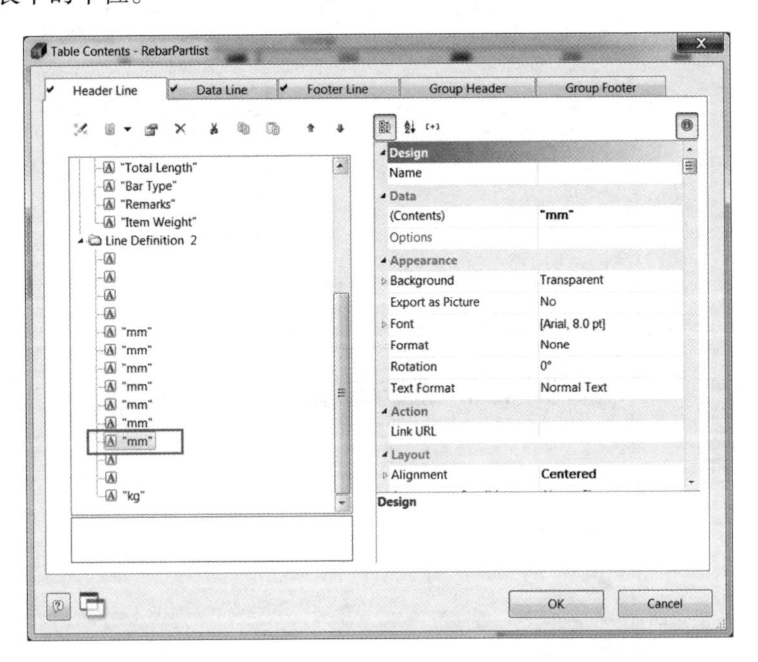

第 4 步：在“Data Line”选项卡中选中相同位置的参数，复制并粘贴。

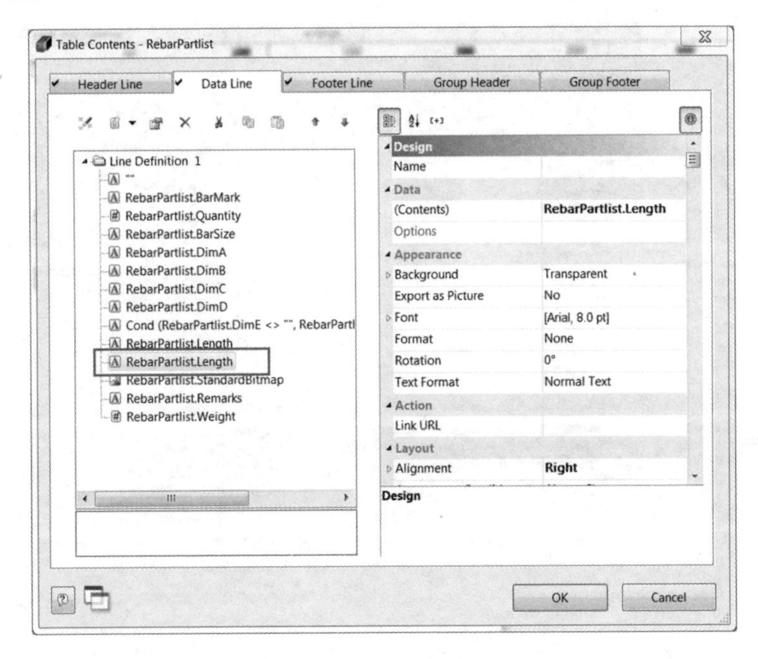

第 5 步：双击修改相关参数，修改完毕后单击“OK”按钮。

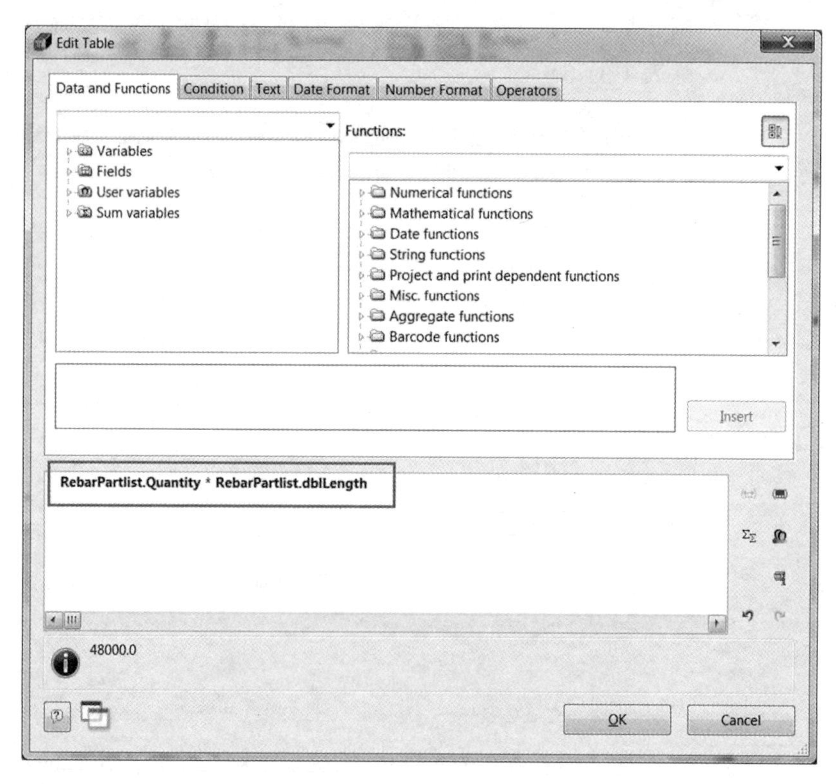

第 6 步：保存修改的文件。

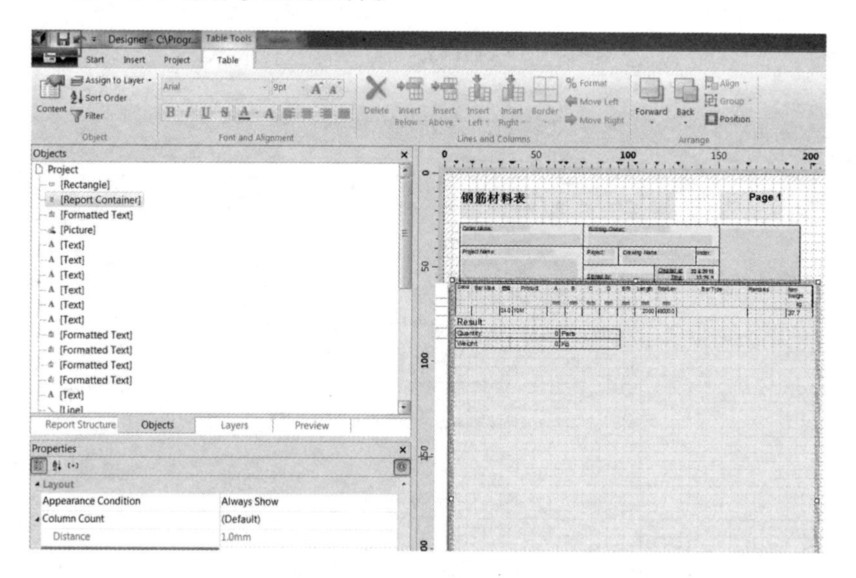

材料表修改后的效果如下图所示。

钢筋材料表 ← 汉化的字体

单位LOGO

Page 1

Order Name:	Building Owner:		
Project Name:	Project:	Drawing Name:	Index:
	Signed by:	Created at: 23.6.2015	Time: 14:7 h

Colour	Bar Mark	数量	Product	A	B	C	D	E/R	Length	Total Len	Bar Type	Remarks	Item Weight
				mm	mm	mm	mm	mm	mm	mm			kg
	10MA1	41.0	10M	94	340	340	340	340	1546	63386.0	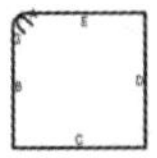		49.8
		24.0	10M						2000	48000.0			37.7

Result:

Quantity:	65.0	Parts
Weight:	87.4	Kg

添加的参数 总长度=数量×单个长度

21　图纸生成

众所周知，ProStructures 软件包含了 ProSteel 和 ProConcrete 两个模块，虽然这两个模块既高度统一，又可以独立使用，但是由于钢结构工程和钢筋混凝土工程在出图方面的共同需求很少。因此，ProStrcutures 软件分别为 ProSteel 和 ProConcrete 提供了两套不同的出图解决方案。

ProSteel 有专用的 2D Details Center 出图命令，而 ProConcrete 则调用了MicroStation 的切图原理，并且在切图的基础上增加了 2D Rebar 的命令来增加钢筋的标注。

ProConcrete 的出图流程主要由模型整理、切图控制、图面标注、图纸组织四个过程组成，本章将分别就模型整理、切图控制流程进行介绍，图面标注与图纸组织的操作与 MicroStation 的操作完全相同，将在第 22 章做简要介绍。若需要详细了解，请参考相关资料。

21.1　模型整理

21.1.1　删除模型

由于在建模过程中，使用者经常会由于各种原因，在模型中添加不必要或者是多余的构件，因此在切图之前需要将这些构件删除或者隐藏。

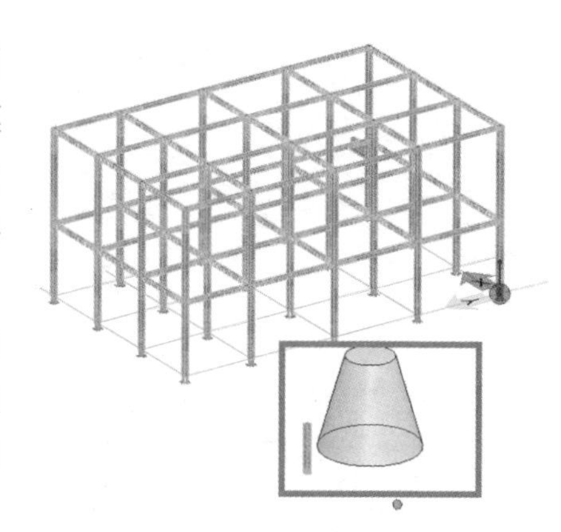

右图所示为模型中多余的混凝土柱和一个烟囱体。但这些构件会影响到出图的效率和

精确性，因此，必须将其删除。删除效果如下图所示。

21.1.2 关闭辅助线

在钢筋建模时，特别是异形体布置钢筋网片，会有定义钢筋网片的辅助面。在绘制不规则形体钢筋的时候，需要导向线来控制。因此，在建模的时候，需要将辅助面和导向线放置在特定的图层上，然后单击软件中的图层显示器命令，如下图所示。

而后，在弹出的对话框中选择需要关闭的图层。

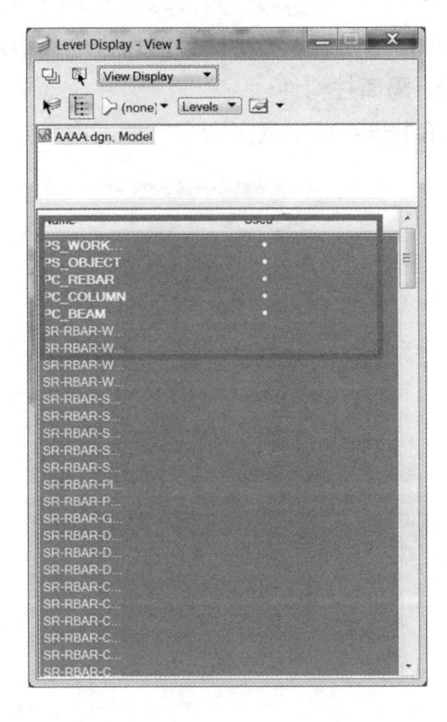

点中需要关闭的图层，单击鼠标右键，再单击按图层关闭，就可以将不需要的图层关闭，保证出图模型的干净、整洁。

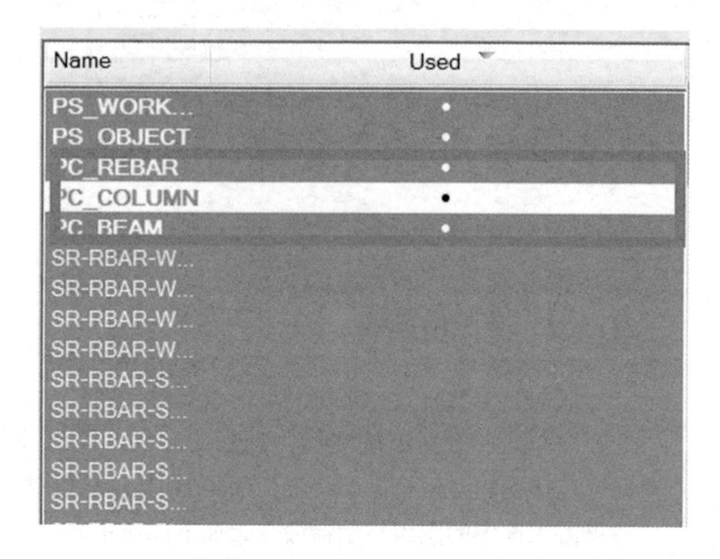

21.1.3 隐藏构件

钢筋混凝土结构出图有两类：一类是某一个构件的钢筋布置图，包括平、立、剖面图；另一类是按照某个平面进行布置出图。因此，用户可以根据需求将不需要的构件隔离出来。

1. 隔离柱构件

第 1 步：单击隔离命令，如下图所示。

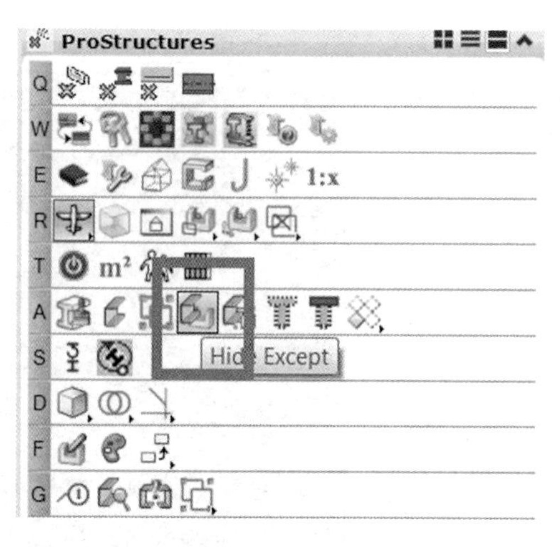

第 2 步： 选择需要隔离的构件，并且隔离完成。

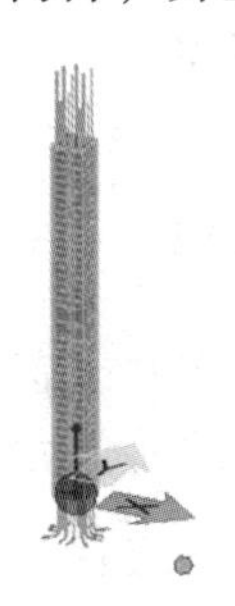

2. 隔离平面

第 1 步： 单击隔离平面的命令，如下图所示。

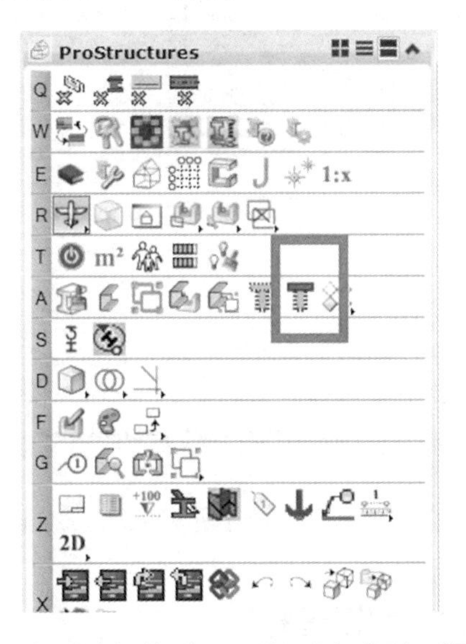

第 2 步： 选择需要隔离的平面，即可完成平面隔离。

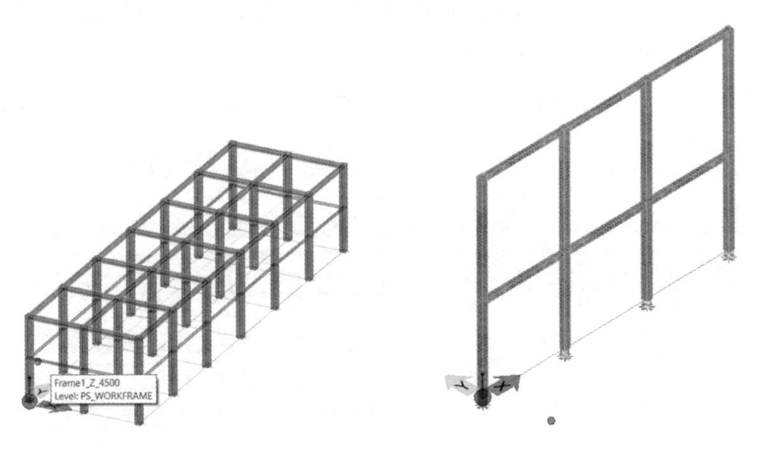

21.2 切图控制

21.2.1 模型调整

在将所需要的构件或者平面隔离出来以后，用户根据具体情况将构件或者平面调整到所需要的平面上。例如，可以将构件或者平面放置到顶视图、前视图或者右视图。

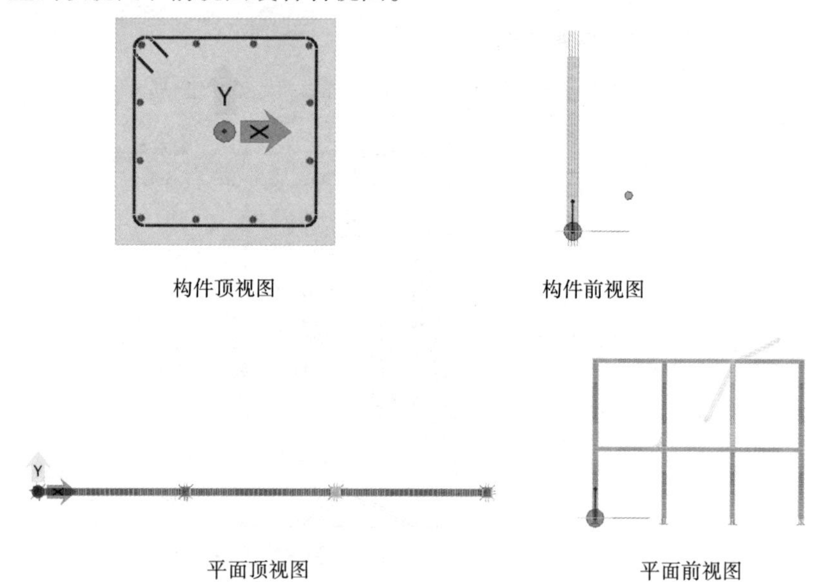

构件顶视图　　构件前视图

平面顶视图　　平面前视图

21.2.2 切图过程

ProConcrete 软件调用的是 MicroStation 的切图命令，分别为剖面图、立面图、详图等。

第 1 步：单击命令，弹出对话框，选择合适的切图规则。

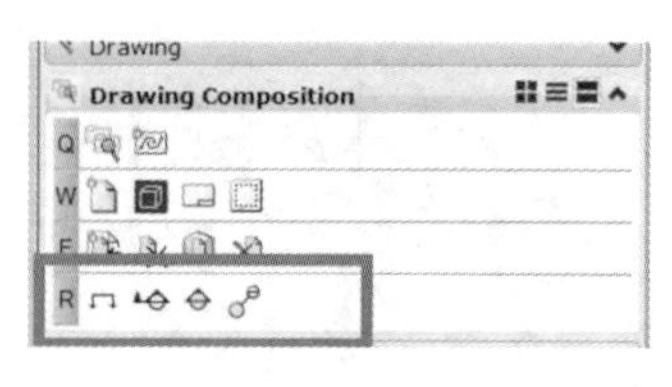

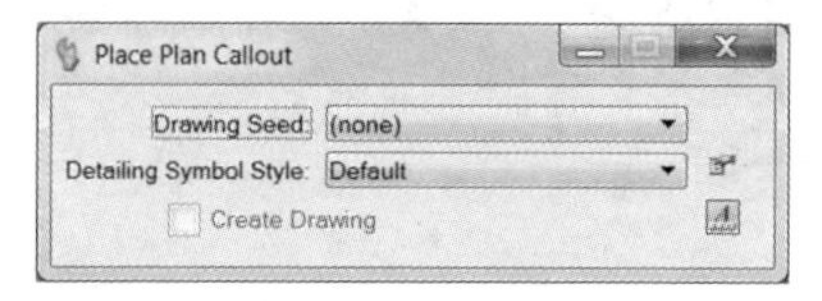

（1）“Drawimg Seed”：用于选择切图种子。

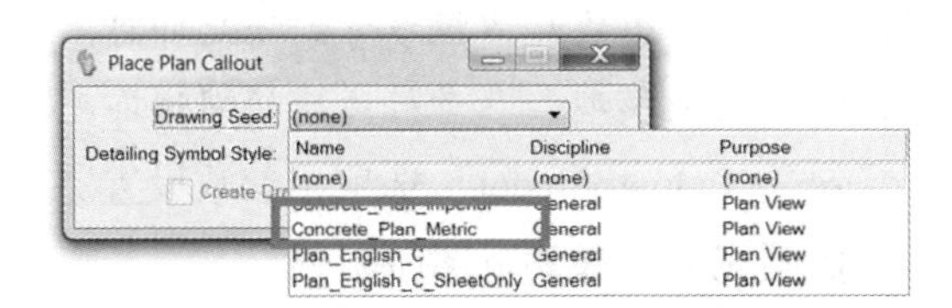

（2）“Detailing Symbol Style”：用于选择切图符号。

（3）“Create Drawing”：用于设置切图完成以后自动生成图块。

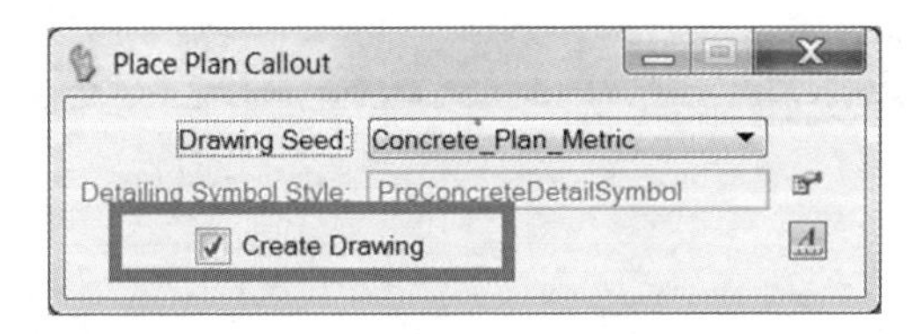

第 2 步：确定剖切位置、剖切方向和剖切深度。

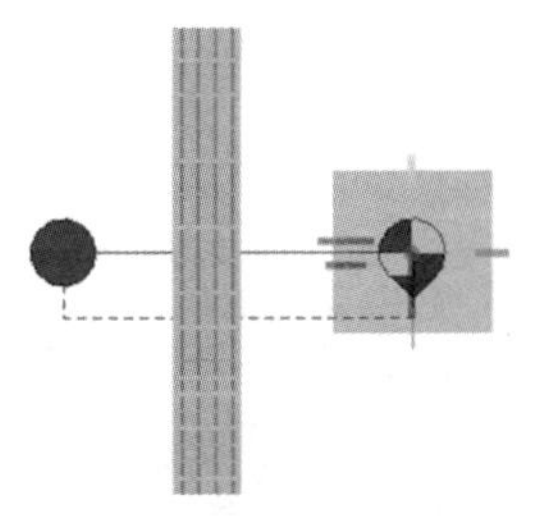

第 3 步：设置本图块的名称、设置出图比例等参数并生成图块。

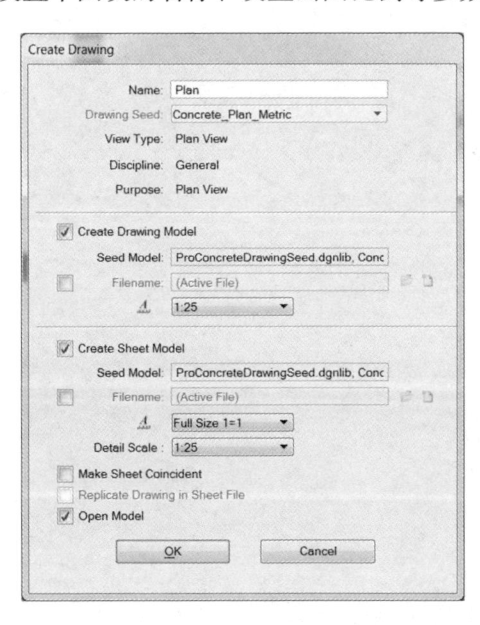

【**提示**】在此不需要设置图纸参数，因为根据 MicroStation 的原理，图纸是将图块和图框参考到一起即可。因此，在图块标注完成以后，新建图纸模型，参考标注后的图块即可。

勾选“Open Model”选项，参数设置完以后可打开图块。

切图完成效果如下图所示。

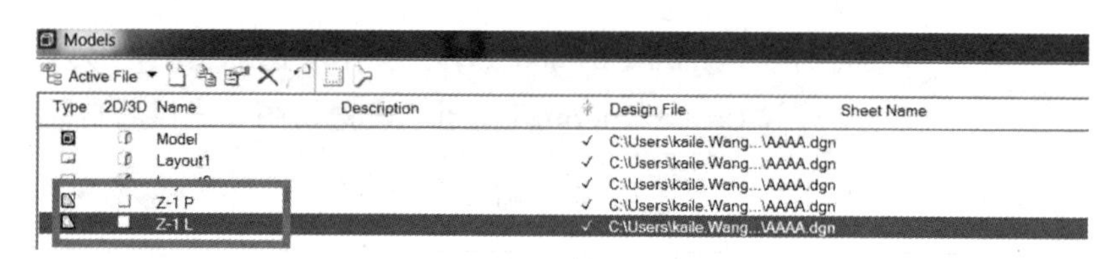

22　图纸标注与图纸组织

22.1　图纸标注

第1步： 双击“Z－1P”，打开“Drawing”。

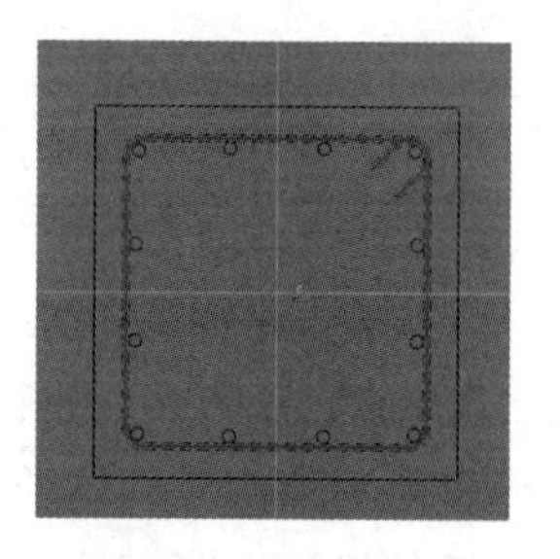

第2步： 关闭钢筋图层。

单击图层显示器，找到钢筋图层，单击关闭。

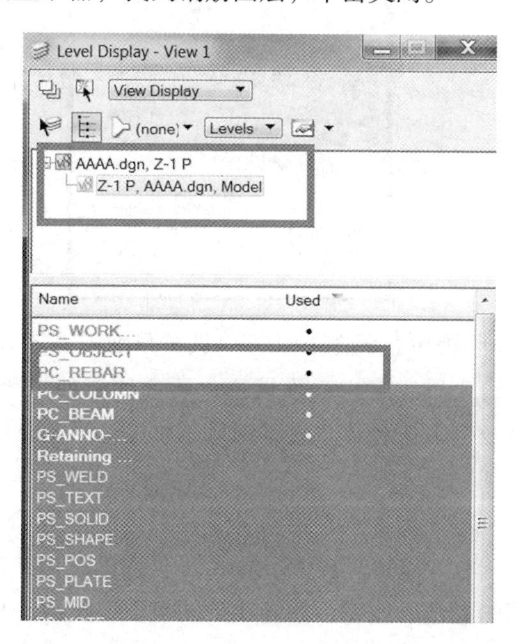

图层关闭如下图所示。

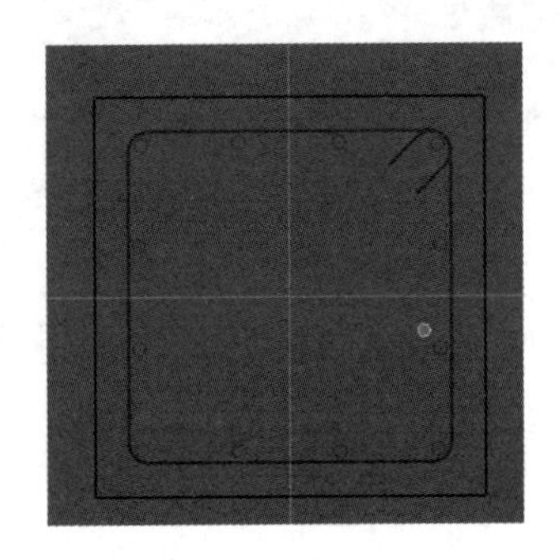

22.1.1 钢筋标注

第 1 步： 启动“2D Rebar”功能。

【提示】 上图中，Q 与 W 两行命令中，只有 Q1 命令是用来钢筋标注的，其他命令用来调整标注的样式，如文字大小、颜色等。

第 2 步： 调整保护层厚度。

【提示】 虽然在此可以调整保护层厚度以及钢筋的相对位置，但是由于图块是从三维模型中参考过来的，所以不建议在这个位置调整。如果保护层厚度和钢筋的相对位置不合适，还是建议在三维模型中调整。

第 3 步： 调整钢筋属性

在“Main Bar Attributes”页面汇总调整钢筋的属性，可以调整钢筋的颜色、线型、钢筋线条的粗细以及钢筋是否显示等功能。

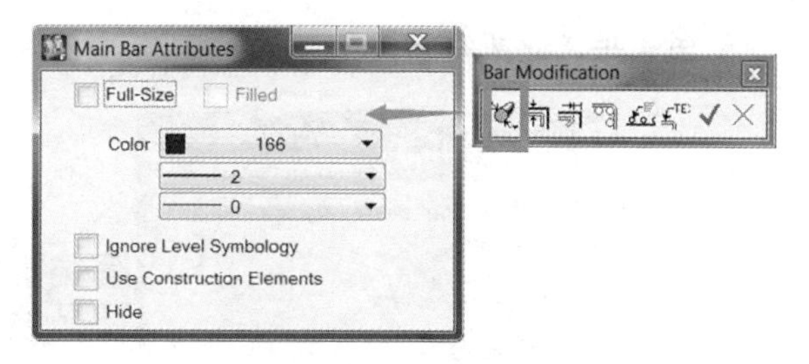

若勾选“Full - Size”选项，则显示钢筋全尺寸，如下图所示。

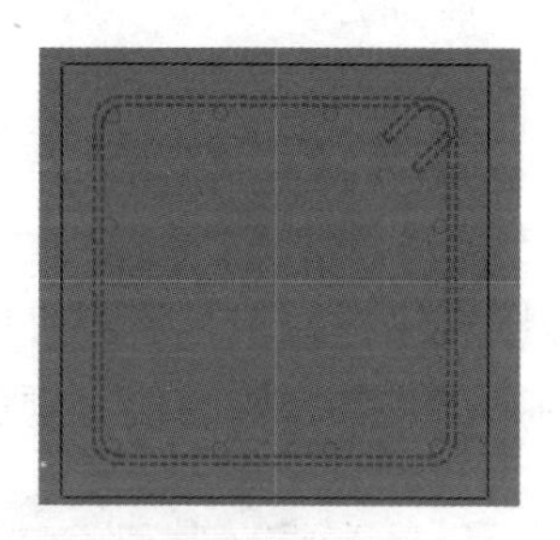

若勾选“Filled”选项，则钢筋填充，如下图所示。

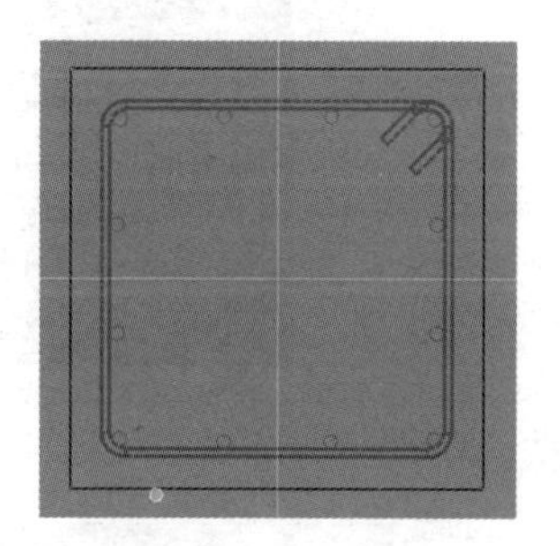

在“Color”三个下拉菜单中，可以调整钢筋的颜色、线型、线宽等。

若勾选“Hide”，可设置隐藏钢筋属性。隐藏以后，软件并不会将钢筋完全隐藏，而是将钢筋转变为普通的线条显示。如果需要彻底隐藏，则会失去钢筋标注的基本功能，如下图所示。

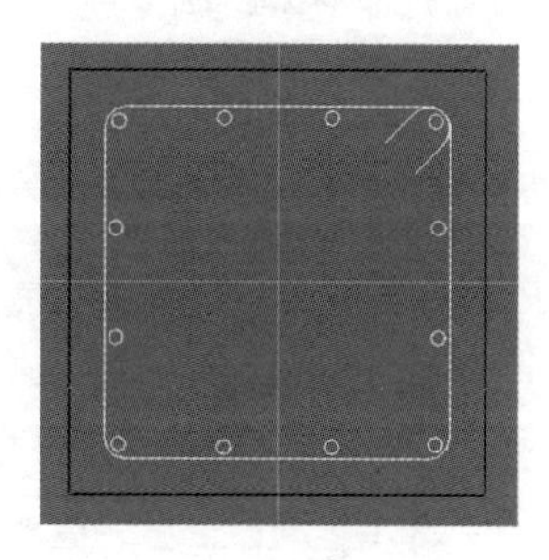

第 4 步：修改钢筋弯钩。

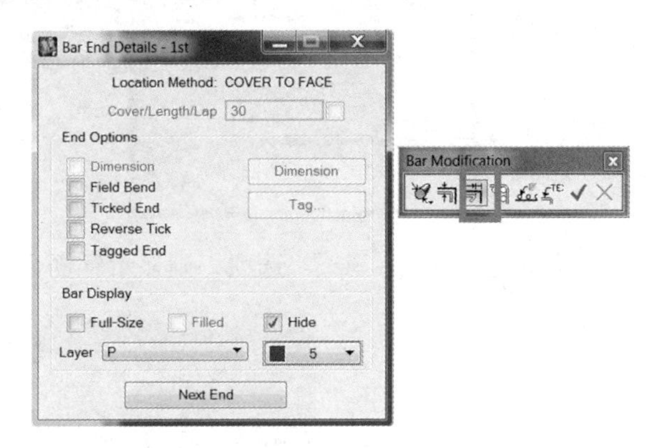

在如上图所示页面中，用户可以调整弯钩的显示、标注需求以及钢筋弯钩的显示效果，如图层、颜色等。显示效果如下图所示。

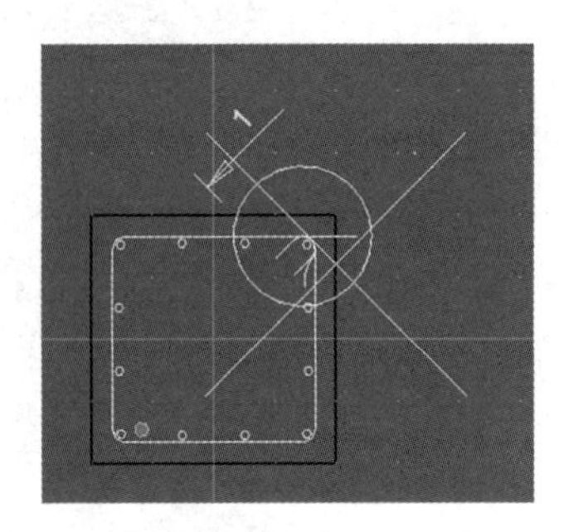

第 5 步：钢筋标注。

（1）“Type”：用于设置钢筋标注方式，既可以用引出标志标注，也可以用尺寸线标注。

（2）“Position”和“Terminator”：用于设置标出的位置、大小及设置。

（3）“Label Text”：用于设置标注内容。

【提示】 在此，用户不需要输入，而只需要选择合适的标注样式，软件即可提取出相应的参数。

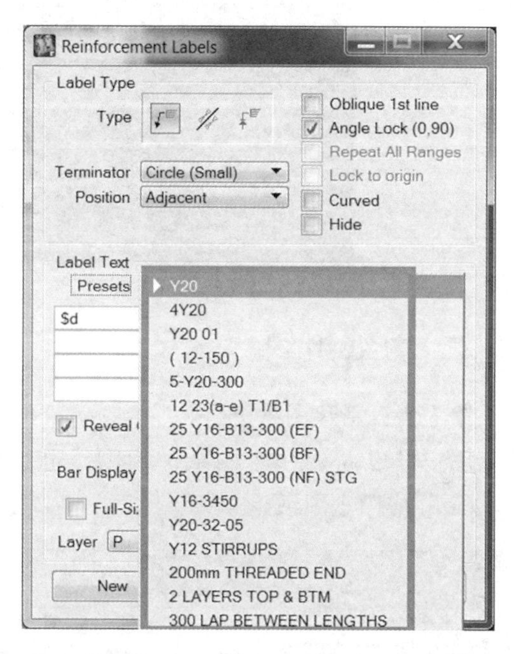

标注效果如下图所示。

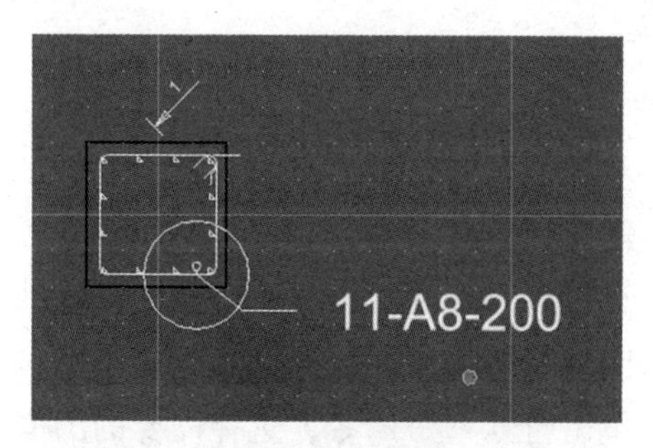

标注完成以后，单击“确认”按钮即可。

22.1.2 混凝土标注

第 1 步： 选择命令。

混凝土标注可直接使用 MicroStation 的标注命令，具体操作请参考 MicroStation 的操作方式。

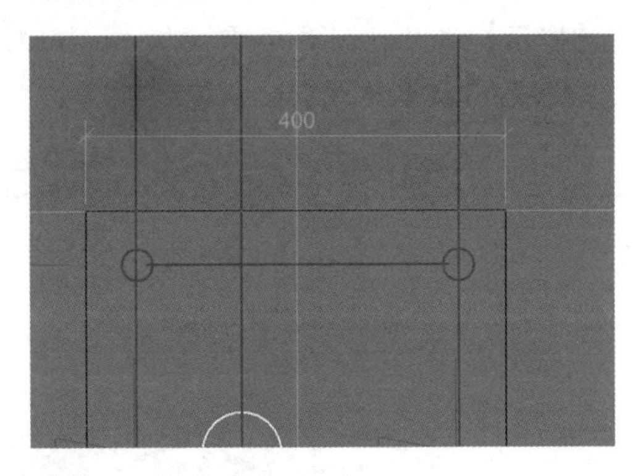

22.2 图纸组织

第 1 步： 新建图纸模型。

用户可以新建一个图纸的模型，也可以直接调用软件内置的“Layout”应用于图纸。

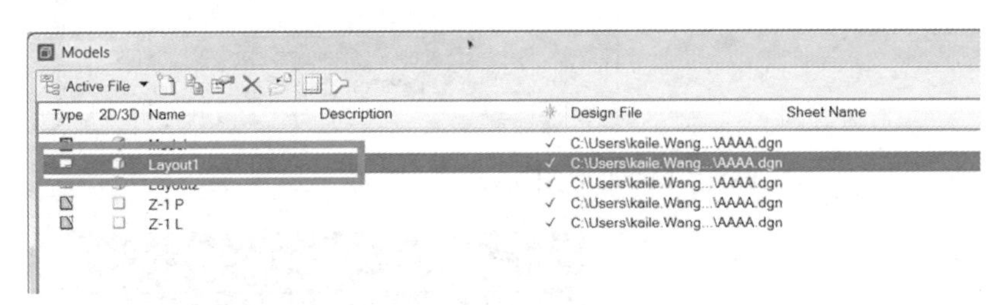

双击“Layout 1”，就可以打开空白的图纸模型。

第 2 步： 参考图框。

在“Layout 1”中单击 MicroStation 独有的文件参考命令，可以直接将图框参考进来。

单击打开参考命令，选择需要的图框文件。

单击确认，即可完成图纸参考。

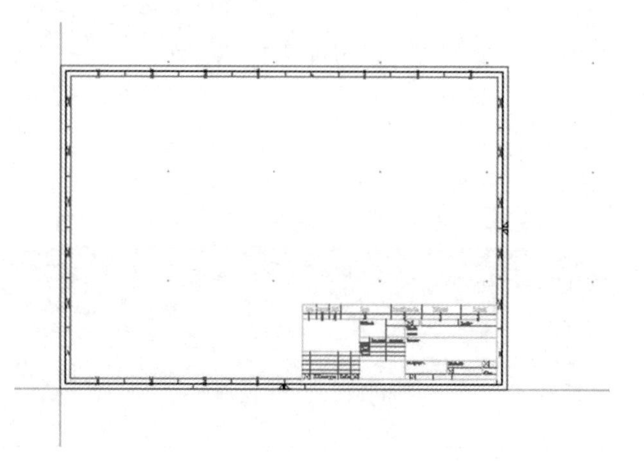

第 3 步： 参考图块。

当参考图框完成后，用户可以将不同的图块参考进来，组成图纸即可。

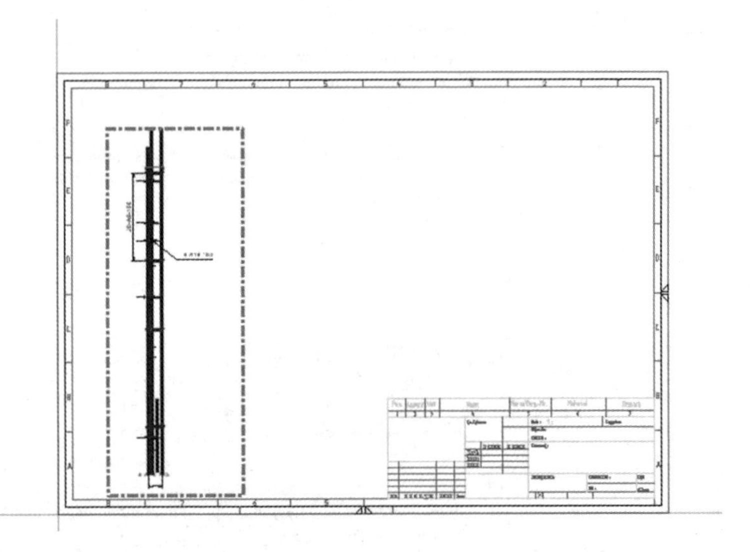

23 项目实例

ProStructures 作为 Bentley BIM 解决方案中唯一的详图深化软件，在中国市场有众多的用户，而且在用户中取得了良好的口碑。

本章简单介绍用户在项目实施过程中如何使用 Bentley 解决方案，特别是 ProStructures 软件在实施过程中的优异表现。

23.1 三维布筋项目实例

本节通过加拿大一座核电站常规岛项目，详细介绍 ProStructures 钢筋混凝土模块从建模（包括混凝土模型、钢筋模型）到材料统计再到出图的完整流程。

23.1.1 项目整体模型

在本节中，我们将最终完成如下图所示的工作。

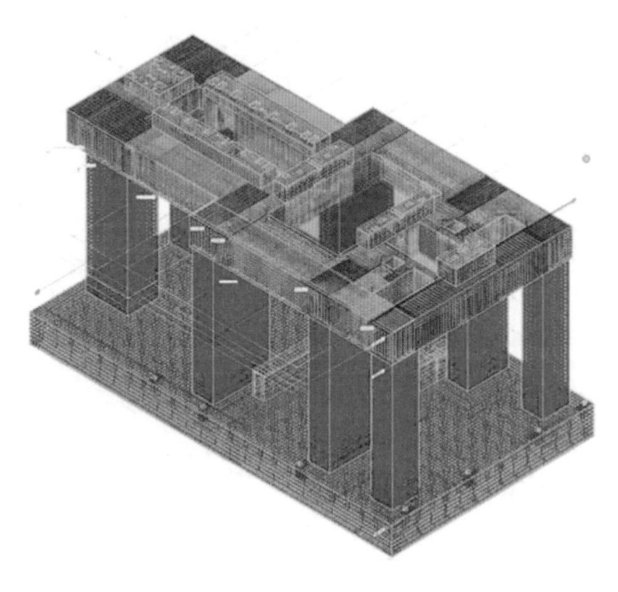

23.1.2 混凝土模型建模

1. 建立底部基础

使用 ProConcrete 中的布置基础的命令，完成基础布置。

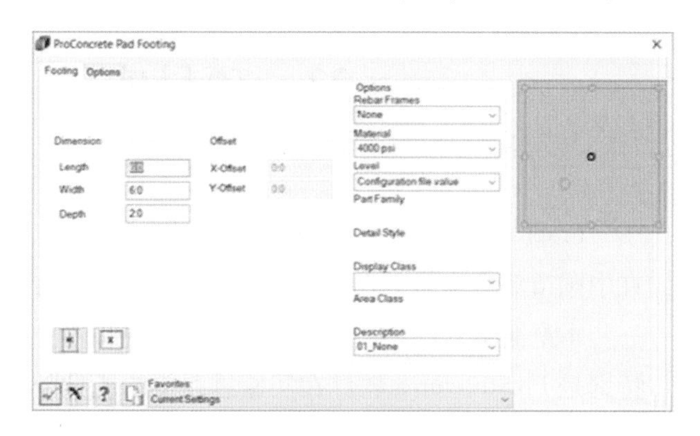

效果如下图所示。

2. 完成混凝土柱布置

使用软件中的布置混凝土柱命令，完成混凝土柱的布置，如下图所示。

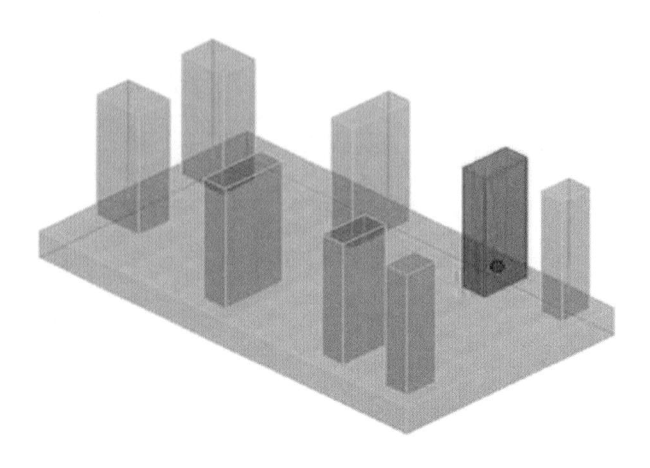

3. 完成混凝土梁布置

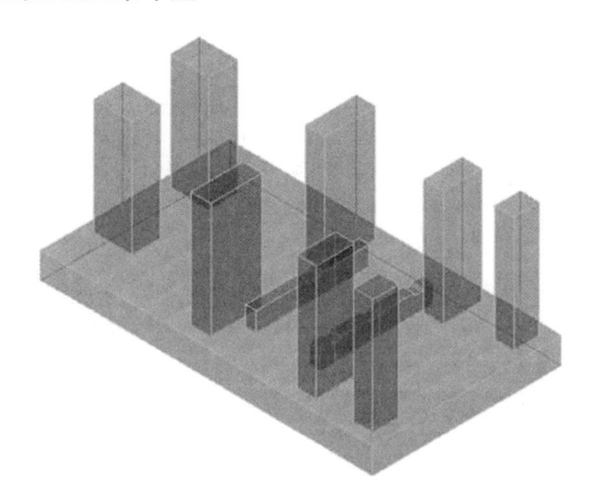

4. 完成底部预埋件布置

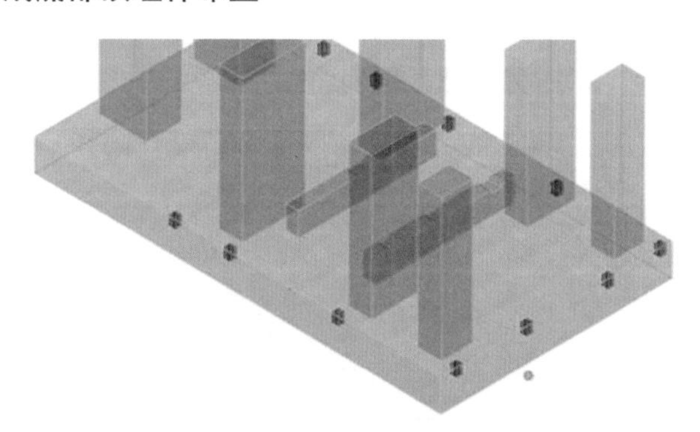

5. 完成常规岛上部混凝土板

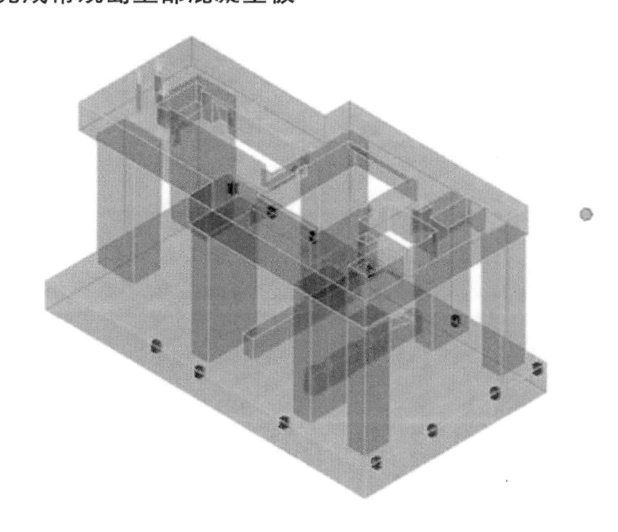

6. 完成上部设备基础

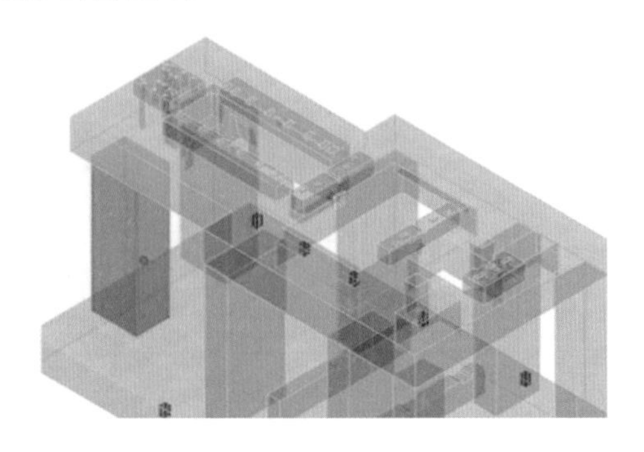

23.1.3 钢筋建模

在混凝土结构建模完成以后，即可开始钢筋的布置工作。使用的命令在前面章节中已经有详细的介绍，在此不再赘述。本节只介绍钢筋布置的流程以及钢筋布置的先后顺序。

1. 布置底部基础钢筋

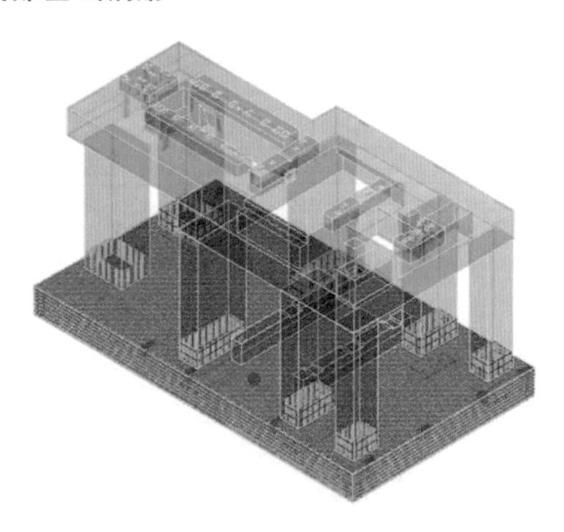

2. 布置基础架立筋

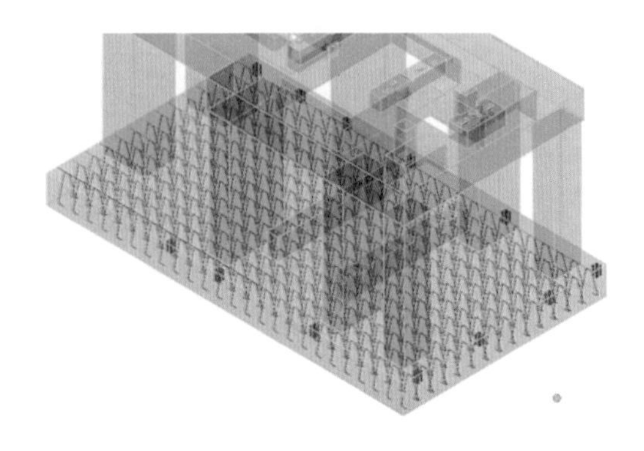

3. 布置基础梁钢筋

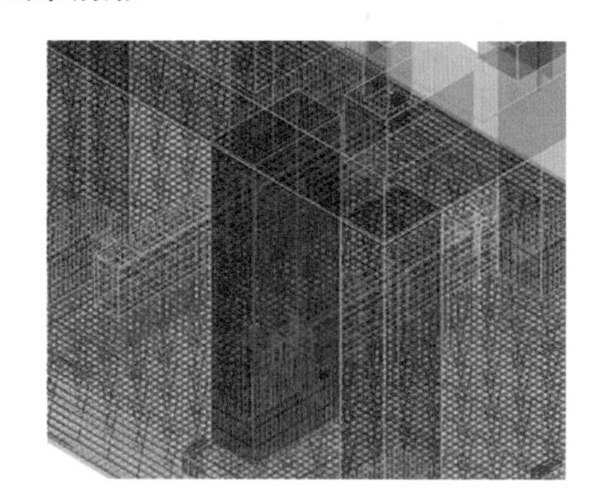

4. 布置混凝土柱钢筋

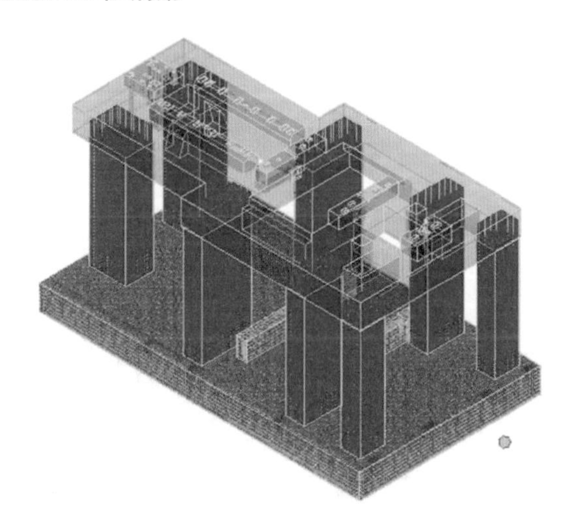

5. 布置上部钢筋

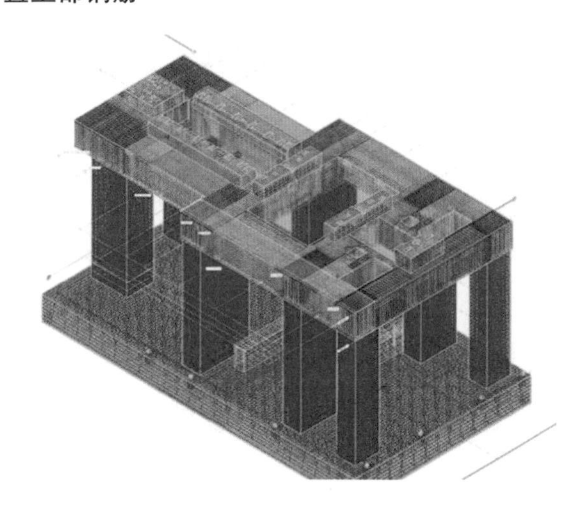

23.1.4 材料统计

1. 编号

ProConcrete Positioning: Results of reinforcements

No.	Pos. No.	Name	VC	Length	Shape	BarMark	Qty	Diameter	Weight	Material
70	N/A-70	6		21:7 11/16	S3	6A34	62	0:0 3/4	2015.3152	60B
71	N/A-71	6		21:7 7/16	S3	6A35	6	0:0 3/4	194.8428	60B
72	N/A-72	6		21:6 11/16	S3	6A36	6	0:0 3/4	194.2795	60B
73	N/A-73	5		21:3 9/16	2	5A37	4	0:0 5/8	88.8540	60B
74	5-54-74	10		21:0			72	0:1 1/4	6506.0755	60B
75	5-130-75	6		20:10			8	0:0 3/4	250.3400	60B
76	N/A-76	6		21:0 1/2	S3	6A38	36	0:0 3/4	1137.7953	60B
77	N/A-77	6		20:7 3/16	S3	6A39	14	0:0 3/4	433.1664	60B
78	5-102-78	6		20:3 1/2			16	0:0 3/4	487.6623	60B
79	4-5-79	5		20:2	S9	5A40	64	0:0 5/8	1346.2170	60B
80	4-5-80	5		19:11	S3	5A41	10	0:0 5/8	207.7388	60B
81	N/A-81	6		19:11 7/16	S3	6A42	17	0:0 3/4	509.4967	60B
82	5-116-82	10		19:8			2	0:1 1/4	169.2498	60B
83	N/A-83	6		19:10 7/16	S3	6A43	3	0:0 3/4	89.5357	60B
84	5-117-84	10		19:7			8	0:1 1/4	674.1304	60B
85	5-138-85	6		19:7			8	0:0 3/4	235.3196	60B
86	5-81-86	10		19:6 1/2			16	0:1 1/4	1345.3922	60B
87	N/A-87	6		19:11 1/4	S5	6A44	10	0:0 3/4	299.4692	60B

2. 生成数据库

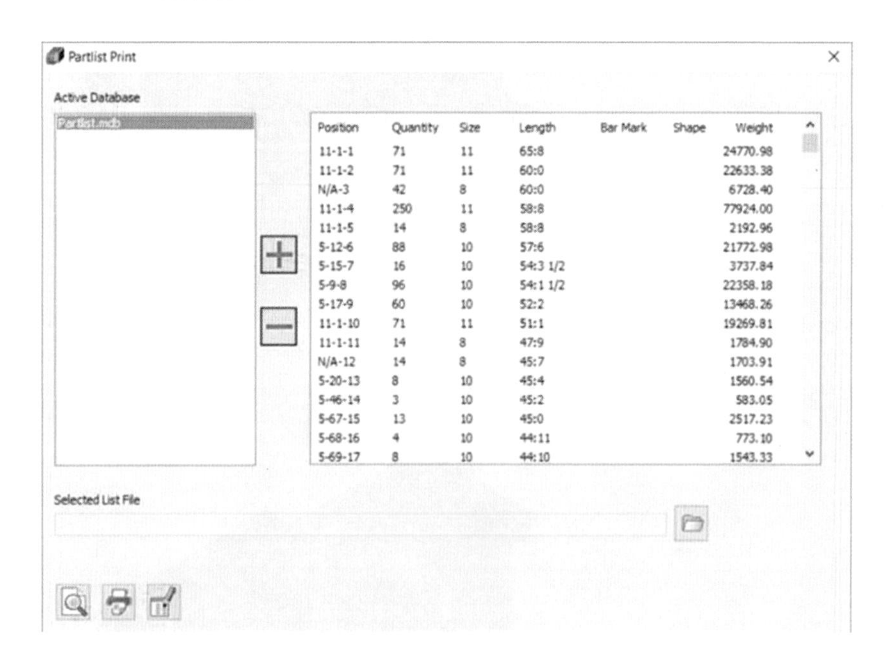

Position	Quantity	Size	Length	Bar Mark	Shape	Weight
11-1-1	71	11	65:8			24770.98
11-1-2	71	11	60:0			22633.38
N/A-3	42	8	60:0			6728.40
11-1-4	250	11	58:8			77924.00
11-1-5	14	8	58:8			2192.96
5-12-6	88	10	57:6			21772.98
5-15-7	16	10	54:3 1/2			3737.84
5-9-8	96	10	54:1 1/2			22358.18
5-17-9	60	10	52:2			13468.26
11-1-10	71	11	51:1			19269.81
11-1-11	14	8	47:9			1784.90
N/A-12	14	8	45:7			1703.91
5-20-13	8	10	45:4			1560.54
5-46-14	3	10	45:2			583.05
5-67-15	13	10	45:0			2517.23
5-68-16	4	10	44:11			773.10
5-69-17	8	10	44:10			1543.33

3. 生成混凝土材料表

Order Name: 007-008	Building Owner: Bentley			ProConcrete 3D
Project Name: Training Project	Project: 2008-001	Drawing Name: D1-3D Platform	Index:	
	Signed by: TZ	Created at: 27.6.2016 Time: 19:6 h		

ObjectType	PosNum	Grade	Name	Qty	S.Area (SF)	Volume (Yd^3)	Weight (Lbs)	Height	Width	Length
Column	1	4000 psi	COLUMN 12:0x9:0	2	3,413.1	283.92	1,113,793	12:0	9:0	35:6
Slab	10	4000 psi	SLAB 9:9x3:9x3:1(	1	332.3	5.18	20,316	3:10	3:9	9:9
Footing	11	4000 psi	PAD 104:0x59:0x	1	14,880	1818.07	7,132,229	8:0	59:0	104:0
Panel	12	4000 psi	PANEL 35:6x5:10x3	1	686.9	25.30	99,256	5:10	3:3	35:6
Panel	13	4000 psi	PANEL 35:6x5:10x3	1	688.8	25.30	99,256	5:10	3:3	35:6
Column	2	4000 psi	COLUMN 6:0x16:0	2	3,507.1	252.37	990,039	6:0	16:0	35:6
Column	3	4000 psi	COLUMN 6:0x12:0	2	2,843.3	189.28	742,529	6:0	12:0	35:6
Column	4	4000 psi	COLUMN 6:0x8:0	2	2,179.4	126.19	495,019	6:0	8:0	35:6
Slab	5	4000 psi	SLAB 101:4x52:6x	1	12,151	1348.67	5,290,764	7:11	52:6	101:4
Slab	6	4000 psi	SLAB 30:10x4:11x	2	1,110.0	38.89	152,554	3:6	4:11	30:10
Slab	7	4000 psi	SLAB 19:1x3:3x3:1	1	310.4	8.82	34,591	3:10	3:3	19:1
Slab	8	4000 psi	SLAB 11:2x5:7x4:3	1	281.4	9.29	36,461	4:3	5:7	11:2
Slab	9	4000 psi	SLAB 9:11x9:8x3:4	1	482.0	11.86	46,525	3:4	9:8	9:11
Page totals:										
Quantity				18						
Volume						4143.13	Yd^3			
Weight							16,253,33	Lbs		

4. 生成钢筋表

Bar Bending Schedule Page 3

Order Name: 007-008	Building Owner: Bentley		
Project Name: Training Project	Project: 2008-001	Drawing Name: D1-3D Platform	Index:
	Signed by: TZ	Created at: 27.6.2016 Time: 19:8 h	

Colour	Bar Mark	Quantity	Product	BR	Length	Bar Style	Remarks	Item Weight
	8A78	1	8		147 9/16			39.1
	8A80	125	8		146 1/2			4,853.3
	8A85	28	8		139 13/16			959.2
		42	8		600			6,728.4
		14	8		558			2,193.0
		14	8		479			1,784.9
		14	8		487			1,703.9
		20	8		382			1,877.9
	6A4	6	6		326 1/2			293.3
	6A6	90	6		293			3,954.1

23.1.5 出　图

1. 剖面图

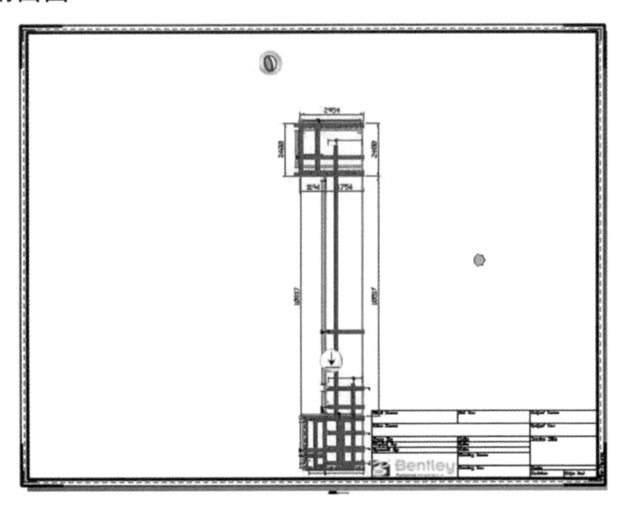

2. 布置图

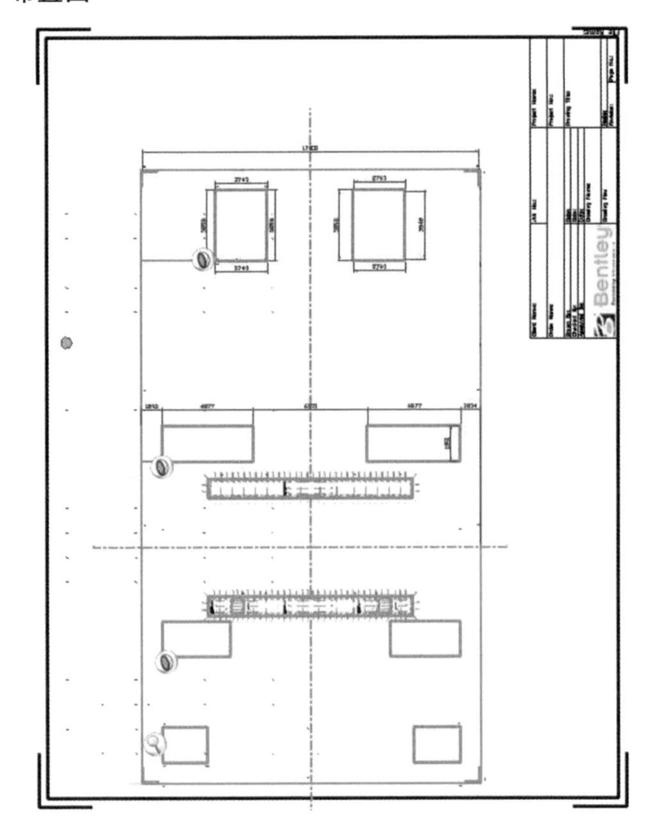

23.2 中国核工业二四建设有限价公司项目实例

23.2.1 公司介绍

中国核工业二四建设有限公司（以下简称中核二四公司）是中国核工业建设集团公司的骨干成员单位之一，是国内唯一一家承建过核电主要堆型及各种实验型、科研型的核建企业，也是国家组建最早的从事核工程及国防工程建设的军工建筑企业。该公司先后承建了我国第一套、第二套核武器研制基地和“902”“903”“909”“821”“816”“814”等三线重点工程，为共和国“两弹一星一艇”的成功研制做出过历史性贡献；在发展中逐步成长为施工总承包壹级资质的大型综合性建筑安装企业，拥有房屋建筑工程、电力工程、市政工程、公路工程、核工程、机电设备安装工程、钢结构工程、土石方工程、地基与基础工程等项资质，同时具有国家核安全局颁发的1000MW民用核承压设备安装资质许可证、特种设备安装改造维修证、施工企业实验室壹级资质证、国防计量标准证书等资质。

在50余年的发展历程中，中核二四公司与中国核工业共同成长，承担过众多核工程、国防军工工程和国家“863”计划的重点工程，施工足迹遍及国内近20个省、直辖市，为我国国防科技工业和国民经济建设做出了历史性贡献。在核电建设中，已建和正在建设的有浙江秦山核电、山东海阳核电、福建福清核电、山东石岛湾核电、江西彭泽核电，为我国核电建设和人类清洁能源事业发展立下了新的功绩。该公司主营业务定位清晰，产业结构不断调整，已经形成“土建+安装”的建筑施工产业链。

23.2.2 项目介绍

富铭·新一城三期位于陕西省西安市未央区，其中 A2 区由中核二四公司西安项目公司自主施工管理。A2 区由一栋主楼和三栋裙楼组成，主楼地下 3 层、地上 26 层，裙楼地下 3 层、地上 6 层，施工范围包括土建和机电安装，专业主要为建筑、结构、水施、暖通、电气，总建筑面积 58874.95m^2。

23.2.3 项目目标

1. 管理目标

通过对 Bentley BIM 系统的实际应用，将 Bentley BIM 解决方案和具体项目实践相结合：

（1）熟练 Bentley BIM 解决方案在三维协同设计、施工中的应用。

（2）着重锻炼一批专业精湛、技能娴熟的系统操作人员，培养公司级 BIM 实战团队。

（3）利用成熟的 BIM 系统协助西安项目公司完成富铭·新一城三期 A2 区项目管理任务。

（4）利用导航项目的特点，以 EPC 总承包管理方的身份推广建立集业主、设计、施工、运维于一体的建筑全生命周期管理平台。

2. 技术目标

（1）各专业三维模型建立，各专业模型总装。

（2）以三维模型为基础，精确统计工程量。

（3）专业内部和专业之间的碰撞检测，并对碰撞目标进行修正。

（4）进度计划与实际施工情况施工模拟。

（5）动画及照片级渲染。

（6）电子发布——3D PDF。

23.2.4 项目实施

导航项目三维设计工作从 2015 年 3 月 2 日开始，电气、暖通专业消耗 396 个人工时，水施专业消耗 209 个人工时，建筑专业消耗 726 个人工时，结构专业消耗 1177 个人工时，合计消耗 2508 个人工时，A2 区项目三维设计效率为 20.2m^2/人·h，除结构专业外效率为 34.1m^2/人·h。对比前期基本 AUTODESK REVIT 平台，海安项目公司如意佳苑二期工程（施工面积 96641m²，除结构专业外三维设计消耗 6100 个人工时）三维设计效率 15.8m²/人·h，基于 Bentley PW 平台效率提升 2.15 倍，且由于导航项目为技术人员首次实际操作 Bentley 相关软件，此效率值还有很大的提升空间。

根据 A2 区项目建设进度建立和维护 BIM 模型，使用 BIM 平台汇总了相关建筑工程信息，并将得到的信息结合三维模型进行整理和储存，以备项目施工和运维过程中各相关利益方随时共享。目前，完成了设计模型、进度模型的建立，正在建设施工模型、成本模型。

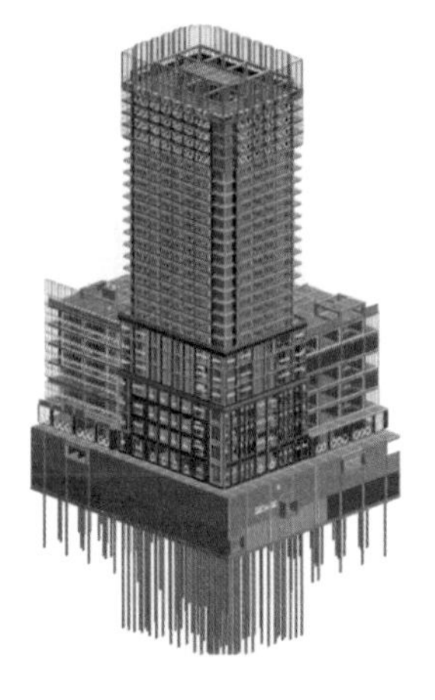

西安富铭新一城三期
A2 区主、群楼建筑拼装图

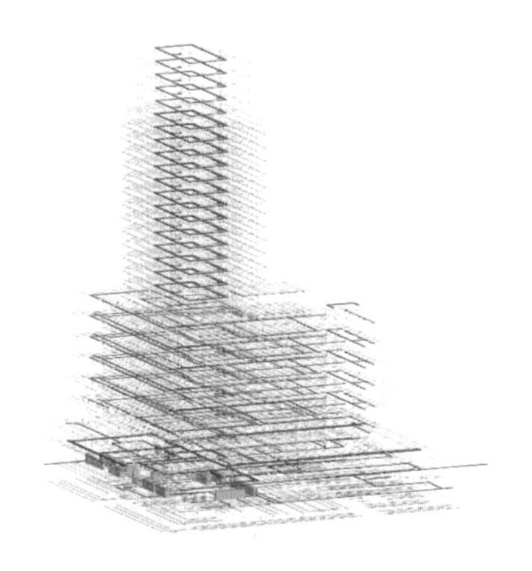

西安富铭新一城三期
A2 区主、群楼电气拼装图

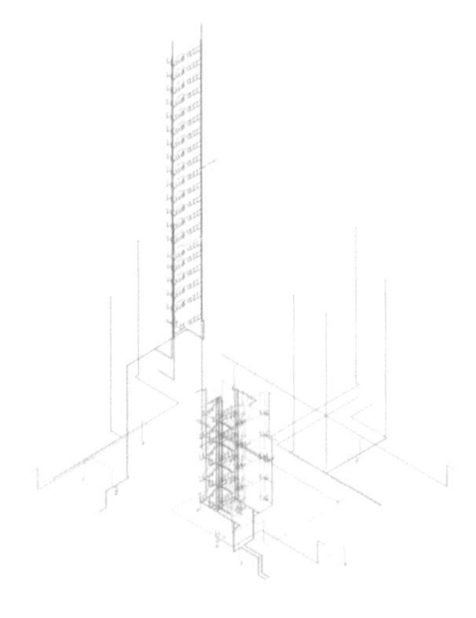

西安富铭新一城三期
A2 区主、群楼给排水系统拼装图

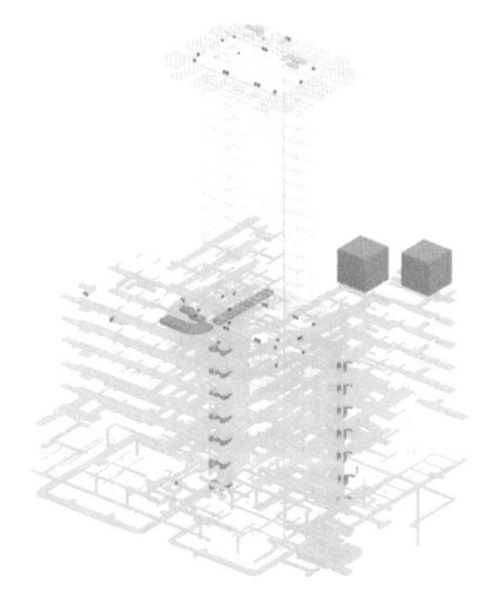

西安富铭新一城三期
A2 区主、群楼暖通系统拼装图

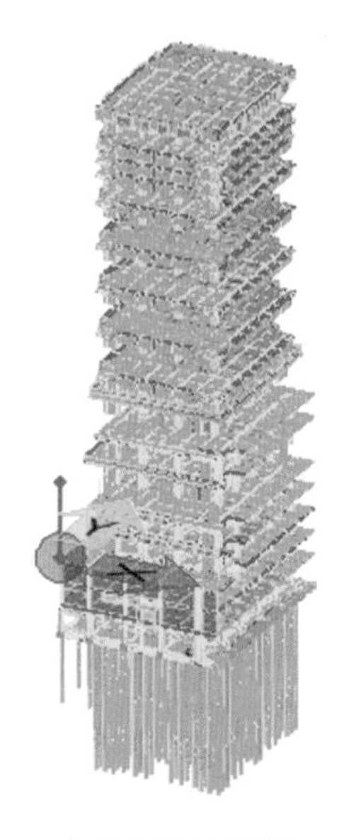

主楼钢筋拼装图

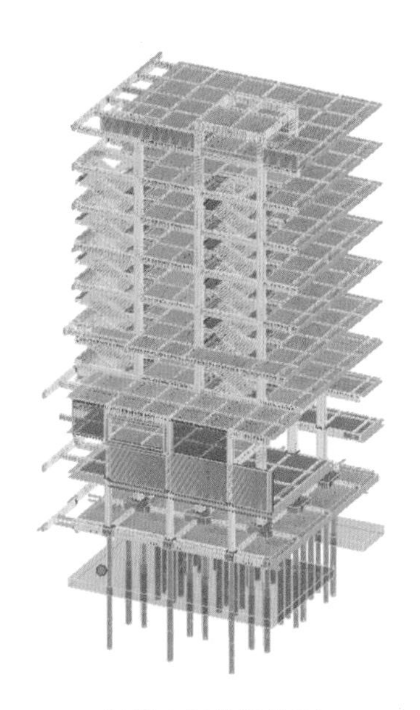

裙楼 1 钢筋拼装图

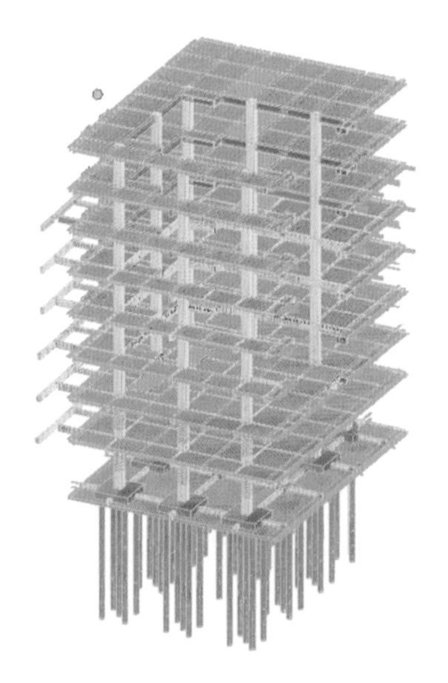

裙楼 2 钢筋拼装图

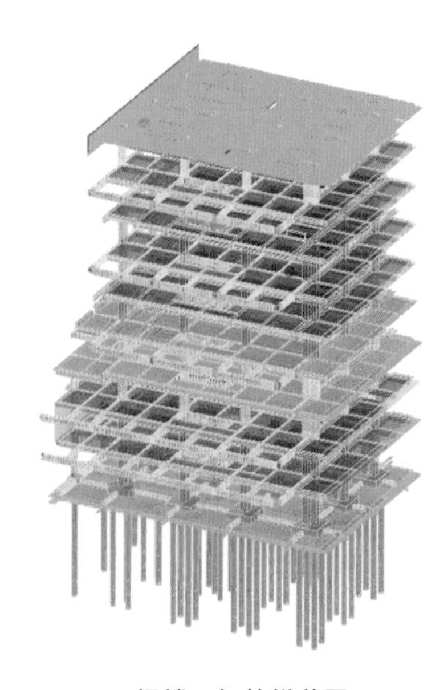

裙楼 3 钢筋拼装图

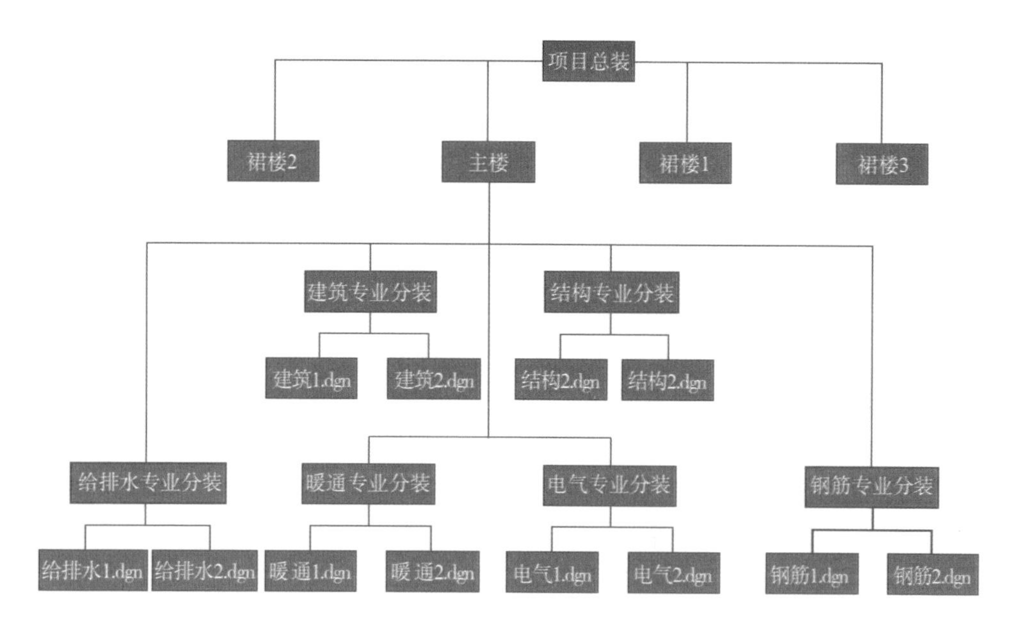

模型拆分与总装模型图

Name	Date modified	Type	Size
2401_主楼_钢筋_地上1-10_分装	6/9/2015 10:17 AM	DGN 文件	347 KB
2401_主楼_钢筋_地上11-20_分装	5/13/2015 9:23 PM	DGN 文件	346 KB
2401_主楼_钢筋_地上11层主体_郝慧斌	4/8/2015 3:29 PM	DGN 文件	3,240 KB
2401_主楼_钢筋_地上12层主体_郝慧斌	4/8/2015 3:02 PM	DGN 文件	6,112 KB
2401_主楼_钢筋_地上13层主体_郝慧斌	4/8/2015 3:05 PM	DGN 文件	6,107 KB
2401_主楼_钢筋_地上14层主体_郝慧斌	4/8/2015 3:07 PM	DGN 文件	3,242 KB
2401_主楼_钢筋_地上15层主体_郝慧斌	4/8/2015 3:10 PM	DGN 文件	3,242 KB
2401_主楼_钢筋_地上16层主体_郝慧斌	4/8/2015 3:13 PM	DGN 文件	6,148 KB
2401_主楼_钢筋_地上17层主体_郝慧斌	4/8/2015 3:15 PM	DGN 文件	3,302 KB
2401_主楼_钢筋_地上18层主体_郝慧斌	4/8/2015 3:18 PM	DGN 文件	4,349 KB
2401_主楼_钢筋_地上19层主体_郝慧斌	4/8/2015 3:23 PM	DGN 文件	3,270 KB
2401_主楼_钢筋_地上20层主体_郝慧斌	4/8/2015 3:25 PM	DGN 文件	3,702 KB
2401_主楼_钢筋_地上21层主体_郝慧斌	4/8/2015 3:24 PM	DGN 文件	6,748 KB
2401_主楼_钢筋_地上21-屋顶_分装	3/30/2015 4:54 PM	DGN 文件	341 KB
2401_主楼_钢筋_地上22层主体_郝慧斌	4/8/2015 3:22 PM	DGN 文件	3,683 KB
2401_主楼_钢筋_地上23层主体_郝慧斌	4/8/2015 3:19 PM	DGN 文件	3,378 KB
2401_主楼_钢筋_地上24层主体_郝慧斌	4/8/2015 3:17 PM	DGN 文件	4,530 KB
2401_主楼_钢筋_地上25层主体_郝慧斌	4/8/2015 3:13 PM	DGN 文件	6,128 KB
2401_主楼_钢筋_地上26层主体_郝慧斌	4/8/2015 2:58 PM	DGN 文件	3,291 KB
2401_主楼_钢筋_地上一层主体1_郝慧斌	3/31/2015 9:22 AM	DGN 文件	6,290 KB
[illegible]	[illegible]	[illegible]	[illegible]

项目文件控制图

23.2.5 项目总结

1. 工程量计算

三维设计完成后，导航项目 9 名实施人员利用 5 个工作日完成了工程量计算工作，统计出混凝土、钢筋、模板、桥架、电气设备、管材、门窗等大宗材料的精确使用量，对比同步利用预算软件进行工程量计算需消耗 960 个人工时，成本估算工作时间降低了 62.5%。

A2 区大宗材料精确使用量：混凝土为 28428m^3，钢筋为 3899.2t，砌体墙为 6279m^3，幕墙为 3285m^2，幕墙窗 528 樘，甲级防火门 130 樘，乙级防火门 231 樘，丙级防火门 92 樘，卷帘门 116 樘，木门 334 樘。

2. 钢筋量计算

A2 区钢筋商务预算工程量为 4425t，其中三维设计未涉及部分 189t，故对比分析数值为 4236t，BIM 工程量精算结果为 3709.7t，差值为 525.8t，差值率为 14.17%。同比对比每个施工子项，差值率均控制在 15% 以内。

A2 区基础至地上三层钢筋商务预算工程为 2337t，ProStructures 软件精算结果为 1991t，现场实际使用为 1940t，对比三方数据差值预算，精算差值率为 17.4%，精算量与实际使用量差值率 -2.6%。

3. 设计优化

由于首次深入机电专业施工，导航项目实施团队认真审图，依据设计图进行三维设计，并利用系统自动完成了碰撞检测，相对于传统的管线综合工作效率大大提升，同时确保项目施工碰撞点无遗漏，降低了由于施工协调造成的成本增长和工期延误。2015 年 3 月 21 日，导航项目实施团队在三维设计过程中提出设计优化建议 20 个，其中碰撞点 2 个，施工图错误或遗漏 18 个。

4. 施工进度控制

将三维设计成果与施工进度计划相连接，将空间信息与时间信息整合在一个可视的“3D + 时间”的模型中，直观、精确地反映整个建筑的施工过程，为后续施工过程中协助制定合理的施工进度、优化使用施工资源，对整个工程的施工进度、资源和质量进行统一管理和控制，能支撑缩短工期、降低成本、提高质量。本成果在工程投标阶段也能发挥很大的作用。

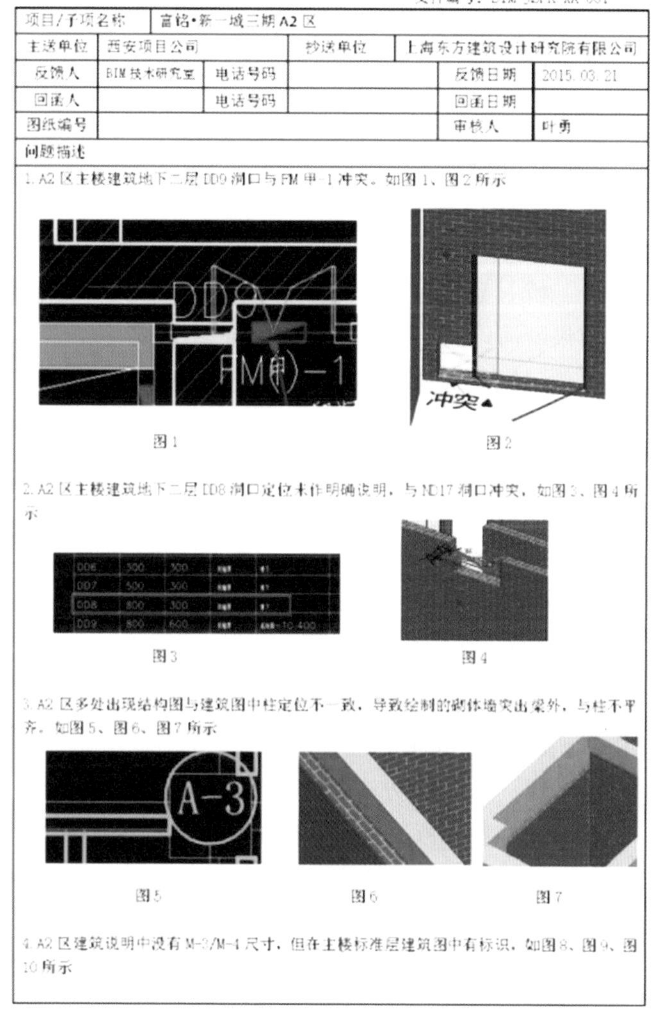

中国核工业二四建设有限公司技术中心BIM技术研究室

BIM室技术反馈函件

文件编号：BIM-JSFK-XA-001

项目/子项名称	富铭•新一城三期A2区				
主送单位	西安项目公司		抄送单位	上海东方建筑设计研究院有限公司	
反馈人	BIM技术研究室	电话号码		反馈日期	2015.03.21
回函人		电话号码		回函日期	
图纸编号				审核人	叶勇

问题描述

1. A2区主楼建筑地下二层DD9洞口与FM甲-1冲突。如图1、图2所示

图1　　图2

2. A2区主楼建筑地下二层DD8洞口定位未作明确说明，与ND17洞口冲突，如图3、图4所示

图3　　图4

3. A2区多处出现结构图与建筑图中柱定位不一致，导致绘制的砌体墙突出梁外，与柱不平齐。如图5、图6、图7所示

图5　　图6　　图7

4. A2区建筑说明中没有M-3/M-4尺寸，但在主楼标准层建筑图中有标识，如图8、图9、图10所示

1/10

23.3　中交水运规划设计院有限公司项目实例

23.3.1　公司介绍

中交水运规划设计院有限公司（原交通部水运规划设计院），成立于1951年，是新中国第一家水运勘察、规划与设计机构。现拥有

中交水规院、中国交通信息中心、中交铁道院与中交建筑院四大行业品牌，形成了规划咨询、水运工程、信息工程、工程总承包及管理、铁路工程、建筑工程、工程监理、岩土工程、海外工程、投融资十大业务板块，业务遍及中国三江两河和一万八千公里海岸线以及亚洲、非洲、美洲及欧洲等 60 多个国家与地区。

23.3.2 沉箱配筋模型

1. 项目介绍

（1）项目名称：青岛万达东方影都游艇码头项目。

（2）建设地点：本项目位于青岛西海岸经济新区滨海大道以南、白果墅河以西，山前村东侧海域。

（3）建设规模：新建 230 个游艇泊位，1 个加油泊位和 1 个污水排放泊位，建设南防波堤 981.0m，北防波堤兼码头长 143m，内护岸 459m，外护岸 138.5m，斜坡道一座，港池水域面积约 11.4 公顷。

（4）设计范围与分工：设计范围包括南防波堤，北防波堤，外护岸，内护岸，排污及加油泊位，230 个游艇泊位，浮码头和联系桥，以及与以上内容相关的结构、地质、给排水、暖通、供电照明、消防、控制、通信及配套设备设施等。

2. 项目目标

青岛万达东方影都游艇码头项目，研究 BIM 技术对游艇码头设计方案的指导以及优化的方法，从而减少项目设计对施工的变更，提高项目的设计精度，通过此项目确定 BIM 技术参与设计各个阶段需要输入和输出的材料和成果，积累经验，精练流程，以此提升项目管理水平；同时探索建模行为标准、资源标准以及交付标准，建立工程 BIM 数字资源，为施工、运营 BIM 应用创造条件。

3. 项目实施

青岛万达东方影都游艇码头项目中的北防波堤、外护岸、内护岸均采用钢筋混凝土沉箱结构，为保证施工的顺利进行，使用了 ProStructures 软件进行三维配筋，并生成工程量表和材料表。

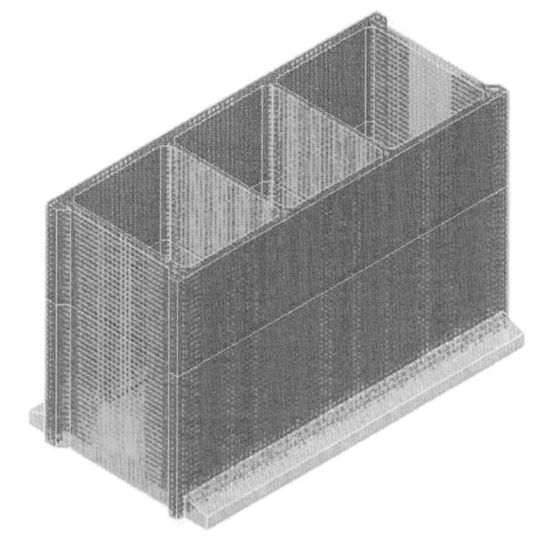

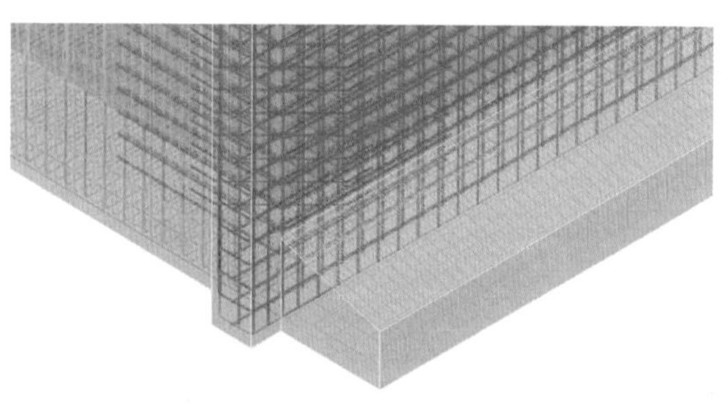

23.3.3 桅杆吊平台挖除配筋模型

连云港徐圩港区二港池多用途泊位一期工程位于连云港港徐圩港区二港池南侧。本项目旨在对已建工程进行升级改造，首先对已有的桅杆墩进行部分钢筋混凝土的挖除工作，在此基础上进行新建。为保证施工时精确展示挖除的混凝土和钢筋的位置，采用 ProStructures 软件对其建立三维钢筋混凝土 BIM 模型。

23.3.4 分离式闸室三维配筋模型

赣江作为江西省南北向水运大通道，是江西省综合运输体系的重要组成部分，但目前赣江航道等级偏低，水资源综合利用与航运效益得不到充分发挥，为加快全国内河高等级航道建设、构建综合运输体系、保障鄱阳湖区域发展战略实施、尽快打通赣江中下游航道的碍航瓶颈，在国家“十二五”期内河高等级航道建设规划中，新干航电枢纽被列为江西省内河航运重点建设工程。

新干航电枢纽坝址位于吉安市新干县三湖镇上游约 1.5km 处，上距峡江水利枢纽约 56km，是一座以航运为主，兼顾发电等综合利用功能的航电枢纽工程。枢纽由土坝、船闸、泄水闸、电站厂房、鱼道等组成。

针对本工程的分离式闸室，采用 ProStructures 软件进行三维配筋模拟，达到大体积混凝土钢筋配置和统计的目的。

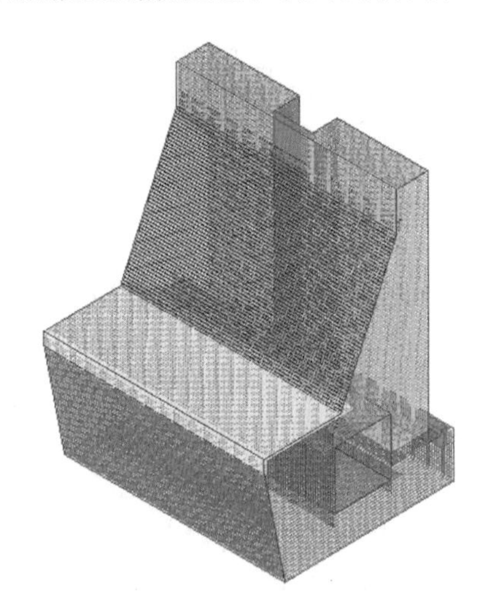

23.4 广州君和信息技术有限公司项目实例

23.4.1 公司介绍

广州君和信息技术有限公司（艾三维软件）是全球领先的工程软件供应商和技术服务商，专业提供全面的可持续性基础设施软件解决方案，为客户提供工程领域相关的软件咨询及销售、培训与辅导、项目协助及合作、系统整合及 BIM 系统二次开发为主的技术服务。艾三维工程技术咨询中心是广州君和信息技术有限公司下属的重要职能部门，由一个咨询服务中心和五个项目组组成，项目组包括 BIM 咨询与应用、结构计算分析、三维钢结构详图设计、三维钢筋混凝土详图设计以及渲染与动画。

艾三维学院致力于为工程领域培养优秀的综合性人才，提供 BIM、分析与设计、各国工程类规范、Bentley 软件、三维详图等一系列相关工程行业的理论知识应用和软件实际操作应用等培训服务。

23.4.2 裙房结构建筑

某 5 层高度 27m、总建筑面积 3 万多平方米的裙房，根据业主的出图要求，本项目使用 ProConcrete 作为主要的软件工具，从 Revit 中得到结构模型，再进行配筋，最后完成并得到一套完整的施工图，包括梁、柱、剪力墙、板（含降板），以及详细的钢筋材料表。

该项目的主要难点在于梁的配筋数量众多，平均每一层结构梁的数量不少于 200 根，每一跨的梁用一张图纸表达，最后出来的图纸平均每一层不少于 100 张图纸，但时间只有 30 天，工期急，如何在这短时间内完成模型的配筋和出图对项目组来说是一大挑战。

ProConcrete 快速布筋的功能解决了在短时间内完成建模的任务，只要设置好模板，配筋只是几个动作就能完成的事情，最后使整个项目在规定时间内完成。

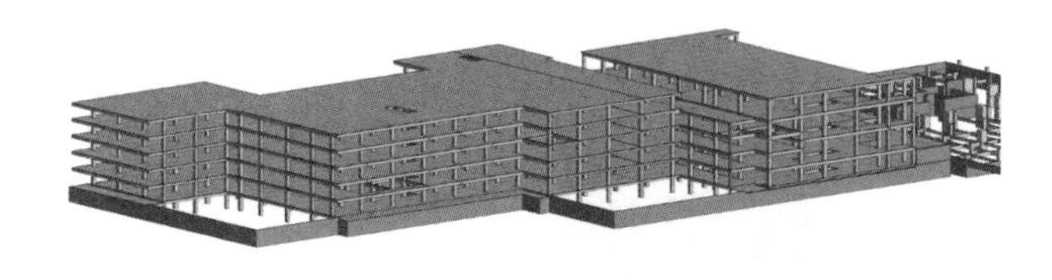

三维模型

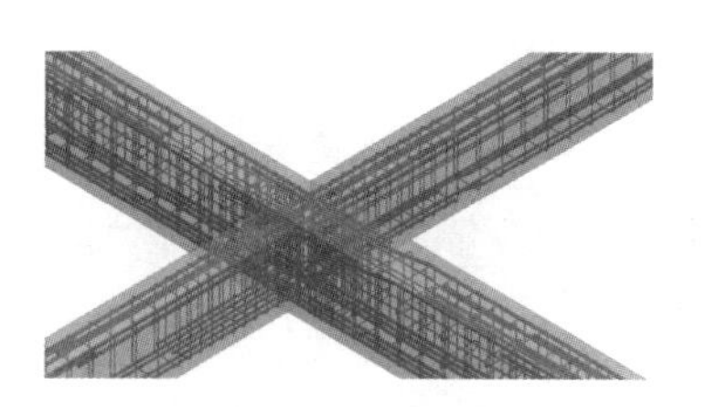

常规梁配筋

弯折梁配筋

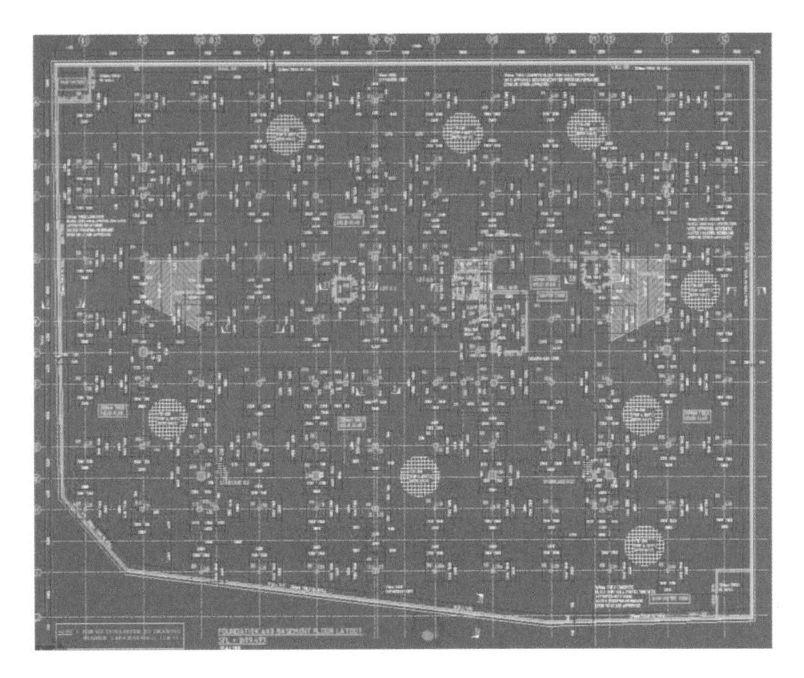

例图

23.4.3　加热炉

某加热炉高约 48m，重量 1500t 以上，主要由钢结构组成，结构包括辐射段、对流段、楼梯、扶手、平台等结构、通过 ProSteel 进行建模，模型里包括了型钢、钢板以及节点，而后直接生成二维图，按照客户出图习惯表达，包括布置图、部件图以及细节图等。

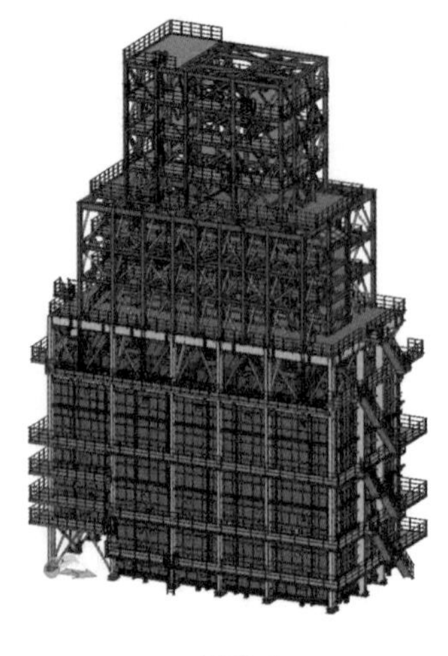

三维模型

细节情况一

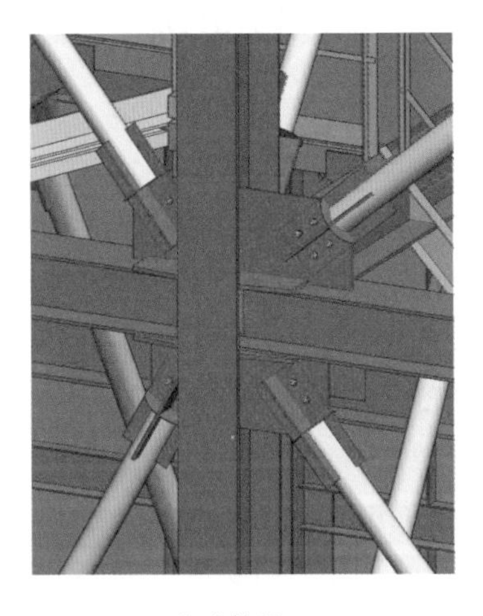

细节情况二

细节情况三

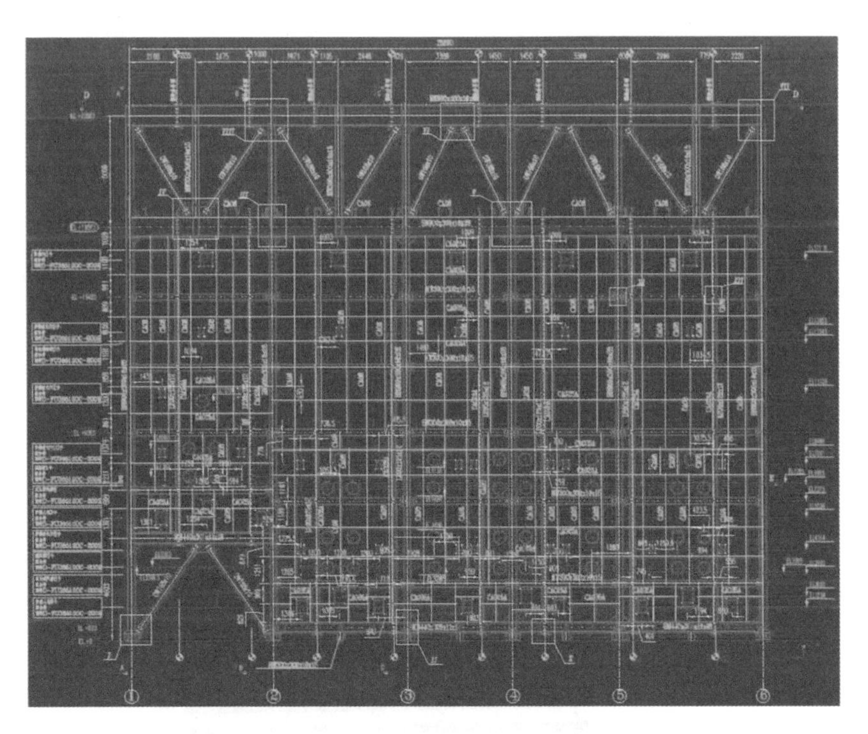

样图

23.5 北京三维泰克科技有限公司项目实例

23.5.1 公司介绍

北京三维泰克科技有限公司作为全球领先的基础设施行业软件商 Bentley 公司的官方渠道授权合作伙伴，主要从事工程行业软件开发与销售工作以及 BIM 模型的设计工作，服务领域涵盖 Bentley 系列软件销售与服务，建筑 BIM 模型，管道与设备模型建模、出图与算量，钢结构详图设计，混凝土配筋图与算量，工程招标配合，以及工程施工信息化解决方案，现已向全国近百家用户提供先进的工程软件技术和优质的项目咨询服务，帮助用户进行技术革新和项目实践，并实现了用户生产力的提升，获得一致认可。

23.5.2 望京 SOHO 项目

望京 SOHO 位于北京市朝阳区望京街与阜安西路交叉路口，由世界著名建筑师扎哈·哈迪德（Zaha Hadid）担纲总设计师，占地面积 115392m^2，规划总建筑面积 521265m^2，望京 SOHO 办公面积总计为 364169m^2，项目由 3 栋集办公和商业一体的高层建筑和三栋低层独栋商业楼组成，最高一栋高度达 200m。2014 年建成后，望京 SOHO 是从首都机场进入市区的第一个引人注目的高层地标建筑，成为“首都第一印象建筑”。通过该项目，北京三维泰克科技有限公司实施了 200m 超高层钢结构深化设计与 BIM 配合工作。

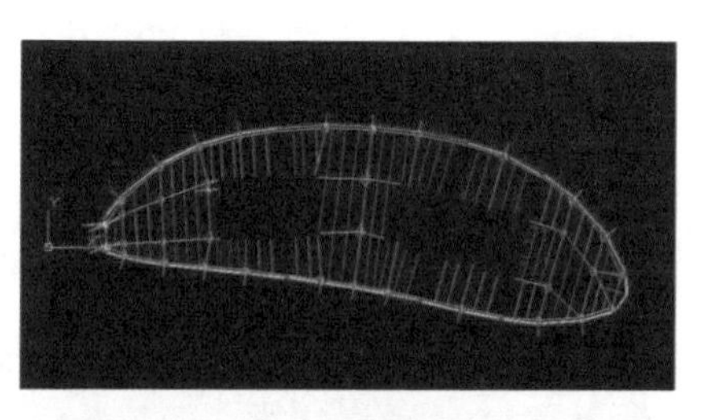

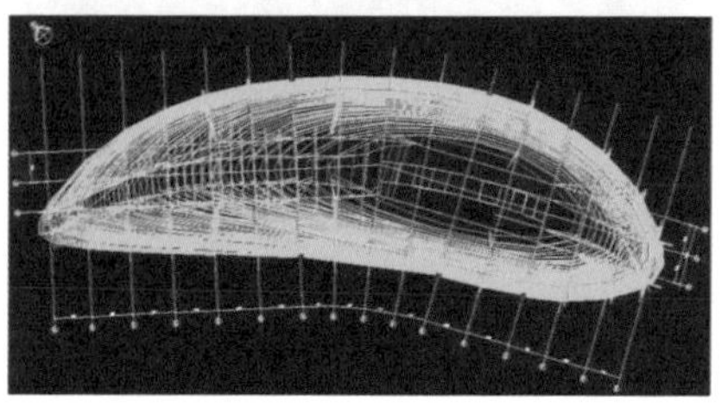

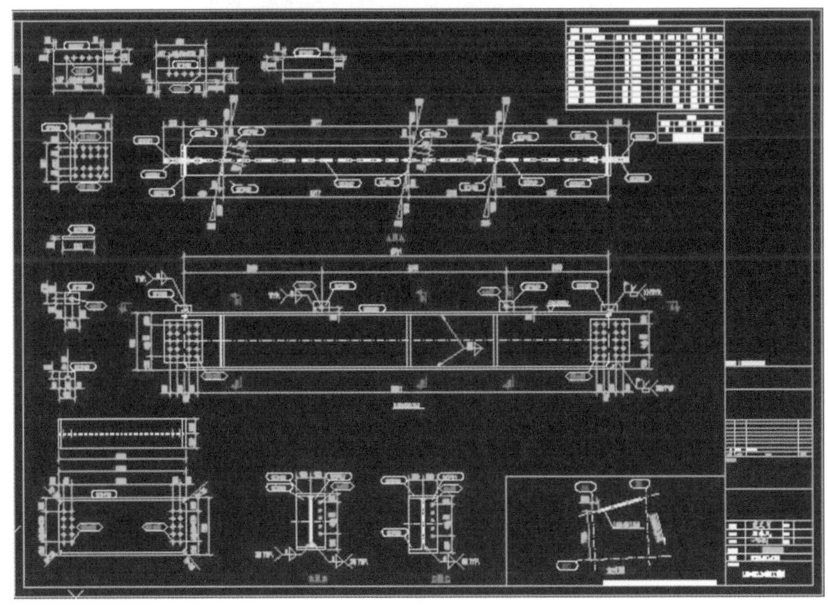

23.5.3 KARARA 矿业专属码头

KARARA 铁矿是由中国鞍钢投资的位于澳大利亚西澳省的一个大型铁矿项目，北京三维泰克科技有限公司在 2012 年负责了项目配套码头的钢结构深化工作，项目中包含了仓库、皮带机、转运站、非标设备等多个模块。深化设计中包含了混凝土配筋和钢结构彩板设计。

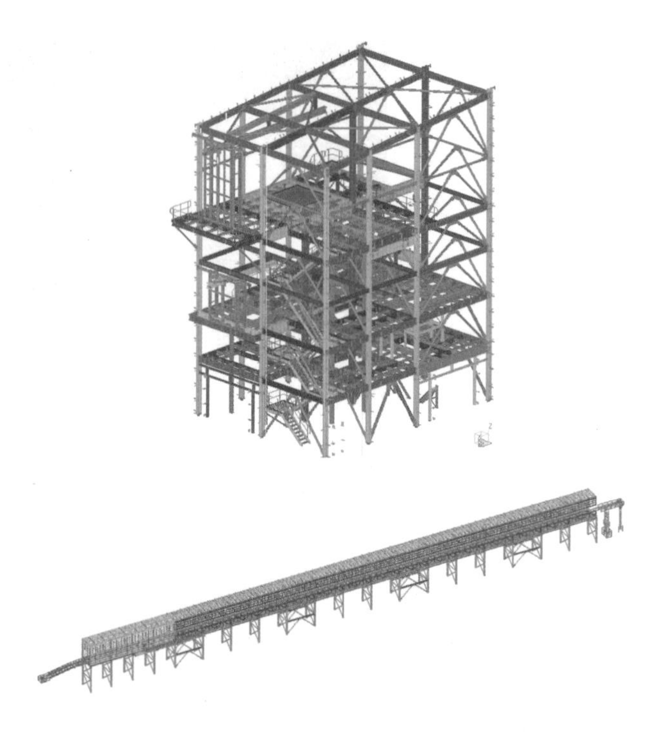

23. 5. 4 电视塔项目

电视塔在许多地方都属于地标性建筑，造型复杂，北京三维泰克科技有限公司承接过多个电视塔项目的建模与深化工作。